图解畜禽科学养殖技术丛书

彩色图解

CAISE TUJIE
KEXUE YANGZHU
YU ZHUBING FANGZHI

科学养猪与猪病防治

彭军　吴家强　张永宁　主编

U0255777

化学工业出版社

·北京·

内容简介

我国是养猪大国，也是猪肉生产与消费大国，养猪业是我国畜牧业的支柱产业，攸关国计民生。随着养猪业集约化、规模化和产业化发展，我国生猪产业面临本土猪品种濒危以及新病不断暴发、老病卷土重来等多重考验。为了指导科学养猪，本书系统介绍了猪的品种、猪舍建筑、养猪设备及猪舍管理、猪的营养与饲料、猪的饲养管理、猪病诊断与检测技术、猪病防控体系、猪的病毒性疾病、猪的细菌性疾病和猪的普通病等内容，重点围绕猪的品种特点、科学饲养与疫病防控，以图文并茂的形式详细介绍了科学养猪与猪病防治的技术和方法，部分内容还拍摄了相关视频（书中扫码即可观看），具有较强的科学性、实用性，可供广大养猪从业人员和猪病防治科研人员参考。

图书在版编目（CIP）数据

彩色图解科学养猪与猪病防治/彭军，吴家强，张永宁主编. —北京：化学工业出版社，2022.6（2024.10重印）
（图解畜禽科学养殖技术丛书）
ISBN 978-7-122-40869-3

Ⅰ. ①彩… Ⅱ. ①彭… ②吴… ③张… Ⅲ. ①养猪学-图解②猪病-防治-图解 Ⅳ. ①S828-64 ②S858.28-64

中国版本图书馆 CIP 数据核字（2022）第 034406 号

责任编辑：漆艳萍　　　　　　　　　　　装帧设计：韩　飞
责任校对：王　静

出版发行：化学工业出版社（北京市东城区青年湖南街13号　邮政编码100011）
印　　装：北京缤索印刷有限公司
850mm×1168mm　1/32　印张9½　字数237千字　2024年10月北京第1版第2次印刷

购书咨询：010-64518888　　　　　　　　售后服务：010-64518899
网　　址：http://www.cip.com.cn

定　　价：59.80元　　　　　　　　　　　　　　版权所有　违者必究

编写人员名单

主　编　彭　军（山东农业大学）

　　　　吴家强（山东省农业科学院）

　　　　张永宁（中国农业大学）

副主编　路建彪（聊城大学）

　　　　姜淑贞（山东农业大学）

　　　　于　江（山东省农业科学院）

　　　　裴宗飞（山东省农业生态与资源总站）

编写人员　彭　军　吴家强　张永宁　路建彪

　　　　　姜淑贞　于　江　裴宗飞　刘小芳

　　　　　王　刚　曹欣雅　牛　星　张　辉

　　　　　李建亮　李　俊　朱岩丽　张　凯

前　言

　　猪肉及养猪业对我国人民生活和国民经济非常重要，俗话讲"猪粮安天下"。

　　我国养猪历史悠久，一直是养猪大国与猪肉生产及消费大国。改革开放以来，随着规模化、集约化、专业化、智能化养猪模式的推广应用，以及经济社会发展推动的巨大消费需求，我国养猪业取得了巨大发展。近年来，我国生猪存栏量和猪肉年产量分别达到4.4亿头、5500万吨，世界占比均超过50%，养猪业产值占全国畜禽养殖业总产值一半有余。

　　随着社会发展进步，人们对猪肉品质、肉质风味、食品安全的要求相应提高，保健意识日益增强。当前我国猪品种大多来自欧美发达国家，如杜洛克猪、长白猪、大白猪等成为养猪业的主体品种，这些品种普遍具有饲料转化率高、生长速度快、瘦肉率高的特点。我国现存的83个地方猪品种，如东北民猪、太湖猪、金华猪、荣昌猪、里岔黑猪、莱芜黑猪等，都有自己的独特基因，表现出人类所需的各种优良特性。地方品种猪耐粗饲、繁殖性能优，尤其是肉质风味更适合中国传统烹饪体系，而这些优点在国外猪品种中少有体现。"种业是农业的芯片"，所以猪的品种安全与创新是时代发展对我们提出的新要求。

　　同时，伴随着集约化养猪的发展，猪病愈加多发，老病新发、病原变异、外来新病传入等严重威胁养猪业健康发展。以猪繁殖与呼吸综合征为例，该病的经典毒株于1996年传入我国，经过十年流行与演化，2006年我国出现高致病性毒株，2012年又开始流行源自美国的NADC 30-like PRRSV毒株，近年来甚至还有NADC 34-like新变异毒株的威胁。我国存在众多PRRSV毒株，因其具有免疫抑制特性，使我国猪场猪群免疫状况不稳定，极大地增加了猪病防控的难度。特别是2018年非洲猪瘟传入我国后，疫情迅速传遍全国，养猪业损失惨重，对全国的生猪生产和国家菜篮子工程造成了巨大冲击。因此，猪能否健康出栏，疫病防控的重要性不言而喻。

为满足养猪场（户）的技术需求，我们编写了《彩色图解科学养猪与猪病防治》一书。本书从猪的品种特点、饲养管理技术、营养与饲料、猪病诊断与检测技术、猪病毒病及细菌病流行状况与综合防治，以及猪舍建筑与环境等方面较全面地介绍了最新的科学养猪技术。编者综合多年的临床实践及科研试验成果，查阅大量资料，撰写成书。本书内容丰富、图文并茂，部分内容还拍摄了相关视频（书中扫码即可观看），具有较强的科学性与实用性，可作为广大养猪从业者和相关技术人员的重要参考书。

本书在编写过程中得到了山东农业大学、山东省农业科学院、中国农业大学和石河子大学等相关老师的大力支持和帮助，书中部分图片和资料参考或引用自部分养猪场（公司）及已发表的文献，在此一并致谢。

由于编者水平与时间所限，书中难免存在疏漏，恳请广大读者批评指正。

编　者
2022年1月

目 录

CONTENTS

第一章 猪的品种

第二章 猪舍建筑、养猪设备及猪舍管理

第三章　猪的营养与饲料

第四章　猪的饲养管理

第五章　猪病诊断与检测技术

第六章 猪病防控体系

第七章 猪的病毒性疾病

第八章 猪的细菌性疾病

第九章　猪的普通病

第一章
猪的品种

　　我国养猪业有着悠久的历史。早在6000年前，我们的祖先就开始驯养当地野猪，并同时进行猪种选育，培育出了一大批生产性能优良的地方种猪。我国是世界上猪种资源最丰富的国家，占全球猪种的34%，包括地方品种、培育品种和引入品种。我国学者认为，我国的地方猪种有83个，培育品种12个，引进后在我国经长期风土驯化的猪种有6个，共计101个猪种。据1986年出版的《中国猪品种志》介绍，我国地方猪种有48个，培育品种有12个，从国外引进经过我国长期风土驯化的猪种有6个，共计66个猪种。2004年出版的《中国畜禽遗传资源状况》将我国猪种资源确定为地方品种72个、培育品种19个和引入品种8个，共计99个猪种。中国猪种资源之丰富，可谓世界之冠，是世界猪种资源宝库的重要组成部分。我国猪种地方品种数量较多，为我国猪肉生产提供了宝贵且丰富的遗传基础和材料资源，也是发展我国现代化养猪业的重要资源宝库。

　　通过不同地区的猪种间相互杂交，使其发生基因交流。由于猪在杂交繁育中发生了基因交流，其后代在染色体上插入或缺少了某些核苷酸序列和片段，从而在表型上产生各种变异。

人类通过选择，把符合要求的（或喜爱的）留下，把不符合的（或不喜爱的）淘汰，加上各地环境和气候的影响，于是出现了越来越多的各不相同的类群与品种。

在公元1～4世纪，罗马帝国的商人东来贸易之时，在广州发现了体矮腿短、早熟易肥的小型猪种，在离境时把它们携带回国，经过与当地猪杂交及选择，育成了罗马猪。18世纪，英国引入我国华南猪，与当地地方品种猪进行杂交和选育，育成了巴克夏猪、约克夏猪等猪种；美国在1816～1817年引进我国猪种，与当地猪进行杂交和选育，育成了波中猪和吉士特白猪。可见我国猪种在某些世界著名猪种的形成中发挥了重要作用。

第一节　我国的地方猪种及保种的意义

我国幅员辽阔，地形复杂，气候多样，养猪历史悠久，自然条件差异较大，在多种不同的自然条件和经济条件下，经过劳动人民长期的选育，形成了许多优良的地方猪种。所谓地方猪种，是指经群众长期选育而成的适应当地气候、饲料、饲养管理条件的猪种。

一、我国的地方猪种

我国地方猪种依据猪种起源、体形特点和生产性能分为六大类型，即华北型、华南型、华中型、江海型、西南型、高原型。

1. 华北型猪种

华北型猪种分布最广，区域最大，东至山东，西至四川、甘肃两省交界的岷山。主要分布在淮河、秦岭以北。包括东北地区、内蒙古、新疆、宁夏、甘肃以及陕西、湖北、安徽、江苏、山东等省区的大部分地区和青海的西宁市、四川的广元市附近的小部分地区。

华北型猪种的特点：华北型猪毛色多为黑色，体躯较大，体质健壮，骨骼发达，四肢粗壮，背腰狭长，腹部不太下垂，肌肉发达；头较平直，嘴筒较长，耳大下垂，皮厚多褶皱，毛粗密，鬃毛发达（可长达10厘米），冬季密生绒毛，抗寒力强。母猪性成熟早，繁殖性能强，窝产10～12头，乳头8对左右，母性强，泌乳性能好，仔猪成活率较高。耐寒、耐粗饲和消化能力强，但增重较慢，板油多，屠宰率较低（一般为60%～70%）。

主要代表猪品种如下。

（1）东北民猪　东北民猪是东北地区的一个古老的地方猪种（图1-1、图1-2），有大、中、小三种类型。除少数边远地区农村养有少量大型和小型民猪外，群众主要饲养中型民猪。东北民猪为中国三大地方优质猪种之一，并入选世界8大优质猪种。东北民猪具有产仔量多、抗病力强、肉质好、抗寒性强、耐粗饲等突出优点。

东北民猪是华北猪种，在世界地方猪品种排行第四，它的优势为肉质坚实，大理石纹分布均匀，肉色鲜红，口感细腻多汁，色香味俱全。东北民猪被列入2006年中国农业农村部畜禽保种计划中。

品种特征：全身毛色为黑色。体质强健，头中等大。面部直长，额头还有些褶皱，耳大下垂。背腰较平、单脊，乳头7对以上。四肢粗壮，后躯狭窄，猪鬃良好，冬季密生棕红色绒毛。8月龄，公猪体重79.5千克、体长105厘米，母猪体重90.3千克、体长112厘米。

育肥性能：240日龄体重为98～101.2千克，日增重495克，每增重1千克消耗混合精料4.23千克。体重99.25千克屠宰，屠宰率为75.6%。近年来，经过选育和改进日粮结构后饲养的民猪，233日龄体重可达90千克，瘦肉率为48.5%，料肉比为4.18∶1。

繁殖性能：公、母猪6～8月龄，体重50～60千克即开始配种，母猪发情周期为18～24天，持续期3～7天，成年母猪

图1-1　东北民猪（母猪）

图1-2　东北民猪（公猪）

受胎率一般为98%，妊娠期为114～115天，窝产仔数14.7头，活产仔13.19头，双月成活11～12头。

（2）西北八眉猪　西北八眉猪又称注川猪或泾西猪，是起源于中国西部地区的家猪品种（图1-3、图1-4）。八眉猪属华北猪种，因额部有纵行"八"字形褶皱，故称为八眉猪，是在高原地区特有的生态条件下经长期自然和人工选择而形成的地方宝贵猪种。

西北八眉猪的中心产区在陕西泾河流域、甘肃庆阳和宁夏固原地区。分布于陕西、甘肃、宁夏、青海、内蒙古和新疆等西部地区。

八眉猪公猪性成熟较早，30日龄左右即有性行为，母猪于3～4月龄（平均116天）开始发情，发情周期一般为18～19天，发情持续期约3天，产后再发情时间一般在断奶后9天左右（5～22天）。八眉猪的肉质好，肉色鲜红，肌肉呈大理石纹状、

图1-3　八眉猪（母猪）

图1-4　八眉猪（公猪）

肉嫩、味香、胴体瘦肉含蛋白质22.56%。

八眉猪具有适应性强、抗逆性强、肉质好、脂肪沉积能力强、耐粗放管理、遗传性稳定等优点，但也存在生长慢、后躯发育差、皮厚等缺点。

（3）黄淮海黑猪　黄淮海黑猪（以下简称淮猪）是我国古老的华北型猪种（图1-5、图1-6），是黄淮海黑猪的一个主要类群，主要分布在黄河中下游、淮河、海河流域，包括江苏北部、安徽北部、山东、山西、河南、河北、内蒙古等省区。黄淮海黑猪包括淮猪、莱芜猪、深州猪、马身猪、河套大耳猪等，具有性成熟早、产仔率高、耐粗饲、适应性强、杂交优势明显等特点，是我国新淮猪的培育亲本，也是其他培育猪种的良好素材。淮猪被列入中国国家级畜禽遗传资源保护名录。

图1-5　淮猪（母猪）

图1-6　淮猪（公猪）

淮猪头面部皱纹浅而少，呈菱形，嘴筒较长而直，耳稍大下垂，体形中等较紧凑，背腰窄平，腰部较紧不拖地，臀部斜削，四肢较高、结实，后躯略高于前躯，全身被毛黑色较密，冬天生褐色绒毛。母猪乳头数7～10对。性成熟早。

莱芜猪是华北型猪在山东境内有代表性的保种最纯和品种特征最完整的一个猪种（图1-7、图1-8）。具有适应性强、繁殖力高、肉质优良、配合力好等特性。莱芜猪是山东省著名的地方猪种，并于2007年列入中国国家级畜禽遗传资源保护名录。

莱芜猪体形中等，体质结实，被毛全黑，毛密鬃长，有

图1-7 莱芜猪（母猪）

图1-8 莱芜猪（公猪）

绒毛，耳根软，耳大下垂，嘴筒长直，额部较窄有6～8条倒"八"字形纵纹。单脊背，背腰较平直，腹大下垂，后躯欠丰满，斜尻，铺蹄卧系，尾粗长，有效乳头7～8对，排列整齐，乳房发育良好。

深州猪是河北省衡水市深州市的特产（图1-9、图1-10）。深州黑猪属于黄淮海黑猪中的一个类群，是河北省著名的黑猪品种，亦是唯一的一个地方猪种。主产区为河北省的黑龙港流域。以辛集、宁晋、武强、深州、安平、赵县、晋州、新河等地分布最多。

图1-9 深州猪（母猪）

图1-10 深州猪（公猪）

深州猪体形较大，耳大、下垂，超过鼻端，嘴筒长直，背腰平直狭窄，臀部倾斜，四肢坚实有力，皮、毛黑色，皮厚，毛粗而密，冬季密生棕红色绒毛。乳头7～9对。深州猪肉质细嫩、鲜美可口；耐粗饲，喜青饲；繁殖性能好，产仔率高，抗病力强，适应性广。

马身猪是山西省的地方良种（图1-11、图1-12），形成历史悠久，由于山西境内山川相间，地形多变，山多川少，山区、山地和平川的自然经济条件和生态条件造就了马身猪遗传上的多样性和良好的适应性。马身猪被列入中国国家级畜禽遗传资源保护名录，属黄淮海黑猪类型，分布在山西省神池、五寨、灵丘等县。

图1-11 马身猪（母猪）　　**图1-12** 马身猪（公猪）

马身猪体质健壮，背腰平直，四肢粗壮，产仔数多，护仔性强，在高寒低营养水平条件下仍能维持正常繁殖，抗气喘，抗下痢，花板油率高，肉脂品质好，抗近交。体形较大，耳大、下垂，超过鼻端，嘴筒长直，背腰平直狭窄，臀部倾斜，四肢坚实有力，皮、毛黑色，皮厚，毛粗而密，冬季密生棕红色绒毛，乳头7～9对。

河套大耳猪是我国华北型猪种之一（图1-13、图1-14），分布在黄河两岸及内蒙古西部的巴彦淖尔市和鄂尔多斯市。河套大耳猪是由各个地方品种猪之间杂交及它们和野猪之间杂交，再经当地劳动人民长期选育逐渐形成的。

河套大耳猪面直而长，呈圆筒状，面部有倒"八"字形皱纹。体形较大，耳大、下垂，超过鼻端，嘴筒长直，背腰平直狭窄，腹大下垂，体窄胸深，臀部倾斜，四肢粗壮有力，皮厚、有褶皱，后躯大腿褶皱明显，毛黑色，毛粗而密，冬季密生棕红色绒毛，乳头7～9对。河套大耳猪具有适应性强，抗病、耐寒、耐热、耐粗放饲养的特性。在饲养水平低、管理粗放的条件下，

图1-13 河套大耳猪（母猪）　　图1-14 河套大耳猪（公猪）

能正常繁殖与生产。

里岔黑猪是我国优良的地方品种（图1-15、图1-16），素有"南太湖，北里岔"之称，里岔黑猪是山东省青岛市胶州（里岔）当地群众长期择优纯繁、继代选育形成的具有一定特色的地方品种，属华北型黑猪，主要分布于山东省胶州、胶南、诸城三市交界的胶河流域。

里岔黑猪基本保留了华北型猪适应性强、繁殖力高、耐粗饲、抗逆性强、不易感染传染病、屠宰率高、瘦肉率高、肉质鲜嫩的特点，适合全国各地饲养，推广利用效果显著。

里岔黑猪毛色全黑，体形大，体质健壮结实，结构匀称。头中等大小，脸长，额宽，有浅而多的纵行皱纹；嘴筒中等长短，耳大，耳根软，两耳下垂；体长，背腰平直，腹部下垂，臀部欠丰满；乳头7～8对，乳头形状正常，排列整齐。四肢粗壮端正，关节结实，肌肉发育较好，尾中等长短。

汉江黑猪是我国秦巴地区的古老地方品种（图1-17、图

图1-15 里岔黑猪（母猪）　　图1-16 里岔黑猪（公猪）

1-18)，属华北型和华中型之间的过渡型品种。汉江黑猪全身被毛黑色，头中等大，嘴粗、长短适中，耳大下垂，额部褶皱多而明显，尻斜，腹大下垂，有效乳头6对以上。具有耐粗饲、耐潮湿、性情温驯、早熟易肥、生长快、肉细味香、花板油多、鬃毛好、产仔多、母性好、抗病力强、适应性强及与其他猪种杂交优势明显的特点。

图1-17 汉江黑猪（母猪）

图1-18 汉江黑猪（公猪）

定远黑猪属华北型猪种（图1-19、图1-20），是黄淮海黑猪（淮猪）的一个重要分支，是中国古老的地方优良品种，肉脂兼用，是中国江淮流域优良的猪种之一，也是安徽省目前数量最多、分布最广、影响最大的地方猪种。主要分布于长丰、霍邱、寿县、滁州、合肥、淮南、蚌埠等地。

定远黑猪具有体质健壮、耐粗饲、抗病力强、屠宰率高、肉质香、花板油多等特点，且繁殖力高、母性好、抗逆性和抗病性强，但生长较慢，育肥性能较差。

图1-19 定远黑猪（母猪）

图1-20 定远黑猪（公猪）

定远黑猪体形较大，耳大、下垂，超过鼻端，嘴筒长直，背腰平直狭窄，臀部倾斜，四肢坚实有力，皮、毛黑色，皮厚，毛粗而密，冬季密生棕红色绒毛，乳头7～9对。

沂蒙黑猪是肉脂兼用型地方良种猪（图1-21、图1-22），分布遍及山东省临沂地区各县。全身被毛黑色、稀少，背部有鬃毛，皮肤灰色。体形中等，体质健壮，结构匀称紧凑。胸宽腹深，金钱顶，罩耳朵，双脊背，抗病力强，耐粗饲，生长发育快。母猪性情温驯，产仔多，护仔性强，泌乳力强，繁殖力强。沂蒙黑猪肉质鲜美，纤维细嫩，营养丰富。

图1-21 沂蒙黑猪（母猪）

图1-22 沂蒙黑猪（公猪）

2. 华南型猪种

华南型猪种主要分布于南岭与珠江流域以南，包括云南省西南和南部边缘地区、广西壮族自治区、广东省、福建省、海南省和中国台湾等地。这些区域位于热带和亚热带，气候湿润，雨量充沛，夏季最长。农作物四季生长，一年三熟。饲料丰富，尤其是青绿多汁饲料较充足。

华南型猪种的特点是头短脚小，嘴短面凹，耳小竖立，头纹横向，体质疏松，体躯短矮宽圆，背腰宽阔下陷，腹大下垂，腿臀丰满，皮薄毛稀，鬃毛短少，毛色多为黑白相间；性成熟早，繁殖力较弱，乳头多为5～7对，一般产仔8～10头；皮薄脂肪多，典型的脂肪型，屠宰率较高，肉质细嫩。

华南型代表猪种有两广小花猪、香猪、滇南小耳猪、广西陆川猪、海南猪、粤东黑猪、福建槐猪、中国台湾桃园猪等。

两广小花猪包括陆川猪、福绵猪、公馆猪、黄塘猪、塘缀猪、中垌猪、桂墟猪等，统称两广小花猪（图1-23、图1-24）。分布于广东和广西相邻的浔江流域、西江流域的南部，中心产区有陆川、玉林、合浦、高州、化州、吴川、郁南等地。

图1-23　两广小花猪

图1-24　两广小花猪（仔猪）

两广小花猪的主要特征为体和腿短，即头短、颈短、耳短、身短、脚短、尾短，故又称为六短猪，额较宽，有"Y"字形或菱形皱纹，中有白斑三角星，耳小向外平伸，背腰宽而凹下，腹大多拖地，体长与胸围几乎相等，被毛稀疏，毛色均为黑白花，黑白交界处有4～5厘米宽的晕带，性成熟较早，母性强，乳头6～7对，耐粗饲，抗逆性强，但生长较慢、饲料利用率较低。

香猪又名"迷你猪"，体小早熟，肉味鲜美。主要来自被誉为"中国香猪之乡"的贵州黔东南地区，以从江香猪、剑白香猪和靠近贵州黔东南地区广西的巴马香猪最为著名，另外还有环江香猪、藏香猪等矮小猪种（图1-25～图1-28）。

香猪体格短小，其被毛为黑色，毛细有光泽，头长，额平，额部皱纹纵横，眼睛周围无毛区明显，耳薄向两侧平伸，背腰微凹，腹大圆而下垂，四脚短细，尾巴细小，尾端毛呈白色。

香猪有小、香、纯、净四大特点，即体形矮小灵巧；肉嫩

图1-25　从江香猪

图1-26　剑白香猪

图1-27　巴马香猪

图1-28　环江香猪

味香，汤清甜；基因纯合；纯净无污染。

　　滇南小耳猪产于云南省勐腊、瑞丽、盈江等地，分布于德宏傣族景颇族自治州、临沧市、西双版纳傣族自治州、普洱市、红河哈尼族彝族自治州、文山壮族苗族自治州和玉溪（元江、新平）等地。

　　滇南小耳猪是滇西南地区的一个地方优良品种（图1-29、图1-30），具有耐湿热、皮薄骨细、屠宰率高、肉质细嫩、味道鲜美、抗逆力强、遗传性稳定、胆小、耐粗饲等特点。滇南小耳猪体躯短小，耳竖立或向外横伸，背腰宽广，全身丰满，毛稀，被毛以纯黑为主，其次为"六白"和黑白花，还有少量棕色的。乳头多为5对。早熟易肥，屠宰率高、皮较薄、肉质好。但性情较野，生长速度较慢，饲料利用率较低。

　　广西陆川猪因原产于广西东南部的陆川县而得名，是中国

图1-29　滇南小耳猪（母猪）　　图1-30　滇南小耳猪（公猪）

八大地方优良猪种之一（图1-31、图1-32）。陆川猪的特性是耐粗饲、适应性强；母猪母性好、繁殖力强、遗传性能稳定、杂交优势明显；早熟易肥，肉质鲜嫩；适应性广，耐粗饲，抗病能力强，但生长速度慢，饲料利用率低。

图1-31　广西陆川猪（母猪）　　图1-32　广西陆川猪（公猪）

　　广西陆川猪体形特点是矮、短、肥、宽、圆，头较短小，体形紧凑，嘴中等长，鼻梁平直，面略凹或平直，额较宽，有"Y"字形或菱形皱纹，额中间多有白毛；耳小直立略向前外伸，背腰宽稍凹陷，腹大似船底形；臀短稍倾斜，尾根高，四肢粗短；蹄宽，多呈卧系；有效乳头6～7对，多则8对；被毛稀短，毛色为黑白花；在黑白交界处有一条4～5厘米白毛黑白晕带；头颈交接处多有一条2～3厘米宽的白带，毛色稳定。

　　海南猪产于海南省，中心产区是临高、文昌和屯昌。海南猪分为临高猪、屯昌猪、文昌猪和定安猪四个类群（图1-33～图1-40）。

海南猪头小，鼻梁稍弯，额宽，有倒"八"字形皱纹，耳小而薄、直立并稍向前倾，耳根较宽广，嘴筒短而钝圆。体躯较丰满，背宽微凹，腹大下垂，后躯稍倾斜，臀部肌肉发达。乳头多为7对。

海南猪早熟、易肥、皮薄、骨细、肉质鲜美、活动敏捷、觅食力强、适应性好、肉质结实，但前期生长发育缓慢。

图1-33　定安猪（母猪）

图1-34　定安猪（公猪）

图1-35　临高猪（母猪）

图1-36　临高猪（公猪）

图1-37　文昌猪（母猪）

图1-38　文昌猪（公猪）

图1-39　屯昌猪（母猪）　　　图1-40　屯昌猪（公猪）

粤东黑猪是粤东地区的古老地方品种（图1-41、图1-42），中心产区是广东省惠阳、饶平和蕉岭等县。产区位于粤东丘陵地带，坡地广阔，适于放养。

粤东黑猪体形略呈长方形，头清秀、大小适中，额宽平，仅少数呈倒"八"字形或菱形褶皱，耳较小而斜竖，嘴筒稍长而较尖，下颌狭窄。背腰微凹，腹部稍大，但不拖地，臀部较平直。四肢直立、坚实有力、长短适中，后腿肌肉较丰满。皮薄，肉味鲜美，瘦肉较多，耐粗饲。被毛黑色，部分猪的腕关节和跗关节以下为灰白色。母性好，乳头6对左右。

福建槐猪属于华南型猪种，是福建省闽西南山区分布较广的地方猪种（图1-43、图1-44），是农业农村部第一批列入中国国家级畜禽遗传资源保护名录的猪种。

福建槐猪全身黑色，头短而宽，额部有横向皱纹，腹大下

图1-41　粤东黑猪（母猪）　　　图1-42　粤东黑猪（公猪）

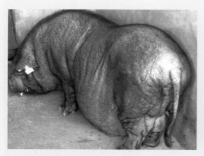

图1-43 福建槐猪（母猪）　　　**图1-44** 福建槐猪（公猪）

垂，臀部丰满，大腿肥厚。成年猪多为卧系，属小型早熟、脂肪型猪种，体格较小。槐猪瘦肉率较高，且肌间脂肪丰富，肉味鲜美、芳香可口，具有纯天然的口味。

中国台湾桃园猪是中国台湾优良的地方猪种（图1-45、图1-46），是台湾地区的四大猪种之一，原产于台湾、广东、福建等地，已有400多年的养殖历史。桃园猪体形中等，体躯呈长方形，四肢强健，卧系，分蹄明显。全身黑色，颜面平广且褶皱明显，头短而大，耳大向前下垂，鼻镜黑色且鼻孔较大；尾根膨大下垂，内外扁平且有环状皱纹；母性好，产仔率高，性情温驯，耐粗饲，抗病力强，肉味鲜美。但生长较慢，成熟迟，体内脂肪积累过多，乳头6对以上。

图1-45 中国台湾桃园猪（母猪）　　**图1-46** 中国台湾桃园猪（公猪）

3. 华中型猪种

华中型猪种主要分布在长江南岸到北回归线之间的大别山

和武陵山以东的地区，与华中区大致相符。华中型猪体躯较大，体形与华南型猪相似。毛色以黑白花为主，头、尾多为黑色，体躯中部有大小不等的黑斑，个别有全黑者，体质较疏松，骨骼细致，背腰较宽而多下凹；乳头6～8对；生产性能介于华南型猪与华北型猪之间，每窝产仔10～13头，性早熟，肉质细嫩。主要代表猪有华中两头乌猪、金华猪、大花白猪、福州黑猪和莆田黑猪。

华中两头乌猪为我国长江中游地区数量最多、分布最广的猪种（图1-47、图1-48）。躯干和四肢为白色，头、颈、臀、尾为黑色，黑白交界处有2～3厘米宽的晕带，额部有一小撮白毛，头短宽、额部皱纹多呈菱形、额部皱纹粗深者称"狮子头"，头长直、额纹浅细者称"万字头"或"油嘴筒"。耳中等大、下垂。监利猪、东山猪背腰较平直，通城猪、赣西两头乌猪和沙子岭猪背腰稍凹，腹大，后躯欠丰满，四肢较结实，多卧系、叉蹄，乳头多为6～7对。

图1-47 华中两头乌猪（母猪）

图1-48 华中两头乌猪（公猪）

金华猪又称金华两头乌猪或义乌两头乌猪，是我国著名的优良猪种之一，中华四大名猪之一（图1-49、图1-50）。尾巴较长，比较直，头部和尾部的毛发一般是黑色，体部为白色。金华猪具有皮薄骨细，肉质鲜美，肉间脂肪含量高，性成熟早，产仔多，母性好，泌乳量大，哺育率高，繁殖性能好的特点。因其头颈部和臀尾部毛为黑色，其余各处为白色，故又称"两头乌"。

图1-49　金华两头乌猪（母猪）　　图1-50　金华两头乌猪（公猪）

　　大花白猪为脂肉兼用型，现主要分布于广东省中部和北部，是被列入中国国家级畜禽遗传资源保护名录的猪种，是我国优良的地方品种（图1-51、图1-52）。其体形中等，耳稍大下垂，额部多有横向的皱纹。背腰较宽、微凹，腹较大。背毛稀疏，毛色为黑白花，头部和臀部有大块黑斑，腹部、四肢为白色，背腰部及体侧有大小不等的黑块，在黑白交界处形成晕。具有早熟易肥，性情温驯，耐粗饲，适应性强，能适应炎热潮湿气候，繁殖力强，哺乳性能好，肉质鲜嫩等优良特性。

图1-51　大花白猪（母猪）　　图1-52　大花白猪（公猪）

　　福州黑猪分布于福建省东部沿海，闽江下游两岸（图1-53、图1-54）。福州黑猪体形较大，被毛稀疏、黑色，头大小适中，面微凹，额有较深的菱形皱纹，耳大下垂，胸较深，背宽平或微凹，腹大稍下垂，四肢坚实，乳头7～9对。繁殖性能较好，

图1-53 福州黑猪（母猪）

图1-54 福州黑猪（公猪）

母猪产仔9～13头。

莪田黑猪主要产于福建省莆田、仙游和福清市的西北部。具有早熟、适应性广、耐粗饲、抗病力强、产仔多、母性强、性情温驯、肉质细嫩香美等优良特性，是中国优良地方猪种之一（图1-55、图1-56）。莆田黑猪体形中等大，头略狭长，脸微凹，额纹较深呈菱形，耳中等大、薄，呈桃形，略向前倾垂，颈长短适中，体长，胸较浅狭，背腰平或微凹，臀稍倾斜，后躯欠丰满，肚大腹圆而下垂，背腰体侧部皮肤一般无褶皱，四肢较高，被毛稀疏呈灰黑色，乳头多为7对。

图1-55 莆田黑猪（母猪）

图1-56 莆田黑猪（公猪）

4. 江海型猪种

江海型猪种的毛色自北向南由全黑逐步向黑白花过渡，个别猪种为全白色。主要分布于淮河与长江之间的沿江沿海地区。代表猪种为太湖流域的太湖猪、江苏的姜曲海猪、浙江的虹桥猪等。该型猪种特点是：毛黑色或有少量白斑，头中等大，额较宽，皱纹深且多呈菱形，耳长大下垂，背腰较宽，腹部较大，骨骼粗壮，皮肤多有褶皱。繁殖力强，每胎产仔13头以上，乳头多为8对或8对以上，窝产仔13头以上，高者达15头以上；脂肪多，瘦肉少，屠宰率一般为70%左右。

太湖猪是世界上产仔数最多的猪种（图1-57、图1-58），享有"国宝"之誉，无锡地区是太湖猪的重点产区。太湖猪属于江海型猪种，产于江浙地区太湖流域，是我国猪种繁殖力强、产仔数多的著名地方品种。太湖猪体形中等，被毛稀疏，黑色或青灰色，四肢、鼻均为白色，腹部紫红色，头大额宽，额部和后躯褶皱深密，耳大下垂、四肢粗壮、腹大下垂、臀部稍高、乳头8～9对，多者达12对。繁殖能力强，一般初产母猪每窝产活仔10头以上，经产母猪产活仔14头以上。

图1-57 太湖猪（母猪）　　图1-58 太湖猪（公猪）

姜曲海猪主产于江苏省海安、泰州市姜堰区一带，而以姜埝、曲塘、海安镇为主要集散地，因而得名（图1-59、图1-60）。

姜曲海猪头短，耳中等大、下垂，体短腿短，腹大下垂，皮薄毛稀，全身被毛黑色，部分猪在鼻吻处偶有白斑，群众称"花鼻子"，乳头多为9～10对。具有产仔较多、性情温驯、早熟易肥、脂肪沉积能力强、肉质鲜美等特点。

虹桥猪主产于浙江省乐清县虹桥镇一带，因此得名（图

1-61、图1-62）。

虹桥猪体形较大，头中等大小、较平直，额狭有皱纹、多为横斜行、横路深，有3～5条纵纹，耳大下垂，颈较短，胸宽而深，背宽广微凹，腰部稍长，后躯较高，腹部疏松下垂，臀倾斜，大腿欠丰满，四肢较短，飞节稍靠拢，其上部皮肤有褶皱，全身被毛黑色，毛细软而稀疏，鬃毛不发达，皮有褶皱，乳头数多为6～7对。

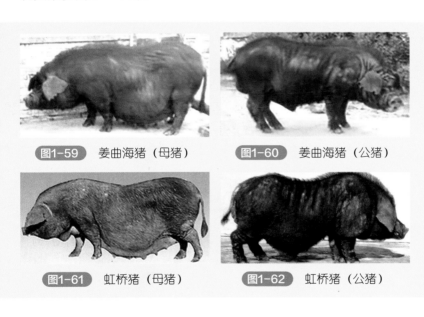

图1-59　姜曲海猪（母猪）　　图1-60　姜曲海猪（公猪）

图1-61　虹桥猪（母猪）　　图1-62　虹桥猪（公猪）

5. 西南型猪种

西南型猪种主要分布于四川盆地和云贵高原的大部分地区以及湘鄂西部。主要特点是体格较大，头大颈短，额部多纵行皱纹，且有旋毛，背腰宽而凹，腹大而下垂，毛色以全黑为多，也有黑白花或红色，屠宰率低，脂肪多。代表品种有内江猪、荣昌猪、乌金猪及关岭猪等。

内江猪原产于四川省内江市，属西南型猪种（图1-63、图1-64），全身被毛黑色，体形较大，体躯宽而深，前躯尤为发达。头短宽多褶皱，耳大下垂，颈中等长，胸宽而深，背腰宽广，腹大下垂，臀宽而平，四肢坚实。母猪繁殖力较强，每胎产仔10～20头。内江猪对外界刺激反应迟钝，忍耐力强，对逆境有良好的适应性。

图1-63　内江猪（母猪）

图1-64　内江猪（公猪）

荣昌猪主产于重庆荣昌和隆昌两县（图1-65、图1-66）。荣昌猪体形较大，结构匀称，毛稀，鬃毛洁白、粗长、刚韧。头大小适中，面微凹，额面有皱纹，有旋毛，耳中等大小而下垂，体躯较长，发育匀称，背腰微凹，腹大而深，臀部稍倾斜，四肢细致、坚实，乳头6～7对。被毛除眼周外均为白色，也有少数在尾根及体躯出现黑斑或全白的。荣昌猪是世界八大优良种猪之一；荣昌猪现已发展成为我国养猪业推广面积最大、最具影响力的地方猪种之一。荣昌猪具有耐粗饲、适应性强、肉质好、瘦肉率较高、配合力好、鬃质优良、遗传性能稳定等特点。

图1-65　荣昌猪（母猪）

图1-66　荣昌猪（公猪）

乌金猪属于高原良种，国之瑰宝，起源于云、贵、川乌蒙山区与金沙江畔，故取名乌金猪（图1-67、图1-68）。

图1-67　乌金猪（母猪）　　　　图1-68　乌金猪（公猪）

乌金猪属放牧型猪种，体质结实，后腿发达，能适应高寒气候和粗放饲养，其肉质优良、肉味鲜美、口感细腻，耐粗粮、抗逆性强、抗病能力强，适宜放养。

乌金猪头大小适中，耳中等下垂，嘴筒较粗直，体躯稍窄，腰背平直，四肢健壮，皱纹少而浅，四肢粗壮有力，后躯比前躯高。

关岭猪分布于安顺地区、黔东南苗族侗族自治州、黔南布依族苗族自治州和贵阳市，是贵州省中南部山区分布较广的地方猪种（图1-69、图1-70）。

图1-69　关岭猪（母猪）　　　　图1-70　关岭猪（公猪）

关岭猪体形中等，头大小适中，额有"八"字形或菱形皱纹，额心有旋毛，耳较小、下垂，嘴长适中，颈较短，体躯较深宽，胸部发达，背腰微凹，腹大下垂，臀部较丰满略倾斜，四肢直立，蹄质坚实，皮肤多褶皱，鬃毛浓密，长12～15厘米。全身被毛以黑色为主，额心、腹部、四肢下端及尾尖为白色，也有全身黑白花或全黑和少量棕红色的，乳头一般5～6对。

关岭猪具有在不良条件下育肥性能好、杂种优势较明显、肉嫩味美等优点，但生长较慢、产仔数偏低、皮厚、乳头少，因个体间差异较大，故有较大的选育潜力。

6. 高原型猪种

高原型猪种主要分布在青藏高原。藏猪是世界上少有的高原型猪种，也是我国宝贵的地方品种资源、我国国家级重点保护品种中唯一的高原型猪种（图1-71、图1-72）。

图1-71　藏猪（母猪）　　　图1-72　藏猪（公猪）

藏猪被毛多为全黑色，少数为黑白花和红毛。头狭长，嘴筒直尖，犬齿发达，耳小竖立，体形紧凑，四肢坚实，形似野猪；每窝产仔5～6头；生长慢，胴体瘦肉多；背毛粗长，绒毛密生，适应高寒气候，藏猪为典型代表。

藏猪长期生活于无污染、纯天然的高寒山区，具有适应高海拔恶劣气候环境、抗病、耐粗饲、胴体瘦肉率高、肌肉纤维特细、肉质特别细嫩、野味较浓、适口性极好等特点，但繁殖力低。

二、地方猪种保种的意义

我国地方猪种是宝贵的资源，地方猪种是在我国特有的自然条件下，经过长期的自然选择和人工选择而形成的，一个品种就是一个基因库，汇集各种各样的优良基因。它们能在一定的环境条件和特定的历史时期发挥作用，从而使品种表现为人类所需的优良特性。因此，认真保护品种资源是一项长期的重要任务。

全面追求养猪生产的高效率将导致某些地方猪种面临灭绝的危险。随着高产品种和专门化品系的大量育成，以及养猪生产体系的集约化，生产上大量使用的是经济价值高的品种或其他杂交品种，并在养猪生产中占支配地位，而经济价值相对较低的原有地方品种数目会迅速减少。全世界猪的品种有300多个，但目前只有十多个在国际上分布较广，其中又以长白猪、大白猪、杜洛克猪、汉普夏猪、波中猪和太湖猪较为突出。一些发展中国家由于引进外来的品种杂交改良或保种不当，造成原有品种质量退化和数量减少。为此，吸取国外大量地方猪种灭绝的教训，结合我国实际，开展有效的保种工作势在必行。

人们都有一个共识，在猪肉品质上我国地方猪种大大优于国外品种，要提高我国猪肉产品质量，促进养猪生产持续稳定发展，必须保存我国优良的地方猪种。在注重产品质量的当今世界，怎么使质量与数量有机地结合起来，人们习惯用杂交的方式生产出产量高、质量好的个体。杂交需父本、母本，若无特色突出的地方品种，杂交育种则难以进行。因此，采取有效的保种措施，把那些具有重要经济价值或在某一方面具有突出表现，或者杂交改良有良好效果的品种保存下来，对我国养猪业健康可持续发展具有重要意义。

第二节　我国引进的国外猪种

随着我国人民生活水平的提高，广大消费者喜欢吃瘦肉，而我国大多数地方品种属脂肪型猪，因此我国猪场自19世纪以来陆续引入国外的瘦肉型猪种。引进的种猪都是国外育种公司经过几十年、花费大量时间和精力培育出来的优良品种，具有生长速度快、瘦肉率高、产仔数量较多、饲料报酬率高等特点，符合现代畜牧业发展需求，满足人们对大量肉食品的消费需求。根据官网的数据统计，我们主要从美国、法国、丹麦、加拿大等国家引进大白猪、长白猪、皮特兰猪、杜洛克猪4个品种或品系。美系、加系、法系、丹系种猪又各自有特点。目前，丹系种猪在中国市场逐渐被压缩，开始形成美系、加系、法系三分天下的格局。

一、引进猪种的种质特性

1. 生长速度快、饲料转化率高

在中国标准饲养条件下，育肥猪（20～90千克）日增重700～850克，料肉比（2.5～3.0）：1。在国外，育肥猪日增重高达900～1000克，料肉比低于2.5：1。

2. 屠宰率和瘦肉率高

肌肉丰满结实，瘦肉产量高。90千克体重屠宰，屠宰率达到73%～75%，背膘薄，眼肌面积大，胴体瘦肉率达到64%～68%。

3. 繁殖性能差

体大晚熟，母猪发情不太明显，发情迟，发情持续时间较短，配种较难，乳头数6～7对，产仔数较少，8～12头，护仔能力差。杜洛克猪、皮特兰猪、汉普夏猪的产仔数一般不足10头。

4. 肉质较差

引进猪种肌肉纤维较粗，单位面积内肌纤维数量少；肌内脂肪和肌肉脂肪量少，口感、嫩度、风味不及中国地方猪种，易出现灰白肉（PSE肉）和暗黑肉（DFD肉）。

5. 抗逆性不强

饲养管理条件要求较高，抗逆性差，耐寒耐热能力差，抗应激能力不及中国地方猪种，易发生应激综合征；营养水平较低时，生长速度显著减慢且不耐粗饲；肢蹄疾病较多。

二、主要的引入品种

1. 约克夏猪

又名大白猪，原产于英国北部约克郡及其临近地区。分大、中、小三型，小型猪已经淘汰，中约克夏猪亦称中白猪，大约克夏猪亦称大白猪，是肉用型猪（图1-73、图1-74）。大白猪是国外饲养量最多的品种，也是我国最早引进、数量最多的猪种。大白猪是目前世界上分布最广的猪种，是世界著名的瘦肉型猪种，在全世界猪种中占有重要地位。大约克夏猪20世纪初引入我国，在我国分布较广，对国内寒冷的北方和温暖的南方气候都能基本适应，各地都能正常配种、怀孕和产仔，适应性较强。

图1-73 大约克夏猪（母猪）

图1-74 大约克夏猪（公猪）

大白猪全身白色，头颈较长，面宽微凹，耳中等大直立，体长背平直，胸深宽，臀部丰满，四肢粗壮较高，平均乳头数7对。

大约克夏猪具有增重快，饲料利用率高，繁殖性能较高，肉质较好的特点。大约克夏猪在营养良好、自由采食的条件下，日增重可达700克左右，每千克增重消耗配合饲料3千克左右。体重达100千克日龄为145天，平均背膘厚12毫米，饲料转化率为（2.4～2.8）：1，瘦肉率68%以上。体重90千克时屠宰率

71% ～ 73%，瘦肉率60% ～ 65%。

母猪性成熟较晚，一般6月龄达到性成熟，10月龄可开始配种。母猪发情周期为20 ～ 23天，发情持续期3 ～ 4天，初产母猪产仔数9头以上，经产母猪产仔猪12头以上。据铁岭市种畜场测定，24月龄公猪平均体重262千克，体长169厘米。成年母猪平均体重224千克，体长168厘米。湖北省农业科学院畜牧兽医研究所测定断奶仔猪饲养到90千克日增重689克，饲料利用率3.09。平均体重91.03千克的阉公猪屠宰率72.18%，胸腰间膘厚1.77厘米，眼肌面积30.90平方厘米，胴体瘦肉率60.70%。以大白猪为父本与我国地方猪种或培育品种为母本杂交取得了较好效果。用大白公猪与民猪母猪杂交的后代日增重560克，饲料利用率2.59。"大长北"杂交组合日增重671克，胴体瘦肉率58.2%。

2. 长白猪

长白猪原名兰德瑞斯猪，原产于丹麦，是世界著名瘦肉型猪种之一（图1-75、图1-76）。由于其体躯较长，毛色全白，故称之为长白猪。在我国按引入先后，长白猪可分为英瑞系（即老三系）和丹麦系（即新三系）。英瑞系适应性较强，体格粗壮，产仔数较多，但胴体瘦肉率较低；丹麦系适应性较弱，体形清秀，产仔数不如英瑞系，但胴体瘦肉率较高。

图1-75　长白猪（母猪）

图1-76　长白猪（公猪）

长白猪的主要特点是产仔较多，生长发育快，省饲料，胴体瘦肉率高，但体质较差，抗逆性不强，对饲料质量要求较高。

全身被毛白色，头小清秀，颜面平直，耳前倾、体躯长、背微拱、腹平直，呈前窄后宽流线型。腿臀肌肉丰满，四肢健壮；有效乳头6～8对，无遗传缺陷。成年公猪体重400～500千克，成年母猪体重300～400千克。

在良好的饲养条件下，生长发育迅速，6月龄体重可达90千克以上，1岁体重可达170～190千克。体重25～90千克的日增重为500～800克，料肉比为（3.0～3.5）∶1。体重90千克时屠宰率为70%～78%。腿肌面积36平方厘米，胴体瘦肉率为55%～63%。

性成熟较晚，母猪6月龄性成熟，10月龄可开始配种。母猪发情周期为21～23天，发情持续期2～3天，初产母猪产仔数9头以上，经产母猪产仔数12头以上，60日龄窝重150千克以上。

一般作父本用。用长白猪作父本进行两品种或三品种杂交，其一代杂种猪，在良好的饲养条件下，可获得较高的生长速度。如长白猪与嘉兴黑猪或东北民猪杂交，一代杂种猪日增重可达600克以上，胴体瘦肉率在50%以上；与约×乐（大约克夏猪×乐平花猪）杂种母猪进行三品种杂交，一代杂种猪胴体瘦肉率56.79%；与约×金（大约克夏猪×金华猪）杂种母猪进行三品种杂交，一代杂种猪胴体瘦肉率58%。

3. 杜洛克猪

杜洛克猪原产于美国，是由产于新泽西州的泽西红猪和纽约州的杜洛克猪杂交选育而成的瘦肉型猪种（图1-77、图1-78）。杜洛克猪广泛分布于世界各国，并已成为中国杂交组合中的主要父本品种之一，用以生产商品瘦肉猪。

杜洛克种猪被毛淡金黄色至暗棕红色，体躯高大，结构匀称紧凑，四肢粗壮，胸宽而深，背腰略呈拱形，腹线平直，全身肌肉丰满平滑，腿臀丰满，后躯肌肉特别发达。

头大小适中、较清秀，颜面稍凹陷、嘴短直，耳中等大小，耳下垂或稍前倾，耳尖稍弯曲，蹄部呈黑色。

图1-77　　杜洛克猪（母猪）

图1-78　　杜洛克猪（公猪）

　　杜洛克猪是生长发育最快的猪种之一，饲料转化率高，耐粗食。育肥期平均日增重700～800克，尤其是在育肥后期，日增重超过1000克；180日龄可达100千克，经过选择和培育的杜洛克猪，160日龄体重达100千克，料肉比为（2.4～2.6）：1，适宰体重为90～100千克。成年公猪体重340～450千克，母猪300～390千克。屠宰率为72%以上，胴体瘦肉率达61%～64%，肉质优良。

　　杜洛克猪性成熟较晚，通常6～7月龄开始发情，8月龄以后方能配种，发情周期为21天，发情持续期通常3天，妊娠115天，经产母猪每胎产仔9～10头。

　　杜洛克猪作为我国引进的猪种之一，与国内地方猪种进行一系列杂交，作为杂交父本能显著提高后裔的生产性能。

　　4. 汉普夏猪

　　汉普夏猪原产于美国肯塔基州，是美国分布最广的猪种之一（图1-79、图1-80）。其颜面长而挺直，耳直立，体侧平滑；腹部紧凑，后躯丰满，呈现良好的瘦肉型体况。被毛黑色，以颈肩部（包括前肢）有一白色环带为特征。成年公猪体重315～410千克，母猪250～340千克。产仔数较少，平均约9头，但仔猪壮硕而均匀。母性良好。据多品种杂交试验比较结果，用汉普夏猪为父本杂交的后代具有胴体长、背膘薄和眼肌面积大的优点。

　　在良好的饲养条件下，6月龄体重可达90千克，日增重

图1-79 汉普夏猪（母猪）

图1-80 汉普夏猪（公猪）

600 ～ 650克，饲料利用率3.0左右，90千克体重屠宰率为71% ～ 75%，胴体瘦肉率为60% ～ 62%。母猪6 ～ 7月龄开始发情，经产母猪每胎产仔8 ～ 9头。

早在1936年引入中国，并与江北猪（淮猪）进行杂交试验。汉普夏猪产仔数达9.78头，母性好，体质强健，生长快，较早熟，是较好的母本材料，在迪卡配套繁育体系中，就较好地利用了这一特性。

5. 皮特兰猪

皮特兰猪原产于比利时的布拉帮特省，是由法国的贝叶杂交猪与英国的巴克夏猪进行回交，然后再与英国的大白猪杂交育成的（图1-81、图1-82）。主要特点是瘦肉率高，后躯和双肩肌肉丰满。

皮特兰猪毛色呈灰白色并带有不规则的深黑色斑点，偶尔出现少量棕色毛。头部清秀，颜面平直，嘴大且直，双耳略微

图1-81 皮特兰猪（母猪）

图1-82 皮特兰猪（公猪）

向前；体躯呈圆柱形，腹部平行于背部，肩部肌肉丰满，背直而宽大。体长1.5～1.6米。

在较好的饲养条件下，皮特兰猪生长迅速，6月龄体重可达90～100千克。日增重750克左右，每千克增重消耗配合饲料2.5～2.6千克，屠宰率76%，瘦肉率可高达70%。公猪一旦达到性成熟就有较强的性欲，采精调教一般一次就会成功，射精量250～300毫升，精子数每毫升达3亿个。母猪的初情期一般在190日龄，发情周期18～21天，每胎产仔10头左右，产活仔9头左右，仔猪育成率在92%～98%。

皮特兰猪一般作为父本，与我国地方猪种进行二元或三元杂交，其生长性能、日增重、饲料转化率、瘦肉率等具有明显优势。

第二章
猪舍建筑、养猪设备及猪舍管理

第一节　养猪场址的选择

　　卫生管理、防疫安全和环境控制是规模化养猪场规划布局、生产运营面临的重要问题，养猪生产必须考虑用地面积、猪场内外环境、交通运输条件、市场环境、基础设施、饲养管理水平等因素。因此，一个理想的场址，应该满足以下三个基本要求：一是能够满足饲料、水电、交通运输等基本的生产需要；二是具有足够大的面积，以便用于猪舍建设、饲料贮存、粪污处理等，最好预留一定的扩建空间；三是要具有良好的周边环境，包括场址的地形和地势、周边环境，与居民区和其他场所的规定距离，可合理规划利用附近的土地，并且满足当地的区域划分和距离要求。在实际进行猪场场址的选择时，应重点从自然环境因素和社会环境因素两大方面进行综合考虑。

一、自然环境因素

　　影响猪场选址的自然环境因素包括地形与地势、土壤与地质、水源与水质、气候条件和固体、液体排泄物的处理等，在进行场址的选择时，应当进行深入的调查和分析。

1. 地形与地势

养猪场的场址应当选择在地势高燥以及交通便利的地方，并且周围1000米的范围内没有化工厂、学校、医院、居民区和主要交通道路（如高速公路、铁路以及国道等）；避免在低洼潮湿地建造猪舍，并远离沼泽地区，以保证场内环境的干燥。

猪场的地势要背风向阳，尤其是山区、洼地和长形谷地。如果选择较高的地势，有利于未来场区内污水和雨水的排放，由此产生的有利影响可以使猪场建设期间排水设施的投资相对减少，养殖场内湿度降低，病原微生物、寄生虫及蚊蝇等有害生物的繁殖和生存受到限制，那么猪舍环境控制的难度也会相应降低，卫生防疫方面的费用也会减少。地形要开阔整齐，不可过于狭窄或过多转角，以免影响建筑物的合理布局，增加土地建设投资成本。

不同的地区，在选择猪场场址时对地势、地形应有不同的要求。对于平原地区，养殖场场地应当比周围区域略高一点，以便于排水。同时要调查和了解当地的地下水位，最好选择地下水位低于建筑物地基深度0.5米以下的地方。对于山区而言，场址应选择在稍微平坦的地方，坡度面向太阳且总坡度最好不超过25%，建筑区的坡度最好控制在2.5%以内。同时还要注意当地的地质构造情况，应尽量避开断层、滑坡、塌方的地段，还要避开坡底、山谷及风口，以免受到山洪和暴风雪的袭击。而靠近河流、湖泊的地区，场址要选择在比较高的方位，应当比当地历史最高洪水水位线高，以确保汛期不受洪水的威胁。开阔的地形对猪场的通风、采光、施工、运输和管理等方面都十分有利，相反狭长的地形不仅影响上述诸多方面，而且由于边界的延长，增加了建筑物布局、卫生防疫和环境保护的难度。

2. 土壤与地质

土壤中水分与空气的状况取决于土壤的结构，不仅影响猪场的卫生状况，还会影响猪场建筑物的强度及其使用效果。因此，作为猪场施工的土壤最好是透水和透气性良好、持水性小、导热系数小、热容量大、土壤温度稳定、抗压性比较好、膨胀性低的土壤。那么，在沙土类、黏土类以及壤土类三种土壤当中，壤土类最为理想。

养猪场选择的地质条件，要考虑场地有无放射性污染，是否存在有毒、有害元素超标，或严重缺乏某种元素，还要考虑是否存在化学污染、生物污染等问题。猪场选择的地基条件，要考虑有无地下河，有无古河道，有无地基沉降，是否为滑坡地质，有无风化地质等。

3. 水源与水质

猪场的用水要保证水源的质量，水源应当无色、无味、无臭，同时水中对机体有害的化学成分含量应当符合饮用水标准，掌握pH值、无机盐组成及含量、大肠杆菌等水源水质指标。在养猪场的生产过程中，水不仅要满足整个养殖场的生产及生活需要，还要考虑到防火的需要和未来发展的需要，因此必须有一个可靠的水源，猪群的用水量可以根据猪场自身情况及不同种类猪的需水量进行估算（表2-1）。那么，在进行场址选择时，要求猪场的水源水量充足、水质良好，易于防护，污染因素少，取用方便，设备投入资金少，处理工艺简单易行，优先选择地下水资源丰富的地区建造猪场。

表2-1 不同种类猪的需水量

猪群类别	总需水量/（吨/日）	总饮水量/（吨/日）
种公猪	25	10
空怀配种母猪	25	12
带仔哺乳母猪	60	20
断奶仔猪	5	2
后备猪	15	6
育肥猪	15	6

4. 气候条件

在选择场址的过程中，对气候条件的考察主要是了解与猪场建筑设计相关的气象资料和猪场小气候，如温度、风力、风向以及灾害性天气的情况等。掌握当地的温度数据，不仅是猪舍设计的必要条件，而且对猪场的防鼠、防寒措施及猪舍的朝向、遮阴设施的设置等都具有重要的意义。而了解风力、风向和日照等情况则是确定猪舍的建筑方位、朝向、间距和布置顺序等的重要依据。

养猪场不宜设置在风口或气流交换强烈的地方，也不宜选择在气流交换不足的低洼地带或深涧、窝塘等地；场地应该尽量建在无西北风而有东南风的地区建场，同时要配合场地规划，在小面积内人工营造气流方向。

5. 固体、液体排泄物的处理

在选择猪场的地址时，应当考虑猪场的固体、液体排泄物经过自然发酵沉淀处理后，可与种植业结合，或可被周围农户就近用于粮食生产、蔬菜生产和林果生产，从而实现低能耗、零排放，实现资源循环利用，实现共赢，实现生产效益最大化。

二、社会环境因素

影响养猪场场址选择的社会环境因素包括当地的城乡建设规划、交通运输条件、能源条件、环保以及猪场面积等。养猪场场址应位于法律、法规规定的禁止养殖区域以外。

1. 城乡建设规划

近年来，我国的城乡建设发展迅速，部分原来的闲置土地可能受到当地城市建设规划的影响而不宜作为猪场用地。因此，在选择猪场地址时应考虑当地城镇和农村居民点的长远发展，选址不应朝向城镇建设发展的方向上，以免因频繁的搬迁和重建，造成不必要的经济损失。

2. 交通运输条件

作为一个大型的养猪场，其饲料、产品的运输量很大，有大量粪污、废弃物等，所以猪场地址的选择要求交通便利，场外应有运输公路，但又不能靠近主干道路，使猪场与交通干线保持一定距离。根据养猪场的建设标准，猪场选址要距离村庄、居民区、学校和公共场所500米以上，同时还要修建与之相连的专用道路，避开水源地、文物保护区、规划区等禁止建设猪场、不适宜建立猪场和不确定的区域，以确保所建猪场能够通过环境评估，保证所建猪场的实际使用年限能达到设计使用年限。

3. 能源条件

规模化养猪场的生产和生活用电要求有可靠的电力、煤炭等能源供应条件，应尽可能靠近输电线路，但又不能直接把猪场建造在距离变电站很近的地方，以防止雷击和避免较大的噪声造成不利影响。选择猪场场址的时候应当考虑供电线路的设施投资、停电等突发状况以及相应的应急措施，因此猪场不能远离电源，能源供应应当持续稳定，有条件的话应当自备应急电源，一般常用柴油发电机组。

4. 环保

猪场所在地的周围应无环境敏感点，无自然保护区，无工业污染，空气质量良好，地下水质量符合《地下水质量标准》（GB/T 14848—2017）III类标准，生态环境良好。

粪便和污水处理的原则是做到无害化和资源化，不产生二次污染，从而保护环境，变废为宝，化害为益，促进生态平衡，并取得经济效益。

每日及时清理粪便，送至沼气池，尿液流入沼气池。通过沼气池进行生物发酵和能源利用，采用粪-沼-鱼、粪-沼-菜（果、草）等立体农业和生态农业模式，化解污染源，并且应当完全符合《粪便无害化卫生标准》的规定，沼渣、沼液变为优质的有机肥料出售，回归农田，变废为宝，化害为利。另外在圈舍内喷洒除臭剂或者在猪饲料中添加生态菌，都可减少猪场产生的恶臭对环境的污染。

5. 猪场面积

考虑场地面积也是很重要的，大多数的设计者会优先考虑场地面积的大小，但有时也会由于考虑不周或因社会、经济等其他原因选择面积较小的场地，从而减少了必要的建筑物间距，由此造成了卫生安全的隐患，使得猪的生产安全受到了潜在的威胁；另一方面则是只考虑了当前的需要，没有考虑到未来，使得后续发展具有一定的局限性。

养猪场要有一定的面积，考虑到未来发展的需要，应留有一定的余地，但又要尽量节约土地，不占用基本农田，不占用或占用较少耕地，尽量选用不适宜耕作的土地。根据李震钟对于猪场所需推荐场地面积的计算，猪场的土地征用面积一般可按基础母猪每头75 ~ 100米^{2}或每头上市商品育肥猪5 ~ 6米^{2}进行估算。

考虑到目前以及未来很长一段时间内我国养猪生产都将是家庭分散养殖与规模化养殖并存的实际情况，在进行猪场场址选择时，专业养猪场和规模化养猪场的选址要求应有所不同。对专业养猪场而言，由于每户饲养的猪群是小规模的、猪群结构简单，占地面积比较小，在选址时应考虑既要方便农民利用空余时间和闲散劳动力开展养猪生产，又要不影响乡村的环境卫生。因此，最好不要再沿用过去那种在房前屋后搭建简易猪舍的传统做法，而要在村镇居民区外的下风向处建设猪舍，尽量利用闲置土地、生荒地、山丘坡地等不宜耕种的土地建造猪舍。对于规模较大的猪场，在选址时除了要考虑上述的自然条件和社会条件外，还要根据"全进全出"的生产管理要求和不同猪场的布局需要进行场址的选择。

综上所述，猪场场址选择时必须综合考虑自然环境、社会经济条件、卫生防疫条件、生产流通、组织管理、生产技术、饲养技术及家畜的生理和行为需求等多方面因素，因地制宜地处理好相互之间的关系。

第二节 猪舍建设

一、猪舍设计的原则

科学合理的猪场规划设计是实现猪场规模化养殖的前提条件，是保证养猪生产效率和安全的重要手段。规模化养猪场规划设计的主要目的是建立相对完善的生猪生产配套设施，创造适宜生长的生态环境。猪舍的设计首先要符合养猪的生产工艺流程，其次要考虑各自的实际情况。猪舍建筑要求冬暖夏凉，通风良好，采光充足，易于饲养，容易消毒清理以及经济耐用。黄河以南地区以防潮、隔热和防中暑、降温为主；黄河以北则以防寒保暖和防潮防湿为主。

1. 防疫安全

规模化养猪应高度重视防疫环境和生物安全措施，场址选择应注意高燥、背风、向阳；猪舍的建设要求通风、隔热、保暖，有利于保持猪舍的清洗、消毒和清洁、干燥。按照防疫先行的原则，种猪场、父母代猪场、育肥猪场应该分开建设，间隔一定距离（一般数千米），这种场区设计称为"聚落式"猪场。以山东省某祖代猪场为例，该猪场总长度逾10千米，占地近3000亩，分为数个独立分区，为生物安全防控创造了良好条件（图2-1～图2-3）。

大型养猪场的入口处必须设置消毒池并配备消毒机，进出车辆要严格消毒，进出人

图2-1 祖代猪场

图2-2　父母代猪场　　　　　图2-3　育肥猪场

员设有消毒通道，进入人员要登记消毒。在养猪生产过程中要定期进行卫生消毒工作，保持圈舍的清洁和干燥，及时清运粪便、垃圾，定期更换垫草。圈舍、食槽等要定期消毒，消毒药物可交替使用2%～3%苛性钠、百毒杀、过氧乙酸、戊二醛等，以有效杀灭各种病毒、细菌、支原体和真菌等病原微生物。猪场周边应设置围墙、防疫沟或防疫林等。

2. 环境保护

规模化养猪在选址建设养猪场前必须充分了解当地政府的土地规划及相关政策，对养殖场周边环境和地理因素进行充分调研，因地制宜建设配套排污系统，特别应注意沼气和污水处理配套项目的建设。养殖过程中产生的大量畜禽粪污、养殖污水，严禁任意倾倒和排放。

猪舍应当具备防风防雨、遮阳防晒、保暖干燥等功能，尽量做到防寒保暖，有效缓解外界不利因素对猪的影响。

3. 实用耐用

在建造猪舍时应当充分考虑其耐用性，一方面能够保证猪群在生产生活中的安全和舒适，另一方面可以通过日常的维护来延长使用寿命。

4. 方便管理

猪舍的设计应当考虑饲养人员在猪舍内的操作是否便利，通过有效的设计最大限度地便利饲养人员供水、送料、定期清理等。

二、猪场的选址

猪场的选址应当遵循生物安全原则，并需要良好的隔离条件。对于规模化养猪场，场址选择要求地势高燥、平坦、整齐、开阔，交通方便，保障用水、用电，一般要求距离最近的居民区不少于3000米；应尽量接近饲料产地，并具有相对良好的运输条件。选址在结合区域规划的同时，以猪场整体防疫为重点，要远离生猪批发市场、屠宰加工企业、著名景点和交通要道等。距离畜禽屠宰场至少2000米；距离交通干线1000米，距离普通道路500米，可设置猪场专用通道，连接交通主干道。

场址应至少高于当地历史洪水水位线，地下水位应低于2米。地面坡度以1%～3%较为理想。地势宜开阔整齐，场地过于狭长或边角太多会影响建筑物布局，不便于场区的生产联系并影响卫生防疫。在山区应选择向阳坡地。

合理规划养猪场的布局，猪场一般分为生活区、生产区、办公区和隔离区，这四个区域必须严格分开。生产区是整个猪场的重要组成部分，隔离区（包括隔离舍、粪污及病死猪的处理区等）与生产区和生活区之间至少相隔100米的距离，生活区与生产区需要用围墙分隔，围栏与生活区处于平行风向，办公区要建立在生产区的进出口外面。

规模化养猪场耗水、耗电量较大，因此必须有可靠、优质、无污染的水源，一般情况下，万头猪场日用水量为100～150吨；大型养猪场，特别是机械化养猪场，需要大量用电，包括供水、保温、通风、饲料加工及清洗、消毒等设施都需要用电，因此一家万头猪场装机容量应达80～100千瓦及以上。此外，最好配套有鱼塘、果林或耕地等（图2-4）。

三、猪场的合理布局与规划

现代化养猪场的合理布局应当包括生产区、饲养管理区、病猪隔离区和粪便堆存区、兽医室、生活区及道路、水池及绿

图2-4　猪场选址及合理布局

化带等。

1. 生产区

生产区的布局应根据当地的自然条件，充分利用有利因素，实现最有利的生产布局。在生产区的入口处应当设置专门的消毒间或消毒池，对进入生产区的人员和车辆进行严格的消毒。生产区包括各类猪舍和生产设施，这是猪场中的主要建筑区域，一般建筑面积占整个场地总建筑面积的70%～80%。种猪舍要求与其他猪舍隔开，形成种猪区。种猪区应设在人流较少和猪场的上风向，且种公猪在种猪区的上风向，以防止母猪的气味对公猪产生不良刺激，同时可以利用公猪的气味刺激母猪发情。分娩舍既要靠近妊娠猪舍，又要接近保育猪舍。育肥猪舍应设在下风向，且离出猪台较近。在设计时，使猪舍方向与当地夏季主导风向呈30°～60°，使得每排猪舍在夏季有最佳的通风条件。

2. 饲养管理区

饲养管理区包括养猪场生产管理必需的附属建筑物，如饲料加工车间、饲料仓库、维修车间、变电站、锅炉房、水泵房等。它们和日常的饲养工作有着密切的关系，因此应该建立在生产区附近。

3. 病猪隔离区及粪便堆存区

病猪隔离区及粪便堆存区应远离生产区，设在下风向且地势较低的地方，以免影响生产猪群。

4. 兽医室

应设立在生产区内，只对区内开门，为便于病猪处理，通常设在下风向。

5. 生活区

包括办公室、会客室、财务室、食堂、宿舍等，这是管理人员和家属日常生活的地方，应单独设立（图2-5）。一般位于生产区的上风向，或与风向平行的一侧。此外，猪场周围应设置围墙或设防疫沟渠，以防兽害和避免闲杂人员进入场区。

图2-5　生活区

6. 道路、水池及绿化带

道路设施对正常进行生产活动、搞好卫生防疫及提高工作效率起着重要的作用。场区内道路应净道、污道分开，互不交叉，出入口分开。净道的作用是运输人员的通道和饲料、产品的运输；污道为运输粪便、病猪和废弃设备的专用通道。自设水塔是清洁饮水正常供应的保证，位置选择要与水源条件相适应，且应安排在猪场最高处。绿化带不仅美化环境，净化空气，也可以防暑、防寒，改善猪场的小气候，同时还可以减弱噪声，减少不利影响，促进安全生产，从而提高经济效益。因此，在进行猪场总体布局时，一定要考虑绿化工作。

四、猪舍建筑

为了便于管理和疫病控制，猪舍的建设应采取全封闭方式，可采用单列式全封闭、双列式全封闭。按照传统方式，单列式猪舍北侧设运动场，双列式猪舍南北侧均设运动场。一般公猪舍、后备猪舍、妊娠母猪舍、产房、保育舍采用单列式全封闭，可保证充足的光照，有利于生猪的生长发育；育肥猪舍采用双列式全封闭，既节省了建设成本，又有利于猪的育肥生长。

1. 单列式全封闭猪舍

单列式猪舍在我国传统养猪生产中处于领先地位，具有结构简单、投资少、通风透光好、维修方便等特点。适用于农村中小型养猪场与养猪个体户，但劳动效率与生产水平都比较低。

为确保猪舍在全封闭的条件下，阳光能通过窗户照射到猪舍，应在背光的一面（即西面、北面、西北面）设置过道，同时猪舍面积与窗户面积比例为10：（1～1.5）。

单列式猪舍一般净高为2.8米，净宽为4米，其中通道1.2米，猪床2.8米。

2. 双列式全封闭猪舍

双列式猪舍多用于大中型猪场。双列式猪舍结构复杂，投资大，但便于人员进行管理，能有效地控制环境，提高劳动效率和养猪生产水平，是当今发展养猪生产的方向。

在符合地势、风向等条件的情况下，双列式全封闭猪舍，尽量选择东西坐向，保证两列猪舍都能有阳光照射。双列式全封闭猪舍，猪舍面积与窗户面积的比例，育肥猪舍为10：（0.7～1），其他猪舍为10：（1～1.5）。

双列式猪舍一般净高3米，净宽8.4米，其中两边通道各0.8米，中间通道1.2米，两边猪床各2.8米，猪舍总长根据地形及饲养规模确定。

五、猪舍的设计

猪舍设计要求符合先进、合理、适用的原则。完整的猪舍主要由墙壁、屋顶、地面、门、窗、粪尿沟、隔栏等部分构成。墙壁要求坚固、耐用，保温性能好，比较理想的墙壁为砖砌墙，要求水泥勾缝，离地0.8～1.0米水泥抹面。比较理想的屋顶为水泥预制板平板式，并加入15～20厘米厚的土以用于保温、防暑。地板要求坚固、耐用，渗水良好。比较理想的地板是水泥勾缝平砖式，其次则是压实的三合土地板，三合土要混合均匀，湿度适中，切实夯实。粪尿沟的宽度应根据舍内面积设计，至少有30厘米宽。漏缝地板的缝隙宽度要求不得超过1.5厘米。

猪舍的建筑因猪群的用途不同而分为公猪舍、空怀及妊娠母猪舍、分娩哺育舍、保育舍、育肥舍等。

1. 公猪舍

公猪舍一般为单列半开放式，要求舍内温度为15～20℃，内设有走廊，外面有小运动场，以增加公猪的运动量，一圈一头（图2-6）。公猪舍的面积至少要8～9米^2，宽度和长度不应小于2.75米，隔栅可以打开，高度为1.20～1.50米。

图2-6 公猪舍

2. 空怀及妊娠母猪舍

空怀及妊娠母猪舍一般设计成单列式和双列式。小规模的猪场可采用单列带运动场开放式。在集约化、工厂化养猪场，可设计成双列式或多列式。空怀、妊娠母猪最常用的饲养方式分两种，一种是大栏群饲，一般有4～5头空怀母猪或2～4头妊娠母猪（图2-7）；舍栏的结构有实体式、栅栏式或综合式，猪舍布置多为单走道双列式；猪舍面积一般为7～9米^2，地面坡度应小于1/45，地表不要太过光滑，以免母猪跌倒。另一种方式是单栏饲养，每栏长2.1米、宽0.6米（图2-8）。以上两种方式都不甚理想，根据动物福利标准要求，应该每舍1头妊娠母猪，并提供适当的活动空间，避免多头猪争斗而导致流产等。

图2-7 群饲式空怀及妊娠母猪舍　图2-8 单栏式空怀及妊娠母猪舍

3. 分娩哺育舍

分娩哺育舍内设有分娩栏，布置多为两列式或三列式。舍内温度要求15～20℃。分娩栏的结构也因条件而异。

（1）地面分娩栏　采用单体栏，中间部分是母猪限位栏，两侧是仔猪采食、饮水以及取暖等活动区域。母猪限位栏的前方是前门，前门上设有食槽和饮水器，供母猪采食、饮水，限位栏后方有后门，供母猪进入以及饲养人员清理粪便。

图2-9 分娩哺育舍

（2）网上分娩栏　主要由分娩栏、仔猪围栏、钢筋编织的漏缝地板网、保温箱等组成（图2-9）。

4. 保育舍

仔猪保育舍内温度要求为26～30℃。可使用网上保育栏，每栏1～2窝，网上饲养，用自动落料食槽，自由采食（图2-10）。网上养殖减少了仔猪疾病的发生，有利于仔猪健康，提高了仔猪的存活率。仔猪保育栏主要由钢筋编织的漏缝地板网、围栏、自动落食槽、连接卡等组成。生长和后备母猪舍均采用大栏地面群养方式，自由采食，它们的结构形式基本相同，但由于饲养头数和猪体大小的不同，在外观尺寸上会有所变化。

5. 育肥舍

育肥舍大多采用大栏地面群养方式，小规模猪场可采用单列开放式，在集约化、工厂化猪场，可设计成双列式或多列式（图2-11）。采用实心地面、部分漏缝或全部漏缝地板群养，每圈10～20头，面积每头0.35～1.1米^2。常见的为两列中间设置一走道。

图2-10　保育舍

图2-11　育肥舍

总之，场址的选择、猪舍的规划及建筑设计是否妥当，对整个猪场的内外环境、经济效益以及猪场的生物安全、卫生防疫和环境保护等都有着重要的影响。做好猪场的整体和局部规划设计，才能最大限度地发挥生产效益，提高养猪场的经济效益。

第三节　养猪设备及用具

养猪设备在规模化养猪中起着至关重要的作用，设备的合理应用可以为猪群营造一个舒适安全的生长环境，最大限度地减少外部不良刺激，继而提高养猪生产水平和经济效益。

在规模化养猪场中养猪设备必不可少，选择设计合理、管理便利、经济实用、坚固耐用且符合卫生防疫要求的养猪配套设备，能为猪群营造一个舒适安全的生长环境，尽量减少外因性不良刺激，从而增加经济效益。规模化养猪场的养猪设备主要包括各种猪栏、漏缝地板、饲喂设备、饮水设备、环境控制设备、粪便污水处理设备等。

一、栏体设备

为了减少猪舍的占地面积，便于对环境的控制，提高管理效率，大多都采用固定栏式饲养。由于各个猪场的品种、管理经验和猪场建设的投资情况不同，各种猪栏的结构形式以及规格也有所不同（表2-2）。各种猪栏的选择与猪场所设定的饲养工艺流程相关，以此来保证生产流程的实施，组织均衡的生产服务。工厂化养猪场的猪栏一般分为公猪栏、配种栏、怀孕栏、分娩栏、保育栏、生长栏以及育成栏等。

猪舍内猪栏的结构形式、规格大小及其构成的环境应当能够满足以下要求。

① 适当空间与环境，满足现阶段猪的生产需要和饲养要求。

② 方便饲养人员的日常操作以及减少不必要的工作量。

③ 尽可能地使饲养管理人员有良好的工作环境。

表2-2　规模化猪场猪栏技术规格参照表

猪舍名称	设备名称	技术规格
种公猪舍	公猪栏和配种栏	单独公猪舍或公猪、配种同一舍 宽×长×高：2.4米×3.6米×1.2米
空怀、妊娠母猪舍	小群栏和单体限位栏	小群栏：依照饲养头数不同 单体限位栏宽×长×高：0.6米×2.1米×1.0米
分娩母猪舍	分娩栏（产仔哺乳栏）	宽×长×高：1.85米×2.0米×1.0米（仔猪栏高0.6米）
保育猪舍	保育栏（网上培育栏）	宽×长×高：1.8米×3.2米×0.7米

猪舍名称	设备名称	技术规格
生长猪舍	生长栏	宽×长×高：2.0米×4.4米×0.8米
育肥猪舍	育肥栏	宽×长×高：3.6米×4.4米×0.9米

1. 公猪栏和配种栏

育种工作是养猪生产中一个非常重要的环节，只有提高猪的繁殖效率，才能够获得更好的经济效益。工厂化养猪均采用每周生产计划安排，即每周都有固定数量的一组母猪分娩，并按照"分组全进全出"的要求来充分利用猪栏。

一般每个公猪栏的面积为 4 ～ 6 米^2，每栏饲养一头，栏的长度和宽度可以根据猪舍内栏架的布局来确定。栏栅可以采用金属结构或混凝土结构，但栏门一般采用金属结构，以便于饲养人员观察、操作以及改善猪舍内的通风情况。

2. 母猪栏

在养猪场中，生产母猪一般采用单体限位饲养的方式，即每一母猪栏饲养一头母猪（图2-12）。怀孕母猪采用单体限位饲养有许多优点。

① 猪栏占地面积小，有利于提高集约化程度，减少猪舍占

图2-12　妊娠母猪限位栏

地面积。

② 能够更加有效地观察母猪发情情况以及及时配种，有效提高母猪的生产效益。

③ 方便饲养员根据妊娠时间长短合理制订饲喂计划。

④ 提高管理水平。

⑤ 母猪之间不争夺食物、不互相争斗，避免了母猪之间的相互干扰，减少机械性流产的概率。

3. 分娩栏

养猪场一般都将分娩栏集中安排在分娩舍内，集中安排分娩栏可以方便管理，减少劳动力。良好的分娩栏结构和环境设计，对于提高分娩阶段的饲养效果起到很大作用（图2-13）。

图2-13　哺乳母猪分娩栏

分娩栏的结构和环境设计应当尽可能地满足以下要求。

① 适合分娩母猪和哺乳仔猪的需要，应当综合考虑母猪和仔猪的不同需求。

② 为保护仔猪，分娩栏应设有保护架或防压杆等，减少母猪压死小猪的概率，提高仔猪的存活率，同时也可以提供一个与母猪分离的舒适温暖地带。

③ 建立良好的卫生条件，便于饲养人员清洁消毒，防止污垢积聚和细菌繁殖。

④ 方便饲养人员管理。

4. 保育栏

一般来说，仔猪断奶以后转入保育栏饲养，这时是仔猪的快速生长期，饲料的利用率高，增重速度快，在此时期必须尽量减少仔猪的紧迫感，使仔猪达到最佳的生长效果。这个时期的仔猪虽然身体机能迅速增强，但对于疾病的抵抗能力仍然相对较弱，因此保育栏应当提供一个适合仔猪生长的环境，即清洁、干燥、温暖、没有强风入侵且空气清新的环境（图2-14）。

图2-14 高床漏缝保育栏

5. 生长栏和育成栏

生长栏和育成栏的结构相似，只是面积大小有所不同。部分猪场把生长和育成两个阶段合为一个阶段，以避免赶猪转栏的麻烦，因此将生长栏和育成栏称为生长育成栏。养猪场的育成栏普遍采用金属栅栏和全漏缝地板结构，这种围栏通风性能好，清洁卫生，节省饲养和管理成本，使用效果好。

二、漏缝地板

在现代养猪生产中，漏缝地板被广泛使用，以保持栏舍的清洁卫生，减少清扫次数。地板要求耐腐、耐磨，平整不滑，牢固耐用，漏粪效果佳，易于清洗消毒。地板缝隙适合猪行走和站立，不得卡陷损伤猪蹄。板条间隙的最大宽度应为：哺乳仔猪11毫米，断奶仔猪14毫米，育肥猪18毫米，母猪20毫米。板条间隙的最小宽度为：哺乳仔猪和断奶仔猪10毫米，育肥猪和母猪80毫米。

1. 水泥混凝土漏缝地板

在配种妊娠舍和育成育肥舍应用最为常见，可做成板状或条状。这种地板成本低、牢固耐用，但对制造工艺要求严格，水泥标号必须符合设计图纸要求（图2-15）。

2. 金属漏缝地板

可以用金属条排列焊接而成，也可用金属条编织成网状。由于金属漏缝地板缝隙占的比例较大，粪尿下落顺畅，缝隙不易堵塞，不会打滑，栏内清洁、干燥，在集约化养猪生产中普遍采用（图2-16）。

图2-15　水泥混凝土漏缝地板　　图2-16　金属漏缝地板

3. 塑料漏缝地板

采用工程塑料模压而成，拆装方便，质量轻，耐腐蚀，牢固耐用，比混凝土、金属和石板地面暖和，但容易打滑，体重大的猪行动不稳，适用于小猪保育栏地面或产仔哺乳栏小猪活动区地面（图2-17）。

4. 调温地板

是以换热器为骨架、用水泥基材料浇筑而成的便于移动和运输的平板，设有进水口和出水口与供水管道连接。

5. BMC复合漏粪板

主要采用不饱和树脂、低收缩剂等各种纤维材料配合螺纹钢筋骨架压制而成的新型漏粪板。具有高强度、不伤乳头、不伤猪蹄、不吸水、耐酸腐蚀、不老化、不粘粪、易清洗、无需横梁、重量轻、运输方便等特点（图2-18）。

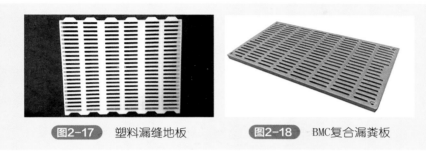

图2-17 塑料漏缝地板   图2-18 BMC复合漏粪板

三、供水设备

养猪场的供水系统主要包括猪饮用水和清洁用水的供给，一般共用一条管道。自动饮水系统用于为猪提供饮用水，主要包括供水管道、过滤器、减压阀和自动饮水器等。采用自动饮水系统的优点是：①可随时供应新鲜清洁的水，以减少疾病传染的概率；②节约用水和相关开支；③避免饮水溅洒，保持栏舍干燥。清洁用水主要用于冲洗和消毒等。管道设计不仅要考虑配套设备，还要注意使用的便利性和节约材料。

大多数的大型养猪场在猪栏内都配备了自动饮水器（图2-19）。其中，鸭嘴式自动饮水器是使用最多的一种饮水设备；另外，还有乳头

图2-19 自动饮水器

式、吸吮式、杯式自动饮水器等。乳头式和吸吮式自动饮水器结构相似，均由壳体、顶杆和钢球三部分构成；杯式自动饮水器供水部分的结构与鸭嘴式大致相同，杯体一般为铸铁材质。另外，配有饮水高度调节器能更好地满足福利养猪的需要。

四、饲喂设备

养猪场饲料的储存、运输和饲养，不仅耗费大量劳动力，而且对于饲料的利用率及卫生的清洁程度有很大的影响。因此，一般养猪场非常重视饲料储存、运输及饲养的机械化。饲料厂将加工好的饲料由专用运输车先送入贮料塔，再通过螺旋或其他输送器将饲料输送到分配器，或直接送到食槽或定量料箱（图2-20）。其主要优点是：①饲料始终保持新鲜；②节约饲料包装和装卸成本；③减少饲料在装卸过程中的泄漏损失；④减少饲料污染；⑤自动化、机械化程度高，节省了大量劳动力。

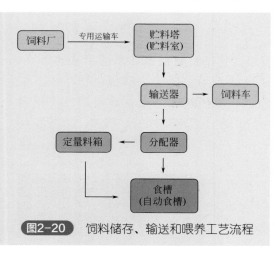

图2-20　饲料储存、输送和喂养工艺流程

1. 人工喂料

设备简单，主要包括加料车、食槽（PVC单面/双面、不锈钢、铸铁食槽）、料箱（不锈钢、铸铁料箱，PVC不锈钢、PVC铸铁自动落料干湿料箱）、仔猪补料槽等。

2. 自动喂料系统

由贮料塔、驱动装置、饲料输送机、输送管道、输送装置（链式/钢索式/弹簧式）等组成，可将粉状、颗粒状或湿润饲料输送到指定食槽内。一般用于规模化猪场的空怀和妊娠母猪舍、分娩舍及保育和育肥舍中，能降低劳动强度。

3. 母猪智能化饲喂系统

采用计算机软件系统作为控制中心，由一台或多台饲喂器作为控制终端，由读取感应传感器为计算机提供数据，计算机软件系统根据猪的科学饲养运算公式，对数据进行计算和处理，并在处理后给饲喂器的机电部分下达指令进行操作，达到对每只猪的数据管理及准确的饲喂管理。主要用于技术资金雄厚的现代化猪场，可以提高猪场的科学管理水平，减少饲料及劳动力、水电等相关投入，节约生产成本，是高效集约化养猪的发展方向（图2-21、图2-22）。

图2-21 自动送料系统索盘式（左）和螺旋式（右）

图2-22 干湿料槽（左）和自动湿料饲喂设备（右）

五、环境调控设备

养猪场的发展程度较高，所要求达到的生产指标和效率也高，因而必须在饲养过程的各个阶段都尽可能地创造一个适宜猪生长的环境。温度是环境中的一个重要因素，因此应当使猪舍或猪栏的局部空间保持在适合猪生长的温度。所以，冬季舍内需要供热保暖，夏季舍内需要通风和散热。

1. 通风设备

一方面，猪舍的通风可以起到调节温度的作用；另一方面，通过舍内外空气交换，引入舍外新鲜空气，排出舍内污浊空气和过多水汽，改善舍内空气质量。

通风设备的影响因素有以下两方面：一是有毒有害气体，猪舍内有毒有害气体（主要是 NH_3、CO、CH_4、H_2S 等）的积聚是一个需要引起重视的问题，一定要充分通风，否则这些有害气体的溢出对人和猪都是致命的；二是温度、湿度的平衡。猪舍内通风有两个目的：①让新鲜的空气进入猪舍，使得舍内空气质量良好；②降低湿度，以免病原微生物滋生对猪产生不利影响。通风设备的类型详见表2-3。

表2-3　通风设备类型

通风设备	工作原理
全机械负压通风系统	负压通风是在相对密封的空间内，通过排风扇强行将室内空气抽出，形成瞬时负压，室外空气在大气压下通过进气口自动流入室内的通风模式。整个系统包括：排风扇、进气口、控制器、取暖器（冬季）、蒸发降温装置（夏季）等
自然通风（卷帘式）	完全靠自然通风的猪舍，其关键在于卷帘的保养及通风口的控制
机械/自然相结合的通风系统（自然通风为主，辅以机械通风）	在天气多变或者在极端天气条件下，很难充分控制自然通风猪舍的通风情况，为了弥补这个缺陷，在天气寒冷或炎热时就需实行机械通风

2. 温度调控设备

（1）降温设备 为了节约能源，养猪场的猪舍设计应尽量采用自然通风的方式，但在炎热地区或气候闷热的季节，就应当考虑使用降温通风设备。

喷雾降温系统的冷却水通过增压水泵加压，然后通过过滤器进入喷水管道从喷雾器喷出形成水雾，降低猪舍内空气温度。一般用于公猪舍、妊娠母猪舍和育肥猪舍。

湿帘负压通风降温系统具有降温和改善空气质量的双重功能，它是由一种表面积较大的特种波纹蜂窝状纸质做成的湿帘及高效节能且低噪声的负压风机系统、水循环系统、浮球阀补水装置、自动控制装置等组成。其工作原理为：温度过高时，帘幕将自动打开，风机开始运行使得猪舍内产生负压，室外空气通过多孔湿润的湿帘表面进入猪舍，同时水循环系统开始工作，水泵把机腔底部水箱里的水沿着输水导管送到湿帘的顶部，使湿帘充分湿润，湿帘表面上的水在空气高速流动状态下蒸发，带走大量热量，使流过湿帘的空气温度比室外空气的温度低5～12℃。如果温度太低，帘幕将自动关闭（图2-23）。

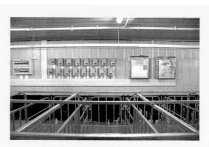

图2-23 环境控制设备

（2）供热保温设备 一般来说，公猪、母猪等大猪有很强的耐寒力，但小猪特别是初生至断奶前后的仔猪则需要保持较高的适宜生长的温度。因此，供热保温设备大多是为小猪准备的，主要用于分娩舍和保育舍。

传统的供热设备包括暖气、地热、热风炉和柴油炉等（图2-24）。其供暖方式主要有热水供暖系统、热风供暖系统及局部供暖系统。目前，新开发的畜禽舍空调系统更适合分娩舍和保育舍的保暖与通风；水暖循环地热供暖方式采取常压专用锅炉

图2-24 保温设备

提供热源，栏内2/5为地热躺卧采食区，塑料管材用于地面下加热，塑料管下用聚苯板和炉灰与地下隔热保温。它结构简单、安装方便，使用寿命长，对育成猪/育肥猪供暖效果较好。

六、粪污处理设备

在现代大规模养殖过程中，清理粪便主要有两种方式：一种是采取干湿分离的方式。即人工直接清除干粪，用塑料袋包装发酵生产有机肥料，使尿液和清稀粪便进入沼气池发酵产气，解决生产和生活能源问题；另一种是自动清理粪便方式，采用清粪设备自动清除粪便。

规模化猪场的粪污处理设备是一项必须考虑的投资，主要包括预处理设备（格栅、固液分离机）、废水处理设备（厌氧、好氧、自然处理）（图2-25）、堆肥设备等。其处理方式和过程是不同的，以能源-环保型处理利用方式为例：该模式由预处理、厌氧处理、好氧处理、污泥处理及沼气净化、储存与利用等组成。用水将粪便、尿液冲入粪沟，通过固液分离机将固体粪便分离出来，分离出的粪渣出售或生产有机复合肥；沼气技术可以利用高效厌氧反应器产生沼气，进行气水分离、脱硫、计量、贮气后加以利用；好氧处理系统包括活性污泥法、接触氧化法、间歇式活性污泥法（SBR）。污水达标后排放，污泥经浓缩、脱水后作为有机肥使用。因

图2-25 污水处理设备

此对机械配套设备和相应的建筑设施要求比较复杂，对设计和操作技术水平要求较高，多应用于大型养猪场。

第四节　猪舍的环境控制

近年来，我国畜牧业的生产方式由粗放型向集约型转变的步伐逐渐加快，养猪场的规模化养殖水平不断提高，在提高畜产品市场供应能力、减少重大动物疫病发生、提高畜产品质量安全水平等方面起到了积极的作用，但是我国生猪的生产能力与国外养猪发达国家相比，仍有很大差距。环境是影响生猪生产能力的重要因素，虽然养猪场的环境与猪场的整体规划和生产工艺相关，但即使猪场场区规划和生产工艺相对合理，我国许多地区的大型养猪场舍内环境质量仍然需要通过猪舍环境控制才能满足猪只健康高效生产的需要。

猪的生长环境包括影响猪生长、发育、繁殖和生产性能发挥的一切自然因素。控制好猪场的小环境是养猪成功的关键，规模化猪场主要注重的是温度、湿度、空气质量、饲养密度、病原微生物以及与外界的隔离等，只有为猪创造适宜生长的环境，才能够保证猪的正常生长，充分发挥其生产价值，获得更高的经济效益。

一、猪舍环境控制的重要性

病从外入，大型养猪场必须高度重视，做好预防工作。严禁外部人员进入，特别是从事相关工作的人员，如饲料销售人员、外部猪场工作人员等。注意车辆的消毒，尤其是运输畜禽、肉制品的车辆。另外，大规模养猪场引进猪种也可能成为致病源。因此，猪场门前的消毒池、车辆和人员的消毒通道、洗手防护设施构成了猪场环境安全控制的第一道防线。

猪舍内的适宜温度（湿度）、合理的通风和光照（时间长短、照射区域面积）等是猪群提高存活率、减少死亡率、快速生长的基础条件。因此，猪舍的环境管理显得尤为重要，也是规模化养猪场环境安全的关键所在。

猪舍的外部环境控制是大型猪场环境安全控制的重要组成部分。外部环境安全的控制效果直接影响猪舍内部环境安全的控制效果。合理的猪舍布局是养猪场外部环境安全控制的基础。污道、净道、污水、管道、粪便堆积发酵场和化尸池等环境安全控制是猪场外部环境安全控制的关键所在。

二、猪舍环境对生产力的影响

1. 对仔猪存活率的影响

影响仔猪成活率的重要环境因素是温度。当温度过低时，仔猪从母体中获得免疫球蛋白的被动免疫水平下降，使得仔猪的成活率降低，而且低温是诱发感冒等呼吸道疾病的原因。我国国家标准《规模猪场环境参数及环境管理》GB/T 17824.3—2008规定保育猪舍的适宜温度是20 ~ 25℃。低温对猪的生产性能影响的一切后果都与湿度有关。在低温高湿的条件下，猪易患感冒型疾病，同时消化道疾病也在低温高湿的天气条件下发生。空气湿度为60% ~ 80%时，病原体不易繁殖。当相对湿度高于80%时，病原体的繁殖速度加快，使得猪感染呼吸道疾病的概率增加。

影响仔猪健康生长更为重要的因素是空气。当猪舍空气中的NH_3浓度超过76毫克/米^{3}时，猪的饲料消耗量和日增重就会降低，NH_3浓度为38 ~ 57毫克/米^{3}时，猪清除肺部中细菌的能力则会下降。我国国家标准《规模猪场环境参数及环境管理》GB/T 17824.3—2008将保育猪舍、哺乳仔猪舍NH_3浓度上限定为20毫克/米^3，其他阶段猪舍NH_3浓度上限定为25毫克/米^3。

CO_2常被用作空气质量和通风量控制研究的指标。长期处于2000 ~ 9000毫克/米^{3}的CO_2浓度环境中比长期处于1000 ~ 3000毫克/米^{3}环境中的猪更容易发生呼吸道疾病。我国国家标准《规模猪场环境参数及环境管理》GB/T 17824.3—2008 将保育猪舍、哺乳猪舍 CO_2 浓度上限定为 1300 毫克/米^3，其他阶段猪舍 CO_2 浓度上限定为 1500 毫克/米^3。

保证猪舍内的空气流通是清除有害气体最为有效的措施，同时搞好猪舍内的卫生状况，及时清理垃圾和粪便，也能够加强猪舍内空气的净化。

2. 对猪繁殖性能的影响

高温是影响种公猪繁殖性能的主要环境因素之一。在高温季节，无交配欲望的公猪比例高于常温季节，短时间急性热应激会使公猪的繁殖力长时间下降，并且这种下降具有滞后性，一般在热应激后 16 ～ 30 天才开始出现，要经过约 2 个月才能逐渐恢复，这是导致公猪夏季不育的主要原因。

母猪的繁殖性能对热特别敏感，高温会使母猪乏情或增加异常发情率，缩短发情持续时间；高温还会使母猪内分泌功能紊乱，导致排卵数量和卵子质量明显下降，从而使母猪受胎率降低。同时高温不利于受精卵的附着和发育。热应激将导致分娩母猪采食量和泌乳量减少，进而导致仔猪的增重速度减慢。低温则对猪的繁殖力影响不大。

三、猪舍环境控制的措施

1. 严格做好消毒工作

消毒工作对养猪场的重要性不言而喻，但在具体操作时却往往忽略细节，轻视消毒效果。如在没有做好清洁之前就开始消毒工作；长期单一使用 1 ～ 2 种消毒药品；随意增减消毒液的浓度和消毒频率；忽视消毒药品对人和猪的危害；不及时清洗消毒，不及时更换消毒药品；兽医人员忽视手部、器械的消毒，饲喂人员忽视生产工具、设备的消毒；消毒过程图快，忽视消毒的覆盖面，熏蒸消毒忽视密闭等，这些细节性工作往往决定了消毒效果，需要每个猪场管理人员引起重视。

2. 猪舍内部环境的控制

（1）温度 不同品种、不同用途、不同阶段的猪对温度的需求各不相同，猪舍内温差过大会诱发各种疾病，如低温引起仔猪黄白痢、流感、腹泻和传染性胃肠炎等。高温可引起母猪采食量减少、不食和呼吸道感染等疾病。高寒地区冬季养猪，猪舍的保温工作是关键，大多在窗户和采光玻璃上覆盖固定塑料薄膜、安装棉门帘，并利用水暖、电暖、热风炉等设施增加舍内温度。夏季高温季节可采用覆盖遮阳网、走廊洒水、补充维生素及其他微量元素等措施做好防暑降温。

（2）湿度 猪舍的适宜湿度是40%～70%，如果湿度过高，水分在蒸发的同时吸收周围环境中的热量，降低温度，影响猪的生长发育和饲料利用率，尤其是对仔猪的影响最大。潮湿的环境也是蚊虫和微生物繁殖的最有利条件，增加了猪场防控疫病的难度。高温高湿的环境会阻碍猪的体表散热，造成热射病。湿度过低会导致出现黏膜干裂、皮肤干燥的现象。此外，不同的消毒剂对湿度有不同的要求，湿度过高或过低都会影响消毒剂的消毒效果。为了防止猪舍内湿度过高，尽量减少用水冲洗的次数，及时将积水清理干净，并设置通风设备，保证空气流通。

（3）舍内空气 空气的质量状况直接关系到猪群的健康，当空气中有害气体和粉尘微生物的含量过高时，很容易引起猪群患病，因此要及时通风以更换新鲜的空气，如果在冬季时没有通风的条件，可以在猪舍内使用空气净化设备来净化空气，有效杀灭致病菌和病毒。另外，饲养密度过大使得CO_2、CO、NH_3、H_2S等有害气体量超标，猪舍内的空气质量下降，严重的空气污染会引起猪的呼吸道疾病。通风时要控制好风量，使猪舍内气流能够均匀。

（4）饲养密度 猪的饲养密度与猪舍内的温度、湿度和空气质量息息相关。密度过大会影响猪的正常活动，增加有害气体的排放量，为微生物的繁殖提供有利场所；过小则会降低猪舍的空间利用率，影响猪场的经济效益。夏季为了防止高温带来的不利影响，可以适当降低饲养密度；冬季为了保证舍内温度，则可以适当增加饲养密度。此外，不合理的饲养密度还可能导致猪拥挤、踩踏、追咬等情况的发生。每个猪栏的饲养密度可以参照我国国家标准《规模猪场建设》GB/T 17824.1—2008（表2-4）。

表2-4 猪只饲养密度

猪群类别	每栏饲养数目/头	每头占床面积/（米²/头）
种公猪	1	9.0～12.0
后备公猪	1～2	4.0～5.0
后备母猪	5～6	1.0～1.5
空怀妊娠母猪	4～5	2.5～3.0
哺乳母猪	1	4.2～5.0
保育仔猪	9～11	0.3～0.5
生长育肥猪	9～10	0.8～1.2

（5）光照 种猪的性成熟对光照要求较高，同时光照也能够促进母猪发情。适宜的光照强度可以提高猪的繁殖性能，有利于受胎和胚胎发育，有效提高母猪的受胎率、产仔数及仔猪出生窝重，减少死胎率。值得一提的是，光照中的紫外线具有杀灭细菌和病毒的作用，紫外线的照射还能够促进仔猪骨骼的发育，预防佝偻病。但光照也要适量，过度的光照容易引起皮炎和角膜炎。

3. 猪舍外部环境的控制

（1）严格按照净道、污道分开使用，定期做好卫生清洁消毒工作，注重消毒效果。

（2）做好重点部位的环境安全控制。排污管道、污水收集池、粪便堆积发酵场、场区内的厕所和化尸池等地的环境安全控制是猪场外部环境安全控制的关键所在。必须做到及时清理、覆盖消毒，严格遵照《无公害生猪生产操作规程》。

（3）严格遵守《危险废物经营许可证管理办法》。由专人收集、存储场区内各类危品、废品和可能造成疫病传播的废弃物，及时交付于有处理能力的机构进行无害化处理。

（4）及时修剪场区内的植被，清除各类杂草，以防鸟类、虫类或鼠类等动物传播疾病。尽可能地清理污物和寄存传染源的物体和区域，减少病原传播。

第五节　猪场生物安全体系的建立及完善

生物安全是指采取各种措施以减少病原微生物进入猪场，切断病原传播途径，避免病原微生物在猪场内持续存在，保障人和动物的健康。猪场生物安全指的是通过对猪只、人员、车辆、物品等采取严格的隔离、消毒和检疫措施来预防病原微生物进入猪场，也包括采取各种措施控制场内不同猪群、个体之间传播病原，以及对易感动物及时采取预防接种措施。猪场疾病防制的前提是建立完善的生物安全体系及落实生物安全措施，同时，这也是最经济有效的疾病防制措施。规模化猪场必须严格落实生物安全措施才能有效预防病原微生物的传播并且最大限度地减少病原体的存在，进而提高猪群的整体健康水平，获得更高的经济效益。

一、科学合理的选址

为了预防控制生猪相关疾病，建立生物安全体系极其必要，因此在猪场选址时必须要做到科学化、合理化。在养猪密集的地区很难防止某些接触性传染病向邻近猪场传播。因此，在理想的条件下，应做到以下几点：第一，新建的猪场最好远离原有猪场、畜禽市场、屠宰场、交通主干道和住宅区；第二，地点应当选择平坦地势，并确保猪场周围具备良好的通风条件；

第三，生猪养殖离不开水源，一定要有充足的水源；第四，不能选择过于偏远的地址，否则会导致电力供应不足，猪场运转不良，如果猪场选址位于地势较高的丘陵地区，丘陵的坡度应小于30°，且坡面向阳；第五，猪场布局要保证科学合理，如猪场内道路设计、排水功能设计等，确保良好的布局可以有效改善猪场的环境。

二、提高饲养管理水平

1. 严格引种

从其他地方引种前，应当充分了解引入地经常发生的传染病、发病季节、发病日龄以及注射疫苗的种类和相应的免疫程序。不能盲目引种，应当对引入种进行隔离观察，确定安全后才能够合群饲养。一方面，对于自繁自养的养殖企业，应做好精液质量监测工作，精液必须从具有资质的企业购买，精液运输时应密闭良好，对外包装进行消毒；另一方面是采取全进全出的饲养模式，即每一阶段的猪群同时进入同一猪舍饲养，转群时又同时全部转出，然后进入下一阶段饲养或出售，主要目的是减少小日龄猪与大日龄猪的交叉感染概率。

2. 加强饲养管理技术

对于种公猪和母猪来说，科学的饲养管理技术有利于充分发挥种猪的繁殖力，保证种猪的繁殖性能，促进后期的种猪管理；对于仔猪来说，科学的饲养管理技术有利于提高仔猪的存活率和增加规模化养殖的经济效益；对于育肥猪来说，科学的饲养管理技术有利于充分发挥其后期生长潜力，最大限度发挥猪的效益。

在猪的养殖过程中，饲养管理技术对其生长发育和繁殖的调控与管理至关重要。一是分群饲养，分群饲养可以充分利用猪舍，提高猪场的生产率；二是重视饲养环境，适宜的环境有利于猪的健康生长，减少疾病的发生，避免不必要的经济损失；三是合理的饲养密度，根据不同体重、个头的猪来合理规划猪舍的面积，有利于猪的稳定生长；四是提供营养均衡的饲料，口味佳、营养全面的饲料可以增加猪的进食量，进而提高猪群的免疫力和抗病力，起到预防疾病的作用。

3. 制定合理的免疫程序

规模化养猪场利用有效的空间进行规模化猪只生产，具有猪只数量多、密度大等特点，一旦病原体入侵，就会快速繁殖、急剧散播，造成疫病暴发，后果不堪设想。因此，规模化养猪场必须坚持"预防为主，防重于治"的方针，制定一整套行之有效的卫生防疫综合措施和因地制宜的科学免疫程序，以保证生猪养殖持续、稳定、健康地发展。

养猪场应严格按照制定的免疫程序和疫苗使用说明书进行免疫操作。不同类型的疫苗要按照储存温度要求分别储存。疫苗使用前，检查疫苗瓶是否存在破损、松动、密封不严、分层、混浊、过期、变质等情况，使用前要摇匀，注射前要保定好猪，每次注射要换一次针头，确保免疫质量和效果。器材、防护服、鞋子、注射器等防疫用品在使用前要严格消毒，注射器必须时刻保持清洁，防止交叉感染。

免疫接种时，要选择晴朗天气的上午，以便在疫苗应激反应发生时有更多时间观察和抢救，以减少应激引起的死亡。接种前后3天内严禁使用抗生素和驱虫药物。猪群存在营养不良、身体状况不佳、精神沉郁及运动状态异常等情况时严禁进行免疫接种。猪场饲养人员应当根据猪场实际情况制订相应的防疫监测计划，定期监测免疫抗体和病原体，并有效地掌握关于生猪免疫的基本状况，以便及时有效地调整防控疫病的对策。

猪场必须重视寄生虫的驱杀工作。种猪群每季度驱虫1次，育肥猪在保育后期统一程序性用药驱虫，在出栏前1个月再重复用药1次，加快速度催肥。

三、规范场内设施与设备

为了确保生猪处于健康的生长环境中，应定期打扫和清理猪舍，如猪的粪便、尿液及其他污水等。污水要及时排放，粪便必须彻底清理，清扫后要对猪舍进行全面彻底的消毒，以彻底消灭病毒和细菌。清除出猪舍的粪便也不能随便处理，要保证进行科学、无害化的处理，可以在猪舍内配备粪污收集设备和相应的运输设备。在猪场的生产区要建造围墙和防疫沟，排放生产中产生的废物。另外，应当改善猪场的场地和完善基本的医疗设备，为生猪的健康生长提供保障。在猪场内建设虫害、鼠害防治设施，保证猪场内有良好的环境。在猪场门口设置专用的车辆消毒通道和人员消毒通道，生产区设有专门的更衣室和消毒室。此外，还应在猪场内修建专门的引种隔离舍和患病猪的隔离舍，保证引入种的健康与健康生猪的安全。

四、建立严格的消毒制度

根据养殖场的规模大小和自身条件，场内外分别设置人员、车辆、物品的清洁消毒通道，配备必要的消毒药品及清洗消毒设施。不同消毒方式要选择不同的消毒剂，严格按照使用说明来配制消毒液，最好现配现用，根据消毒液浓度、环境温度以及污染程度来调整消毒时间。为了避免环境中的病原产生耐药性，应定期更换消毒剂种类，养猪场内准备3种以上消毒药品。消毒药品要避光干燥保存，严禁使用过期失效的消毒药品。各功能区出入口要设置消毒池、人员体表消毒通道和洗手消毒设施，消毒通道内安装紫外线灯，地面铺设消毒垫。生产区出入口要设置人员洗澡间、物资消毒间和洗衣房。每个猪舍门口配备消毒池（消毒脚垫）、洗手消毒设施等。在场区内配备高压水枪、消毒车等用于环境清洗和消毒的设施与设备。对进出猪场的机动车辆、物品和进出猪舍的各种器具要彻底的清洗与消毒。

根据猪场的疫病情况，定期对办公区、生活区、猪舍、粪尿储存场所、各种机械设施与设备、供水系统、供料系统和猪舍周围环境等进行严格的消毒。对粪便、污水、动物尸体等污物，应及时清理、消毒和进行无害化处理。对受污染和疑似受污染的场地、用具、饲料、垫料、排泄物等要进行严格彻底的消毒和无害化处理，防止环境污染和病原体的传播，确保养猪场的生产安全和生态安全。

五、严格管理饲养人员，控制车辆进出

规模化猪场要建立有效的免疫、监测、消毒、无害化处理、疫情报告、疫情溯源和人员培训等管理制度，严格做好风险控制、安全管理和重大疫病预警等工作，严格控制人员、物品和运输车辆进出猪场和生产区，特别是从高风险区来的人员、兽药、饲料和运输车辆。进入猪舍的人员、物品和车辆在进入猪舍前必须经过严格的消毒。养殖场要配备与其规模相符的执业兽医师，为猪场生物安全提供科学的管理方法和措施，积极做好动物重大疫病的防控工作，对发病动物作出及时准确的诊断和治疗，及时报告疑似重大动物疫情，进而全面提高猪场的生物安全控制能力和管理水平。此外，需要加强员工的生物安全意识和执行力，培训养殖人员掌握相关知识。建立健全各项生物安全管理制度，并公之于众，使工作人员能够严格遵照执行。

猪的传染病对养猪业危害极大，只有做好生物安全防护，建立科学合理的生物安全体系才能对其进行有效的预防和控制。这就需要我们把握细节，抓住每一个可能导致疫病发生和传播的因素，建立一套行之有效的生物安全防护体系。通过消灭和控制传染源，切断疫病的传播路径，保护易感动物，做好生物安全防护，促进养猪业健康发展，保障养猪从业人员收入稳定增长。

第六节 养猪业的发展现状及方向

一、养猪业的发展现状

1. 养殖模式由散养向规模化养殖转移

现代养猪业和传统养猪业的本质区别是养殖规模，也是养猪业现代化的主要标志。随着养猪业从无到有、从小规模到大规模、由分散饲养到集约化饲养、由专业化生产到产业化经营的不断发展，规模化养殖水平也出现不断扩大的趋势。2001～2008年，我国养猪生产规模逐年扩大，特别是2007年以后加速增长。这主要有两方面原因：一是政府在2007年对规模化养殖进行了补贴，另外是当年猪肉价格高，使养猪业成为众多企业投资的目标；二是新一代的农民更加追求生活质量，不愿留在农村，更不愿意养猪，导致农村散养生猪的数量迅速下降。因此，未来养猪产业的规模将得到较快提升。

2. 分布区域由分散向重点区域转移

现代养猪业的重要特征是分布区域化，也是发挥对比优势、提高企业竞争力的重要措施。目前，世界上的畜牧业发达国家大都形成了粮食主产区与畜牧业主产区有机结合的生产布局，畜牧业的整体效益大大提高。随着生猪产业规模化程度的提高，我国养猪业也有两次明显的区域转移。

（1）由发达地区向欠发达地区转移 东部、南部经济发达地区的生猪出栏率呈下降趋势，而西部经济欠发达地区的出栏率却是稳步上升，这主要是因为生猪养殖对周边环境的影响较大，同时占地面积比较大，消耗大量能源，经济发达地区一般不支持发展，因此生猪养殖正在由经济发达地区向经济非发达地区转移。

（2）由粮食非主产区向粮食主产区转移 从产业链来看，

制约养猪生产发展最重要的因素之一是饲料原料的供应。为了降低成本，就地将粮食转化为畜产品，提高农作物附加值，从而为生猪产业带来效益。从全国来看，主要有四大产业带：一是四川盆地粮食主产区；二是黄淮流域玉米、小麦主产区；三是东北玉米、大豆主产区；四是长江中下游水稻主产区。

3. 生产方式由数量型向质量型转移

20世纪末至21世纪初，由于片面追求经济效益，我国猪肉的产品质量较差，安全问题多次发生，引起消费者恐慌或不敢消费。近年来，生产安全、健康、无污染的肉制品已成为大家的共识，猪肉生产正由数量型向质量型发展，主要体现在以下三个方面：一是在育种上，部分猪场不再过分追求瘦肉率、生长速度等指标，而是将肌肉成色、肌内脂肪含量等肉质指标纳入养殖计划；二是在生产上，有效控制了饲料中的重金属含量，并实施了休药期，严查禁用药物的使用；三是在运输与屠宰的过程中，尽量减少猪的应激反应，以免体内产生有害物质，并加强检测与控制。这些措施的实行有效改善了我国猪肉的质量，增强了消费者的信心。

二、养猪业的发展方向

根据农业农村部发布的《全国生猪生产发展规划2016—2020》，未来一段时间我国猪肉消费将仍占肉类消费的60%左右；养猪业从过去10年的年增长2.38%，未来10年将下降到1%～2%；饲料产量过去10年每年增长7.3%，未来10年将下降到1.5%。养猪业将向规模养殖、生态养殖、健康养殖等方面发展。

1. 规模化饲养

随着市场竞争愈发激烈和人们对畜产品的质量要求越来越高，散户饲养的模式已经难以适应当下发展，而规模化养殖不仅可以增加经济效益，增强抵御市场风险的能力，还是实施标准化生产、提高生猪质量的必要基础。只有生猪养殖达到一定规模，形成一系列标准化流程，才能实现技术指导、科技应用、疫病防控、产品销售和质量控制等的专业化、标准化，从而满足市场发展的需求，保证养殖效益和生猪及其产品的质量。

规模化生猪养殖模式主要是指养猪场采用集约化或现代化的饲养管理方法，在生猪生产、疫病预防控制、卫生管理、肉制品加工和经营等方面都有科学的规章制度遵循，并为当地畜牧业结构调整提供支持，有利于扩大规模和完善产品供给等。这种模式不仅可以积极配合当地的动物防疫部门开展疾病检测和监测，而且可以促进当地动物疫病防控体系的建设。因此，政府对大型养猪企业的扶持力度逐年加大。由于规模化生猪养殖企业饲养生猪数量庞大，需要更多的工作人员，因此对其生产和生活垃圾必须进行无害化处理，以减少区域性的动物疫病传播概率。

2. 农牧结合的生态养猪模式

生态养猪模式是养猪业未来的发展方向。生态养猪的要求：一是要坚持农业与畜牧业相结合、种养平衡的原则，坚持畜禽养殖科学布局，该减少的减少，该禁止的坚决禁止，不超过数量也不超出极限，努力使畜禽养殖与环境容量相匹配。二是要推进清洁养殖，加快粪便污水处理系统的设施建设，推广清洁生产技术和精准饲料配方技术，最大限度减少粪便污水的产生。从源头上减少，提高饲料消化率，减少重金属和抗生素的使用；在过程中控制，实施干清粪、雨污分离，节约用水；加强终端处理，沼气和固液分离。三是注重科技发展，政府投入资金进行良种和高新技术的研究，建立优质种源库，运用先进的技术提高劳动生产率，提高生猪育种的科技含量。四是要开辟种养业协调发展的通道，实施生态养猪＋沼气＋绿色种植（粮、果、林等）的农牧结合养猪方式，促进循环利用、变废为宝，同时解决畜禽的饲料问题和粪尿问题，从而保护农业农村生态环境，提高农业综合生产能力。

（1）应用立体养殖模式　立体养殖可以整合地区资源，既可以促进区域生态发展，又可以实现绿色、和谐、可持续发展。在立体养殖模式的应用过程中，充分发挥生态循环模式的优点，在实现循环发展的基础上提高生产和育种效益。例如，根据现实情况，采用混合养殖的方式，在应用该模式前需要对相关地区进行详细的调查，然后实施立体养殖，如以"生态猪—沼泽—果园"的形式完成生态循环，最大限度地利用当地资源，降低生态养猪的成本，促进养殖业发展。

（2）应用林下养殖模式　林下养殖模式可以节约人力和物力资源，在实际应用中需要林业资源的帮助，但需要控制生猪数量，避免对林业的破坏，发挥天然森林资源的作用，从而提高猪肉的品质。但应当将生猪数量控制在合理的范畴，以不破坏林地自然的生态环境为准。应用林下养殖模式需要选择天然林，保证放养场所周围没有污染区域，或者选择不易被生猪啃咬的经济林地，以提高生态猪的养殖效益。在确定好放养区域后需要搭建简易的猪舍，猪舍及放养区域需要用围栏，以防止生猪离开放养区域。

（3）应用生态养殖模式　传统饲养模式的场地有限，会降低生猪的免疫力，而生态放养技术则可以避免上述问题，提高养殖效率。例如，将生态放养技术与种植技术相结合，不断提高猪肉品质，实现对生态环境的保护，在提高养猪质量的基础上提高农作物质量，这样的技术符合当前我国的需求。

生态养殖模式是将现代科学技术与传统养殖技术结合，从而建立适度规模经营、资源良性循环的养殖模式。养殖是在追求人与自然的和谐，保证生态效益的前提下，实现经济效益、社会效益与生态效益的协调统一。在生产过程中，充分利用猪的生物学特性和行为特点，大多采用"种-养"相结合的模式，创造适宜的环境条件，满足动物福利的要求，挖掘猪的生物学和遗传潜力，但生产效率较低，养殖规模有限。在环境方面，人畜分离、居住环境和生猪养殖环境良好，生猪产品质量安全，生产的产品将销往国内外高端市场。

3. 节能型养猪

随着我国工业的快速发展，能源问题日益突出，已成为制约我国经济发展的关键问题。规模化养猪需要消耗大量的水资源和电力资源。结合我国国情，为了节约水资源，应将传统的用水冲洗、冲泡粪便等清洗方式改为人工清洗；为了节约电力资源，研究和开发局部降温、升温技术，改变传统的大环境降温、升温方式，实现养猪场的节能运行。

4. 健康养殖模式

健康养殖模式是一种综合经济效益、社会效益和生态效益的养殖模式。根据不同生猪品种的生物学特性，以保护生猪健康为目的，采用集成技术、材料、方法和设备、设施、工艺以达到利于人类健康和生态环境保护的目标。为生猪提供有利于快速生长的优质生态环境和安全营养的饲料，可以最大限度地减少生长发育过程中疾病发生的可能性，最终生产出无公害的生猪产品。这一模式将现代养殖和生态养殖的优势相结合，饲养过程中充分利用了高效健康和环境友好的理念。生产单元主要是企业，养殖目的是产出保护生猪健康、人类健康、生态环境和生产安全的生猪产品，在追求经济效益的目标下实现生态效益、社会效益与经济效益的和谐统一。在生产过程中，充分利用现代养殖的高效生产模式，改善传统养殖模式生产率低下、猪的发病率较多以及生存环境较差的问题，生产的产品规格相对较高，生猪产品质量安全得到提高。

第三章

猪的营养与饲料

第一节　猪的营养生理特点

　　为了维持自身的生命活动和生产，动物必须从外界摄取营养物质，而营养物质来源于饲料。饲料中的营养物质只有经采食通过消化系统才能被充分消化、吸收和利用。不同动物对同种饲料以及同种动物对不同饲料的消化利用程度也存在差异。因此，真正弄清猪需要的营养物质、猪对各种营养物质的需要量以及营养物质的来源、含量和利用率，最终实现饲料资源的高效利用以及猪饲粮配合的科学化，是保障养猪业高效运行的基本要求。

一、猪需要的营养物质

　　猪需要的营养物质种类繁多，可以是简单的化学元素，如钙、磷、钠、镁、氯、钾、铁、铜、锌、锰等；也可以是复杂的化合物，如蛋白质、脂肪、碳水化合物等。猪所需要的营养物质主要有水、碳水化合物、蛋白质、脂肪、矿物质元素和维生素六大部分。

1. 概略养分

根据常规饲料分析方案，可将饲料中的营养物质分为水分、粗灰分、粗蛋白质、粗脂肪、粗纤维和无氮浸出物六大概略养分。

（1）水分　猪机体和饲料中均含有水分，但不同生理阶段的猪、不同种类的饲料，其含量差异很大（表3-1）。机体和饲料中的水分通常有两种存在形式，一种是存在于体细胞间，与细胞结合不紧密，易挥发的水，称为游离水；另一种是与细胞内的胶体物质紧密结合，形成胶体水膜，难挥发的水，称为结合水。

表3-1　猪的机体及常用植物性饲料的化学成分

种类	水分 /%	蛋白质 /%	脂肪 /%	无氮浸出物 /%	粗纤维 /%	碳水化合物 /%	灰分 /%
玉米秸秆，乳熟	19.0	6.9	1.1	44.3	22.5	66.7	6.2
玉米秸秆，蜡熟	18.2	6.0	1.1	44.2	24.1	68.3	6.4
玉米籽实	14.6	7.7	3.9	70.0	2.5	72.5	1.3
苜蓿干草	10.6	15.8	2.0	41.2	25.0	66.2	4.5
大豆籽实	9.1	37.9	17.4	25.3	5.4	30.7	4.9
高粱（1级）	14.0	9.0	3.4	70.4	1.4	71.8	1.8
小麦整粒	10.1	11.3	2.2	66.4	8.0	74.4	10.1
小麦胚乳	3.7	11.2	1.2	81.4	2.1	83.5	0.4
小麦外皮	14.6	17.6	8.3	7.0	43.9	50.9	8.6
小麦胚	15.4	40.3	13.5	24.3	1.7	26.0	4.8
仔猪（体重8千克）	73.0	17.0	6.0	—	—	—	3.4
中猪（体重30千克）	60.0	13.0	24.0	—	—	—	2.5
成年猪（体重100千克）	49.0	12.0	36.0	—	—	—	2.6

注：引自杨在宾主编的《猪的营养与饲料》（2004）；《中国饲料成分及营养价值表》（2016）。

水是猪体内各器官、组织和细胞的重要组成成分，在机体所有化合物中，水的比例最大。水分布于全身各个组织、器官和体液中，其中细胞内液占体液的2/3，主要存在于肌肉和皮肤细胞中；细胞外液主要指血浆和间质液，约占体液的1/3，细胞内液和细胞外液的水不断进行着交换，以保持体液的动态平衡。

（2）粗灰分　粗灰分是指饲料中有机物质全部氧化燃烧后剩余的残渣，主要包括钙、磷、钠、镁、钾等矿物质氧化物或盐类等无机物，有时在测定时还含有少量泥沙，因此称为粗灰分或矿物质。

（3）粗蛋白质　粗蛋白质是指动物机体或饲料中一切含氮物质的总称。因饲料样品中粗蛋白质的平均含氮量为16%，所以凯氏定氮法测定粗蛋白质含量时需乘以6.25（即N%×6.25）。粗蛋白质中除了真蛋白质外，还含有硝酸盐、胺等非蛋白质含氮化合物。

（4）粗脂肪　脂肪是指动物机体及饲料中脂溶性物质的总称。在概略养分分析方案中，常用乙醚或石油醚等有机溶剂来浸提脂溶性物质，故又称之为乙醚浸出物。粗脂肪包括真脂肪和叶绿素、有机酸、脂溶性维生素等非油脂类物质。

（5）粗纤维　粗纤维主要包括纤维素、半纤维素、木质素及角质等，是植物细胞壁的主要成分。粗纤维是饲料中最难利用的一类营养物质，猪体内不含粗纤维，且不能产生消化粗纤维的酶，因此其利用率极低。粗纤维中的木质素会妨碍动物对纤维素和半纤维素的利用，因此生产中除了注意对饲料中粗纤维含量进行控制，还要注意木质化程度。

（6）无氮浸出物　无氮浸出物是饲料中除去水分、粗灰分、粗蛋白质、粗脂肪和粗纤维以外的有机物质的总称，主要由单糖、双糖和多糖等可溶性碳水化合物组成。猪体内及动物性饲料中无氮浸出物含量很少，植物性饲料含量高，主要成分是淀粉。无氮浸出物又称易消化碳水化合物，猪的消化利用率很高。常规饲料成分分析不能直接分析无氮浸出物含量，通常是用有机物与粗蛋白质、粗纤维和粗脂肪之差来计算。

2. 纯养分

饲料中最基础、不可再分的营养物质为纯养分，包括蛋白质中的氨基酸、脂肪中的脂肪酸、碳水化合物中的各种糖及矿物质元素和维生素等。因六大概略养分不能完全反映动物需要的营养物质，随着猪营养与饲料科学的不断发展，分析技术的不断改进，为进一步更精确地衡量猪营养物质的需要量及评判饲料营养价值，在纯养分分析中使用氨基酸自动分析仪、气相色谱分析仪等先进仪器，使饲料分析深入到某些最基本的物质和元素。目前，对微量元素、维生素和氨基酸的研究已取得显著成果，不仅研究了其自身的营养价值，还弄清了彼此间的相互关系，酶、激素和微生态制剂已开始用于改善猪的营养代谢。

二、猪的消化道结构特点及功能

猪对营养物质的消化吸收过程是通过消化器官、消化腺体、消化液和神经调节整体协调控制完成的。消化器官主要有口腔、咽与食管、胃、小肠、大肠。消化液主要指唾液、胃液、肠液、胰液、胆汁等。

1. 口腔

猪的口腔包括唇、颊、硬腭、下颌骨、舌、齿等器官。口腔是消化系统的起始部位，具有采食、溶解搅拌、咀嚼和吞咽等功能。

2. 咽

咽是消化和呼吸的共同通道。

3. 食管

食管是连接口腔和胃的管道，其作用是将食物直接送入胃内。

4. 胃

胃分为贲门部、幽门部和胃底部。胃壁黏膜分为无腺部和有腺部，无腺部较小，位于贲门周围，不分泌消化液；有腺部分为贲门腺区、胃底腺区和幽门腺区，胃底腺区是分泌消化液的主要腺体。胃具有暂时贮存食物、分泌胃液、进行初步消化和推送食物进入十二指肠等功能，其主要功能是通过胃壁的紧张性收缩和蠕动将猪在胃内的食物与胃液充分混合。

5. 肠

肠起自幽门，止于肛门，分小肠和大肠两部分，小肠分为十二指肠、空肠和回肠三部分，大肠分为盲肠、结肠和直肠三段。

（1）小肠　小肠是消化道中最重要的消化部位。小肠前段具有十二指肠腺的部分是十二指肠，较短，胆总管和胰管开口于此。小肠中最长的是空肠，回肠由小肠末端部连接至大肠，较短，空肠、回肠形成肠环，使肠管移动范围增大。小肠黏膜表面有无数绒毛，极大地增加了吸收营养物质的面积。

（2）大肠　大肠黏膜中的腺体分泌碱性、黏稠的消化液，含酶少。因此大肠内的消化主要靠随食糜带来的小肠消化酶和微生物的作用。食糜经过消化和吸收后，残余部分被推送到大肠后段，水分被大量吸收，大肠内容物最终形成粪便。

三、猪的消化液及功能

1. 唾液在消化中的主要作用

唾液是猪口腔周围三对大的唾液腺（腮腺、颌下腺和舌下腺）和口腔黏膜中无数小腺体的分泌物。唾液为无色、无味、透明的液体，呈弱碱性。

唾液的主要作用包括以下四个方面。

（1）唾液中含有大量水分，可湿润、溶解饲料，便于咀嚼和吞咽，并且进一步溶解食物中某些可溶性物质以引起味觉，促进消化液的分泌。

（2）唾液能清洗、中和有害物质，进而清洁保护口腔。

（3）唾液中的黏蛋白富有黏性可使食物成团，便于吞咽。

（4）猪的唾液中含少量淀粉酶，能少量分解淀粉为麦芽糖。

2. 胃液在消化中的主要作用

胃液是由胃黏膜分泌的透明、淡黄色液体，pH值为0.5～1.5。胃液主要由水、盐酸、胃蛋白酶原、黏液和内在因子组成。猪的胃液是连续分泌，在采食时分泌量增加。胃液消化功能主要有以下四个方面。

（1）胃酸 胃酸的主要作用如下。

① 将无活性胃蛋白酶原激活为胃蛋白酶。

② 维持胃内酸性环境，为胃内消化酶提供适宜环境，并使钙、铁等矿物质元素游离，易于吸收。

③ 抑制和杀灭入侵的微生物，起到保护机体的作用。

④ 盐酸进入小肠后能促进胰液和胆汁的分泌。

（2）胃蛋白酶 胃蛋白酶分解蛋白质为简单的肽和胨，其主要作用于苯丙氨酸和酪氨酸的肽键。

（3）黏液 黏液主要是糖蛋白，其主要作用如下。

① 润滑作用，使食物易通过。

② 保护胃黏液不受食物机械损伤。

③ 黏液偏碱性，降低黏膜层酸度，防止酸和酶对黏膜的消化。

（4）内在因子 内在因子由细胞壁分泌，可与维生素B_{12}结合成复合物，促进回肠上皮对维生素B_{12}的吸收。

3. 胰液在消化中的主要作用

胰液由胰腺组织中的腺泡细胞分泌，通过胰管与胆管合并，由胆管口分泌入十二指肠。胰液为无色透明的弱碱性液体，pH值为7.8～8.4，主要由水、无机盐和消化酶组成。胰液消化酶种类丰富，在消化中起主要作用。胰淀粉酶主要分解α-淀粉；胰脂肪酶类将脂类分解为甘油一酯和游离脂肪酸；胰蛋白酶类主要是多种蛋白酶原，在胰液的肠激酶作用下激活，将蛋白质、肽分解成游离氨基酸；胰液的碱性无机盐可中和胃酸，以免损伤肠壁。

4. 胆汁在消化中的主要作用

胆汁由肝细胞合成，为橙黄色、味苦、有黏性的弱碱性液体，pH值为8.0～9.4。平时分泌的胆汁经胆管流入十二指肠，或贮存在胆囊中。胆汁中不含消化酶，主要成分为水、矿物质盐、胆色素、胆酸、胆固醇、磷脂和脂肪，其主要作用：激活胰脂肪酶；促进脂肪的乳化；胆盐与甘油一酯、游离脂肪酸形成复合物，促进脂肪吸收；间接促进脂溶性维生素A、维生素D、维生素E、维生素K的吸收；胆固醇排泄途径之一，防止动脉硬化。

5. 小肠液在消化中的主要作用

小肠液由十二指肠细胞分泌，弱碱性，含多种消化酶，对低分子蛋白质、糖进行彻底消化，使之成为能直接吸收的小分子化合物。如肠脂肪酶、氨基肽酶、核酸酶、麦芽糖酶、乳糖酶、蔗糖酶、碳酸酶、肠激酶等。

四、猪的消化道后段微生物及其功能

猪消化道后段的温度、酸碱度和营养条件适于微生物的生存和繁殖，因此微生物数量巨大。蛋白质受微生物作用分解为氨基酸和氨，微生物利用氨转化为菌体蛋白，不再被吸收，与未消化的蛋白质一起随粪便排出体外。猪消化道前段未消化的碳水化合物以结构性多糖为主，在猪的后段消化道内主要由厌氧细菌发酵分解产生挥发性脂肪酸，最主要的是乙酸、丙酸和丁酸。部分挥发性脂肪酸可由肠壁吸收，为猪提供一定的能量来源。

五、猪对饲料的消化方式

1. 物理消化

物理消化主要是指动物靠牙齿和消化道平滑肌的运动将饲料磨碎、压扁，以增加食物的表面积，为胃肠中的化学消化（主要是酶的消化）、微生物消化做好准备。同时，通过消化管壁的运动，将食糜推送到下一个部位。口腔是猪等哺乳动物主要的物理消化器官，对改变饲料粒度有很重要的作用。

2. 化学消化

猪对饲料的化学消化主要是消化道分泌的各种酶的消化。酶的消化是高等动物主要的消化方式，是饲料变成动物能吸收的营养物质的一个过程。猪消化道消化液的来源、消化酶的种类、前体物、致活物和分解饲料中营养物质的种类、终产物见表3-2。

表3-2　猪消化道的主要酶类

来源	酶	前体物	致活物	底物	终产物
唾液	唾液淀粉酶	—		淀粉	糊精、麦芽糖
胃液	胃蛋白酶	胃蛋白酶原	盐酸	蛋白质	肽
胃液	凝乳酶	凝乳酶原	盐酸、活化钙	乳中酪蛋白	凝结乳
胰液	胰蛋白酶	胰蛋白酶原	肠激酶	蛋白质	肽
胰液	糜蛋白酶	糜蛋白酶原	胰蛋白酶	蛋白质	肽
胰液	羧肽酶	羧肽酶原	胰蛋白酶	肽	氨基酸、小肽
胰液	氨基肽酶	氨基肽酶原	—	肽	氨基酸
胰液	胰脂酶	—		脂肪	甘油一酯、脂肪酸
胰液	胰麦芽糖酶	—		麦芽糖	葡萄糖
胰液	蔗糖酶	—		蔗糖	葡萄糖、果糖
胰液	淀粉酶	—		淀粉	糊精、麦芽糖
胰液	胰核酸酶	—		核酸	核苷酸
肠液	氨基肽酶	—		肽	氨基酸
肠液	双肽酶	—		肽	氨基酸
肠液	麦芽糖酶	—		麦芽糖	葡萄糖

来源	酶	前体物	致活物	底物	终产物
肠液	乳糖酶	—	—	乳糖	葡萄糖、半乳糖
肠液	蔗糖酶	—	—	蔗糖	葡萄糖、果糖
肠液	核酸酶	—	—	核酸	核苷酸
肠液	核苷酸酶	—	—	核酸	核苷酸、磷酸

注：引自南京农业大学主编的《家畜生理学》（1980）；李德发主编的《猪的营养》（2003）。

3. 微生物消化

消化道微生物在猪消化过程中起着积极、不可忽视的作用。这种作用使猪能利用一定程度的粗饲料。猪的微生物消化主要在盲肠和大肠。微生物消化的最大特点是，可将大量不能直接被宿主利用的物质转化成易被利用的高质量的营养素。但在微生物消化过程中，也有一定量能被宿主动物直接利用的营养物质首先被微生物利用或发酵损失，这种营养物质的二次利用明显降低利用效率，尤其是能量利用效率。

猪的盲肠和大肠微生物能分泌蛋白酶、半纤维素酶和纤维素酶等。这些酶将饲料中糖类和蛋白质充分分解成挥发性脂肪酸、NH_3 等，同时微生物发酵也产生 CH_4、CO_2、H_2、O_2、N_2 等。

六、营养物质的吸收

饲料中营养物质经动物消化道内物理、化学、微生物消化后，经消化道上皮细胞进入血液或淋巴液的过程称为吸收。在动物营养研究中，把消化吸收了的营养物质视为可消化营养物质。

各种动物口腔和食管均不吸收营养物质，猪营养物质的主要吸收场所在小肠，吸收机制有以下三种方式。

1. 被动吸收

被动吸收是指通过过滤、渗透、扩散等物理作用使营养物质进入血液的过程，主要包括简单扩散和异化扩散（需要载体）两种形式。这种吸收形式不需要消耗机体能量。一些小分子物质（如简单多肽、各种离子、电解质和水等）的吸收即为被动吸收。

2. 主动吸收

主动吸收是依靠细胞膜上的载体（膜蛋白）来完成的一种消耗能量、逆电化学梯度的物质转运形式。这种吸收形式是猪吸收营养物质的主要方式。

3. 胞饮吸收

胞饮吸收是细胞通过伸出伪足或与物质接触处的膜内陷，从而将物质包入细胞内。初生哺乳仔猪对初乳中免疫球蛋白的吸收方式是胞饮吸收，这对初生仔猪获取抗体具有十分重要的意义。

七、猪对饲料的消化力与可消化性

饲料被动物消化的性质或程度称为饲料的可消化性。猪消化饲料中营养物质的能力称为猪的消化力。饲料的可消化性和动物的消化力是营养物质消化过程中不可分割的两个方面。消化率是衡量饲料可消化性和消化力这两个方面的统一指标，它是饲料中可消化养分占食入饲料养分的百分率，计算公式如下。

饲料中可消化养分 = 食入饲料中养分 – 粪中养分

饲料某养分消化率 =（食入饲料中某养分 – 粪中某养分）/ 食入饲料中某养分 × 100%

因粪中所含各种养分并非全部来自饲料，有少量来自消化道分泌的消化液、肠道脱落细胞、肠道微生物等内源性产物，因此上述公式计算的消化率为表观消化率。

分析动物对饲料中各种养分的消化过程及其产物表明：饲

料中蛋白质的表观消化率小于真实消化率，因为在表观消化率计算中把来源于消化道的代谢蛋白质、消化酶和肠道微生物等视为未消化的饲料蛋白质，造成粪中排出蛋白质的计算量与真实情况不符；饲料脂肪含量少，测定表观消化率易受代谢来源的脂肪和分析误差掩盖，测定值有波动；饲料矿物质的消化率易受消化道来源的代谢矿物质的影响，所以矿物质应采用真实消化率。

饲料中某养分的真实消化率＝［食入饲料中某养分－（粪中某养分－消化道来源物中某养分）］/食入饲料中某养分×100%

同种饲料、不同品种的猪在不同生理阶段的养分消化力和消化率不同；不同种类的饲料，化学成分不同，可消化性不同，即便是猪的同一生理阶段，消化率也不同。不同动物之间消化力的差别更大。

第二节　猪的营养机理

一、水

1. 水的功能及其重要性

水是动物生命中必需的营养物质，但在养猪生产实践中，水的重要性往往被忽视。猪体内1/3～1/2是水，仔猪体内含水分更多，随着年龄增长而减少。动物的身体由无数细胞构成，细胞质或细胞间质主要由水构成，细胞的新陈代谢及各种反应都需要水的参与。水分一旦丧失，细胞干枯，所有的生物化学反应都将停止。水是猪体内物质的溶剂，营养物质的输送、吸收以及代谢产物的排出均需溶解在水中。水不仅参与体内的水解反应，还参与氧化还原、有机物质的合成和细胞的呼吸过程。猪体内器官的运动，也需要水来起润滑作用；水还可调节体温。此外，缺水还会影响猪的食欲和正常生长。

2. 水的来源、去路及其影响因素

猪获得水的来源有饮水、饲料中的水和有机物质在体内氧化产生的代谢水。水的吸收方式为被动吸收。猪体内的含水量通过吸收和排出，保持着动态平衡。猪吸收进体内的水与体内代谢产生的水，经代谢后排出体外。

猪排出水的途径有肺脏呼出、皮肤蒸发散失、随消化道粪便排出和肾脏泌尿排出。哺乳期母猪还通过泌乳排出一部分水，因此要注意提供给哺乳母猪的水需充足且清洁。幼猪和哺乳母猪的需水量最多，因为幼猪体内成分的2/3是水，猪乳中大部分也是水。随着猪体重增长，机体的水分含量减少，单位体重的采食量下降，猪的需水量亦随之减少。对猪一般实行自由饮水的给水方式。影响猪需水量的因素有很多，如气温、饲粮类型、水的质量、猪的大小和生理状态等。

二、蛋白质

1. 蛋白质的组成单位

组成蛋白质的氨基酸有20种，根据其结构可分为以下几类。

（1）中性氨基酸　包括甘氨酸、丙氨酸、丝氨酸、缬氨酸、亮氨酸、异亮氨酸和苏氨酸。

（2）酸性氨基酸　分子中含有两个羟基和一个氨基的氨基酸，包括天冬氨酸和谷氨酸。

（3）碱性氨基酸　分子中含有一个羟基和两个氨基的氨基酸，包括赖氨酸、精氨酸和瓜氨酸。

（4）含硫氨基酸　包括胱氨酸、半胱氨酸和蛋氨酸。

（5）芳香族氨基酸　包括苯丙氨酸和酪氨酸。

（6）杂环氨基酸　包括组氨酸、脯氨酸和色氨酸。

2. 蛋白质的生理意义

（1）蛋白质是猪体的结构物质　猪体内的组织、器官在形状、功能上有明显的不同，都是由于其结构蛋白质的不同。

（2）蛋白质是猪更新体组织的必需物质　在猪的组织细胞

更新过程中，需要量最多的就是蛋白质。

（3）蛋白质是猪体内的功能物质　对调节血液渗透压、酸碱平衡起重要作用。

（4）蛋白质可为猪提供能量　当其他能源物质供应不足时，可通过蛋白质分解来满足能量的需要。

（5）蛋白质是猪产品的主要组成　不同生长阶段猪的体成分分析见表3-3，蛋白质占猪体无脂干物质的82.4%～84.3%。

表3-3　猪体平均成分

体重 /千克	水分 /%	蛋白 质/%	脂肪 /%	灰分 /%	占无脂样本			占无脂干物质	
					水分 /%	蛋白 质/%	灰分 /%	蛋白 质/%	灰分 /%
8	73.0	17.0	6.0	3.4	78.2	18.2	3.6	83.3	16.7
30	60.0	13.0	24.0	2.5	79.5	17.2	3.3	84.3	15.7
100	4.9	12.0	36.0	2.6	77.0	18.9	4.1	82.4	17.6

注：摘自杨在宾主编的《猪的营养与饲料》（2004）。

3. 蛋白质在猪体内的消化和吸收

（1）猪对蛋白质的消化　真蛋白质分子量大，必须在消化道内先分解为小分子的氨基酸、短肽，才能通过小肠黏膜吸收进入血液。非蛋白氮在猪消化道前段部分分解成NH_3，一部分NH_3以尿素形式排出体外，一部分在大肠中被微生物合成氨基酸，少量被吸收，其余则随粪便排出体外。饲料中的真蛋白质进入猪胃后，胃酸使其变性、分解。由胃蛋白酶水解产生多肽进入小肠后，再被胰蛋白酶、糜蛋白酶、弹性蛋白酶和肽酶进一步分解成氨基酸。

（2）猪对蛋白质的吸收　主要是氨基酸和短肽的吸收。肠道黏膜细胞采用主动转运的形式对蛋白质吸收。对氨基酸的转运途径主要有碱性、中性、酸性等。在吸收过程中，氨基酸的吸收率取决于肠道中氨基酸的成分。猪的小肠可将短肽直接吸收，其顺序为三肽＞二肽＞游离氨基酸。

（3）猪对蛋白质的吸收部位　主要吸收部位是小肠，小肠绒毛上的毛细血管既可吸收游离氨基酸，亦可吸收结构简单的肽。游离氨基酸的吸收主要是在十二指肠中完成，大肠虽能合成一定的氨基酸，但几乎不被吸收。

4. 影响蛋白质消化、吸收的因素

（1）日粮中的蛋白质水平　随着蛋白质采食量的增加，肠道中游离蛋白酶的量减少。

（2）日粮中的粗纤维含量　粗纤维含量越高，蛋白质消化吸收率越低。

（3）日粮中的蛋白酶抑制剂　许多饲料中含有蛋白酶抑制因子，大部分蛋白酶抑制因子对热敏感，加热处理后，可使酶失活，从而促进蛋白质的消化、吸收和利用。

（4）过热处理导致蛋白质的损失　过热处理饲料会降低蛋白质的营养价值，主要原因是加热导致褐变反应（Maillard反应）。

（5）氨基酸之间的拮抗作用　在某些氨基酸的吸收过程中，彼此间有拮抗作用。

5. 猪对蛋白质的代谢

（1）蛋白质代谢的动态平衡　蛋白质不断地分解成氨基酸，氨基酸不断地合成蛋白质，从而保持蛋白质代谢的动态平衡。

氨基酸的来源有以下三种途径。

① 饲粮中的蛋白质经胃肠道消化、吸收后进入血液的氨基酸。

② 由组织蛋白质经肽键水解释放的氨基酸。

③ 由组织合成的非必需氨基酸。

氨基酸的去路有以下三种途径。

① 在组织形成肽键合成蛋白质。

② 在组织合成各种酶、激素和其他重要的含氮化合物。

③脱去氨基，降解成羧酸氧化供能。

（2）蛋白质的合成与降解　蛋白质按照其特有的顺序，在线粒体内将各种氨基酸形成多肽。然后经一级、二级、三级、四级结构形成蛋白质。在密码的调控下，形成了各组织器官氨基酸的不同配比（表3-4）。蛋白质降解包括体蛋白质分解为氨基酸和氨基酸进一步水解为羧酸和氨基。羧酸进入三羧酸循环，氨基则再合成氨基酸，或转化为尿素排出体外。

表3-4　猪不同组织蛋白质的氨基酸组成

名称	骨骼肌	骨	皮毛	脂肪组织	肝	血	消化道	整体
赖氨酸/%	8.4	4.2	4.3	5.5	7.4	9.5	6.4	7.2
蛋氨酸/%	2.7	1.0	1.1	1.5	2.3	0.8	2.1	2.1
半胱氨酸/%	1.3	0.6	2.1	1.1	2.1	1.4	1.5	1.3
精氨酸/%	6.5	7.4	7.6	6.8	6.2	4.5	6.4	6.6
组氨酸/%	3.6	1.2	1.1	1.9	2.6	7.2	2.0	3.1
异亮氨酸/%	4.9	1.3	2.1	2.9	4.8	1.4	3.9	3.8
亮氨酸/%	8.4	4.4	4.6	5.9	9.5	14.2	7.5	7.6
苯丙氨酸/%	3.9	2.7	2.6	3.3	5.1	7.3	3.9	3.8
酪氨酸/%	3.3	1.3	1.6	2.3	3.7	2.9	3.4	2.8
苏氨酸/%	4.6	2.5	2.7	3.1	4.7	3.7	4.2	4.0
缬氨酸/%	4.9	3.1	3.3	4.2	5.8	9.1	4.8	4.7
丙氨酸/%	6.3	7.9	8.0	7.6	6.0	8.4	6.5	6.9
谷氨酰胺/%	15.7	19.4	11.4	11.8	13.0	9.7	13.0	13.8
甘氨酸/%	5.9	20.1	18.6	14.3	6.2	5.0	9.2	9.7
脯氨酸/%	4.8	10.9	11.3	8.7	5.1	3.8	6.3	6.5
丝氨酸/%	4.0	3.4	4.3	3.8	4.5	4.7	4.3	4.0

名称	骨骼肌	骨	皮毛	脂肪组织	肝	血	消化道	整体
天冬氨酸/%	8.8	6.1	6.4	7.3	9.4	12.1	8.0	8.2
组织氮占整体氮/%	56.0	12.0	10.0	8.0	3.0	5.0	4.0	100.0

注：摘自李德发主编的《猪的营养》（2003）。

6. 猪的理想蛋白质

（1）理想蛋白质　理想蛋白质是指蛋白质中的氨基酸在组成和比例上与动物所需的蛋白质氨基酸的组成和比例一致。当饲料蛋白质中各种氨基酸的配比与猪所需的氨基酸配比恰好一致时，饲粮蛋白质的生物学效价最好，利用率最高。

（2）氨基酸缺乏症　氨基酸缺乏症的主要表现是食欲降低，饲料利用率低，增重缓慢，体质虚弱，被毛干燥、粗糙，对饲料中黄曲霉毒素的敏感性增加。可利用氨基酸的互补作用解决，使多种饲料在氨基酸含量上能够取长补短。

三、碳水化合物

1. 碳水化合物的定义与组成

碳水化合物是由C、H、O三种元素组成的化合物，其中H与O的比例为2∶1，与H_2O中H与O的比例相同，故称之为碳水化合物。碳水化合物的组成可用通式$C_nH_{2n}O_n$或$C_n(H_2O)_n$来表示。

2. 碳水化合物的种类和特点

根据碳水化合物在稀酸中的水解情况，碳水化合物可分为单糖、低聚糖和多糖三大类。

（1）单糖　指不能被稀酸溶液水解的多羟基醛或多羟基酮，是构成碳水化合物的基本结构单位。

（2）低聚糖　指能被稀酸水解成2～10个分子单糖的糖的总称。常见的低聚糖是二糖，有蔗糖、麦芽糖、纤维二糖、乳糖等。

（3）多糖 由10个以上相同或不同的单糖分子以糖苷键形式结合而成的一类高分子化合物，与猪营养有关的多糖主要是以下几种。

淀粉：是动物饲料可溶性碳水化合物的主要组分，被猪采食后可在口腔或消化道中被淀粉酶分解成麦芽糖。

糖原：存在于猪肝脏和肌肉组织中，结构和特性与淀粉相似。主要作用是通过合成和分解来调节血糖，使血糖保持相对稳定。

纤维素：植物界分布最广、含量最多的一种多糖。后段消化道中的微生物把纤维素降解变成挥发性脂肪酸（VFA）吸收利用，但利用效率有限。

半纤维素：主要存在于植物的木质化部位。猪消化液中无半纤维素分解酶，只能由微生物酶分解为VFA被利用，利用率极低。

果胶：主要是由α-D-半乳糖醛酸甲酯和少量半乳糖醛酸以α-1,4-糖苷键形式结合形成的。常充实在细胞壁之间，使纤维素更难被猪利用。

木质素：并非碳水化合物，与纤维素、半纤维素共存。是猪体内消化酶和微生物均不能分解的化合物。

根据猪对碳水化合物的利用率，可分为两大类，即粗纤维和无氮浸出物。

（1）粗纤维 是指饲料中不易被猪消化吸收的碳水化合物的总称，包括纤维素、半纤维素、果胶和木质素等。

（2）无氮浸出物 是指饲料中易被猪消化吸收的碳水化合物，包括淀粉和其他可溶性糖。无氮浸出物是猪的主要能量来源，包含的糖的种类很多，在价值评定和常规成分测定时，通常先测定饲料中六大概略养分中的其他五种，最后计算出无氮浸出物的含量。

3. 碳水化合物的生理意义

（1）氧化供能　是最重要的营养作用，提供机体的一切生命活动需要。

（2）机体构成物质　碳水化合物是机体很多器官、组织的构成物质。

（3）营养贮备　碳水化合物在猪体内可转变成糖原或脂肪贮备起来。糖原可在血糖降低时分解为葡萄糖来补充血糖。脂肪则在猪能量不足时氧化供能。

（4）合成乳脂、乳糖和非必需氨基酸　碳水化合物是猪泌乳期合成乳脂和乳糖的重要原料，在猪体内可为非必需氨基酸的合成提供碳链。

4. 碳水化合物的消化、吸收和代谢

猪消化道中的碳水化合物分解酶见表3-5。

表3-5　猪消化道中的碳水化合物分解酶

酶的种类	来源	分解对象	分解产物
淀粉酶	唾液、胰脏	淀粉、糖原	麦芽糖、葡萄糖
麦芽糖酶	小肠	麦芽糖	葡萄糖
乳糖酶	小肠	乳糖	葡萄糖、半乳糖
蔗糖酶	小肠	蔗糖	葡萄糖、果糖
纤维素分解酶素	肠道微生物	纤维素	挥发性脂肪酸、葡萄糖、CH_4
半纤维素分解酶素	肠道微生物	半纤维素	挥发性脂肪酸、葡萄糖、CH_4

（1）碳水化合物在猪体内的消化　葡萄糖是猪最重要的能源物质，饲粮中直接提供的葡萄糖有限，主要是无氮浸出物通过消化转化成葡萄糖等形式被吸收进入体内。淀粉是猪饲粮中主要的碳水化合物和能源。淀粉的消化在肠腔上段。双糖的分解发生在微绒毛膜的外端刷状缘。碳水化合物中的粗纤维通过大肠微生物的发酵作用被消化。

（2）碳水化合物在动物体内的吸收　十二指肠、空肠是吸收单糖最主要的部位。糖的吸收方式主要为主动吸收。猪对单糖的吸收具有一定的选择性，半乳糖和葡萄糖的吸收率高，阿拉伯糖的吸收率低。单糖吸收率的顺序为：半乳糖＞葡萄糖＞果糖＞戊糖。

（3）碳水化合物在动物体内的代谢　碳水化合物通过消化产生葡萄糖等单糖，经吸收进入血液，参与体内糖代谢。血液中葡萄糖的来源如下。

①肠道吸收的饲料中的葡萄糖。

②肝脏和组织合成的葡萄糖。

③糖异生合成的葡萄糖以及从糖原释放的葡萄糖。

葡萄糖的去路是从血液流进不同的组织，在组织内氧化供能或生物合成。葡萄糖进入组织器官（尤其是肝脏）后有以下几个代谢途径。

①氧化用作能源。

②合成糖原贮存。

③转变成体脂肪贮存。

④合成非必需氨基酸。

四、脂肪

1. 脂肪的基本概念

粗脂肪是饲料中的所有脂溶性物质的总称。由C、H、O三种元素组成，少量脂肪中含有N、P等元素。

2. 脂肪的生理意义

（1）作为猪的能源物质　脂肪是猪的三大能源物质之一，它的供能作用居第二位，是一切动物体内最重要的能源贮备物质。

（2）作为组织生长和修复的原料　脂肪是任何组织细胞产生所必需的原料。此外，猪机体的任何组织细胞中都存在脂肪。

（3）内、外分泌的原料　内分泌中的性激素等类固醇激素是由脂肪中的胆固醇合成的。外分泌中乳腺分泌的乳脂、蛋黄中的脂肪等都属于脂肪。

（4）供作溶剂与合成其他物质　脂溶性维生素A、维生素D、维生素E、维生素K等的吸收必须有脂肪的存在。亚油酸等必需脂肪酸在体内发挥特殊生理功能。

3. 脂肪在猪体内的消化、吸收和代谢

（1）脂肪的消化、吸收过程　脂肪首先被乳化成微粒，然后通过小肠微绒毛吸收。猪采食的脂肪经胃肠的蠕动作用而逐渐乳化，进入十二指肠。在肠道经胆酸盐的作用，进一步乳化成便于吸收的微粒。脂解产物主要在小肠下段被吸收，经门脉循环进入肝脏。脂解产生的甘油靠简单的扩散被吸收。

猪对饲粮脂肪的吸收受许多因素的影响，如脂肪酸的长度、脂肪酸上的双键数、脂肪的形式、甘油三酯分子上饱和脂肪酸和不饱和脂肪酸连接甘油的位置、游离脂肪酸中饱与不饱和脂肪酸的比例、含脂肪酸饲粮的组成成分以及甘油三酯的量和类型，还有猪的年龄和肠道的微生物等因素。一般来说，短链脂肪酸要比长链脂肪酸的吸收率高，不饱和程度高的脂肪酸要比饱和程度高的脂肪酸吸收率高，游离脂肪酸要比甘油三酯吸收率高。动物脂和植物油混合使用，其效果高于它们单一使用的效果。

（2）脂肪的消化、吸收特点

① 粗脂肪在胃中可被部分水解，但不能被乳化吸收，脂肪在酸性环境中不能使脂肪球变成微团、乳化而被吸收，所以胃消化脂肪的能力很有限。

② 脂肪的吸收必须有胆盐的存在，而胆盐是在肝胆汁中分泌的，脂肪可被重新吸收而重复利用。胆盐的作用有：是胰脂肪酶的辅酶；降低脂肪滴的表面张力，易于乳化；胆盐能直接与游离脂肪酸结合形成复合物，利于吸收；刺激小肠运动。

（3）脂肪的代谢

① 脂肪的沉积　脂肪是猪肉和猪乳的组成部分，脂肪组织是机体脂肪沉积的重要场所。脂肪在组织中并非处于惰性状态，

而是通过神经体液的作用呈现活跃的转运状态，生长育肥猪正是通过这种转运逐渐将吸收的脂肪沉积为体内脂肪。

② 脂肪的合成　在猪体脂肪组织合成脂肪酸。合成脂肪酸的主要起始原料是乙酰辅酶A，它主要来自饲料中糖类的分解产物葡萄糖，脂肪和某些氨基酸降解也可以产生乙酰辅酶A。在猪体内，乙酰辅酶A仅仅是合成脂肪酸的起始物，最后甘油三酯的合成是通过长链脂酰辅酶A与甘油的酯化来完成的。

③ 脂肪的分解　当猪处于饥饿状态或泌乳高峰期需要大量能量时，机体会动员脂肪组织中贮存的脂肪用作氧化供能。甘油三酯先水解成脂肪酸和甘油，然后再进一步分解与清蛋白结合，转运到能利用脂肪供能的组织器官。血浆中游离脂肪酸的浓度代表的是贮存脂肪的动员、脂肪酸的摄入、组织的利用以及从消化道中吸收等综合反应，虽然血浆中脂肪酸的浓度很低，但是脂肪酸的周转率很高。

4. 必需脂肪酸

必需脂肪酸是指那些在动物体内不能合成，必须由饲料供给，而又是正常生长所必需的多不饱和脂肪酸。必需脂肪酸对猪有以下生理意义。

（1）维持毛细血管的正常功能，当必需脂肪酸缺乏时，毛细血管的脆性加强，其中以皮肤毛细血管最为重要，导致皮肤病、水肿等。

（2）保证正常生殖功能，缺乏必需脂肪酸可降低繁殖功能。

（3）参与类脂的运输和代谢。

（4）油酸是合成前列腺素的原料。

五、能量

1. 能量的基本概念

（1）饲料能　又叫饲料总能，即饲料中所蕴藏能量的总和，主要存在于三大能源物质的C-H键中。

（2）粪能　粪能是指猪所排粪便中的能量，包括未消化的饲料能量（外源粪能）和消化道代谢产生的内源能量（代谢粪能）两部分。

（3）消化能　消化能即被猪消化、吸收进入体内的能量。消化能＝总能－粪能。

（4）尿能　尿能指猪从尿中排出的能量，主要是蛋白质和核酸的代谢产物所含的能量。

（5）甲烷能　甲烷能指饲料在猪的消化道中被微生物分解产生CO_2与H_2，在厌氧条件下，两者结合而形成CH_4，以气体形式被排出体外。CH_4仍含有能量，它是饲料能的一种损失。

（6）代谢能　代谢能指被猪吸收进入机体内参加代谢的饲料能量。代谢能＝总能－粪能－尿能－甲烷能。

（7）热增耗　代谢能用于维持生命活动和生产活动时，并不是100%转化的，其中的能量是来源于物质代谢，而物质代谢产生的ATP及ATP中的能量转给肌纤维做功或参与其他代谢时，能量都会有损失。这些能量的损失统称为热增耗。

（8）发酵热　指饲料在消化道中发酵时产生的热。这部分热由于是在消化道中产生的，它并未被动物吸收利用，因此从理论上讲，发酵热不能属于代谢能，它应同甲烷能一样被减去，但在用常规试验测代谢时，很难把它分开，代谢能中常包括发酵热。

（9）净能　指可以供机体维持生命活动和生产活动所需要的能量。数值上等于代谢能减去热增耗。可分为维持净能和生产净能。维持净能即维持猪的生命活动所需的净能值。生产净能即保证猪进行正常生产活动所需的净能值，对泌乳期母猪来说称为泌乳净能，对生长期猪来说称为增重净能。

2. 能量在猪体内的代谢过程

猪体维持生命、生长、发育、繁殖和进行各种生理活动所需要的能量来自饲料中的碳水化合物、脂肪和蛋白质，这三类物质在猪体内氧化、释放能量维持体温、生理活动和进行生产活动。猪的能量来源主要是碳水化合物。当能量饲料过剩时，猪体把过多的碳水化合物转化为脂肪储存在体内；当能量饲料不足时，猪体内储备的脂肪、体蛋白都被用来供能以维持其正常的生长发育。碳水化合物包括淀粉、糖和纤维素类物质，猪对粗纤维的消化能力极弱。在肉猪饲养中，大部分能量来自谷物中的淀粉、糖和脂肪。大龄猪大肠发育充分，能从微生物产生的挥发性脂肪酸中获得能量。

能量分配是指日粮能量在各种功能之间的分配。能量利用的第一步是能量的消化。代谢能是指饲料总能中用于身体代谢过程的那部分能量，将消化能减去尿能和肠道的气体能即得到代谢能。当日粮中的蛋白质含量提高时，代谢能值略有下降，原因是在氮的排泄过程中能量损失增多。由于生化效率低，有部分代谢能被浪费掉，这部分能量常称为热增耗，将其从代谢能中减去后，剩余的能量（净能）才是动物真正可利用的能量。能量在猪体内的代谢过程见图3-1。

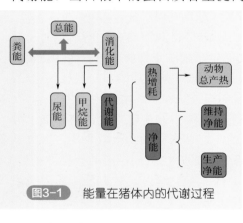

图3-1 能量在猪体内的代谢过程

六、矿物质

猪至少需要13种矿物质元素，其中常量矿物质有钙、磷、钠、氯和钾。

1. 常量矿物质

在一定范围内，日粮中的钙、磷增加时，生长猪的日增重有所改善，但改善的效率逐渐降低。后备母猪生长发育阶段就应该重视作为繁殖母猪的钙、磷营养。磷的吸收利用率受日粮中钙、磷比例的影响。钙离子能在糖酵解过程中给予一定的刺激，且能为精子活动提供能量，但浓度过高则会影响精子活力；

参与黄体酮的合成，缺乏时对母猪产后泌乳和胎儿发育造成影响。钠、氯和钾则需要与电解质相平衡，对维持细胞渗透压、酸碱平衡以及水盐代谢等具有重要作用。

2. 微量矿物质

铜是多种酶的组成成分，与造血有关，能促进红细胞成熟。铁是红细胞中血红蛋白的成分，缺乏会引发贫血。硒具有重要的抗氧化作用，能促进蛋白质合成。繁殖母猪缺硒时泌乳量会下降，出现繁殖障碍；公猪缺硒时附睾管上皮细胞会变性、坏死，精子无法发育成熟。锌是许多酶的组成成分和激活剂，参与DNA合成、核酸和蛋白质代谢。初产母猪缺锌导致产仔少而小；种公猪缺锌会导致性欲减退、影响睾丸发育、使精子质量下降、皮肤增厚、皮屑增多，严重时在四肢内外侧、阴囊及腹部、眼眶等出现丘疹、结痂、龟裂现象。若想在短期内改善缺锌状况可在饲料中添加硫酸锌或氧化锌等添加剂。锰是碳水化合物、脂类和蛋白质代谢有关酶的组成成分，与骨骼发育密切相关。母猪缺锰会影响胎儿发育，导致初生仔猪弱小，泌乳量下降等；种公猪缺锰会导致曲精细管变性、精子缺乏，从而使繁殖性能下降。碘是甲状腺素的组成成分，能够调节代谢速度。种猪长期缺碘，会导致甲状腺肿大，生长缓慢，基础代谢下降，生殖器官发育受阻；妊娠母猪缺碘可导致胎儿死亡或被吸收，有的产无毛猪。

七、维生素

猪需从饲料中摄取大多数维生素，虽然其需要量少，但却在调节和控制新陈代谢方面起重要作用。维生素按其溶解性质，可分为脂溶性维生素和水溶性维生素。脂溶性维生素包括维生素A、维生素D、维生素E、维生素K，在维护骨骼、肌肉、皮肤、循环系统等方面有重要作用。水溶性维生素包括维生素B_1、维生素B_2、维生素B_6、泛酸（维生素B_5）、烟酸（维生素B_3）、维生素B_{12}、叶酸（维生素B_9）、生物素（维生素B_7）、维生素C

等，通过辅酶或辅助因子的形式来参与体内的合成代谢和分解代谢。

脂溶性维生素主要由C、H、O三种元素组成，在消化道内首先经胰腺分泌的脂肪酶催化，然后与肝脏分泌的胆碱结合形成乳糜微粒，之后才能被小肠绒毛吸收，说明对脂肪吸收有影响的因素对脂溶性维生素的吸收也有影响；脂溶性维生素的吸收彼此之间存在拮抗作用。此外，脂溶性维生素可通过血液、淋巴循环到达靶组织发挥功能，剩余的会储存在肝脏和脂肪中，所以脂溶性维生素过量有可能引起中毒。由于每种脂溶性维生素的功能不同，缺乏时所出现的症状也不尽相同。维生素A缺乏时，会造成典型的夜盲症、干眼症、角膜软化症及发育迟缓等。维生素D缺乏时，会造成佝偻病（幼猪）、软骨病（生长猪）、骨质疏松症（成年猪）。维生素E作为最好的抗氧化剂，对维持骨骼、神经系统、生殖系统、免疫系统有重要作用，且参与蛋白质合成，其缺乏时，会造成神经、肌肉变性（白肌病、猪桑椹心脏病）。维生素K缺乏时，会造成血液凝固障碍。水溶性维生素随着肠道吸收水的过程进入血液，在此过程中，除了较为特殊的维生素B_{12}可以在肝脏内大量存留，以及维生素B_1、维生素B_2、维生素B_6可以以少量辅酶形式存留之外，其余水溶性维生素不能在体内存留。因此，需在日粮中加以补充。水溶性维生素的生理功能主要与能量代谢有关，缺乏时普遍出现皮炎、毛发粗糙和采食量下降、生长受阻等症状，且过量一般不会引起中毒。

第三节　猪用饲料原料

饲料原料又称单一饲料，是指在饲料加工中，以一种动物、植物、微生物或矿物质为来源的饲料。单独的一种饲料原料所含营养物质的数量和比例都不符合猪的需要。配方师在设计配方时，要根据各种饲料原料的营养特性，合理设计以最大化地利用饲料资源。为了方便分析、研究与应用，结合国际饲料命名和分类原则及习惯的分类方法，将我国饲料分为8大类17亚类。8大类饲料分别为粗饲料、青绿饲料、青贮饲料、能量饲料、蛋白质饲料、矿物质饲料、维生素饲料和饲料添加剂。习惯上把前三类归为青粗饲料，第四、第五类归为精料，第六至第八类归为添加剂饲料。17亚类饲料分别为青绿饲料类、树叶类、青贮饲料类、块根/块茎/瓜果类、干草（包括牧草）类、农副产品类、谷实类、糠麸类、豆类、饼/粕类、糟渣类、草籽树实类、动物性饲料类、矿物质饲料类、维生素饲料类、饲料添加剂类和油脂类及其他。以下将分述各种饲料的营养特性。

一、粗饲料

粗饲料是指饲料干物质中粗纤维含量大于或等于18%，以风干物为饲喂形式的饲料，包括秸秆、秕壳和干草等。这类饲料的特点是含粗纤维多，质地粗硬，适口性差，不易消化，饲喂效果不如青绿饲料。粗饲料的质量差别较大，效果各异。用粗饲料喂猪，应注意质量，要合理加工，掌握适当喂量，更要注意收割时间和贮藏方法，防止枯黄和发霉。

1. 青干草

鲜草经过一定时间晾晒或人工干燥，水分达到15% ～ 18%及以下时称之为干草。因仍具有绿色，故又名青干草。干制青草的目的是为了保存青饲料的营养价值。干草的调制方法包括自然晒干和人工干燥，自然晒干可溶性养分损失较多，但植物中的麦角固醇在紫外线作用下会产生维生素 D_2；人工干燥养分损失仅为自然干燥的1/10 ～ 1/3，但是维生素C受到严重破坏，维生素D缺乏，且热能利用率只有70%左右，成本较高。青干草喂猪前应粉碎，仔猪要控制在1毫米以下，育肥猪和母猪2毫米以下。猪饲粮中适当搭配青干草粉可以节约精料，降低饲养成本，提高经济效益，幼猪及育肥猪喂量为1% ～ 5%，种猪为

5%～10%。

2. 树叶

可以用来喂猪的优质树叶有榆树叶、桑树叶、槐树叶、紫穗槐树叶、松针树叶、柳树叶、杨树叶等，各种果树如杏、梨、桃、枣、苹果、葡萄等树叶也可用来喂猪。树叶的特点是粗蛋白质含量高，粗纤维含量低，但实际应用中应注意，季节不同含量会有所差异。另外，树叶中含有鞣酸，有涩味，猪不爱吃，喂多了易引起便秘。除晒干的树叶粉碎后可喂猪外，还可用新鲜树叶或青贮后的树叶喂猪。

3. 稿秕饲料

稿秕是农作物成熟收获籽实后的枯老茎叶。秕壳是包被籽实的颖壳、荚皮与外皮等，包括玉米秸、高粱秸、大豆秸、蚕豆秸、豌豆秸、大豆荚皮、豌豆荚、大麦皮壳、玉米芯、玉米苞皮、稻谷壳、花生壳等。这类饲料最大的营养特点是：粗纤维含量高，一般在30%以上；木质素含量高，不易消化；蛋白质含量很低，一般不超过10%；无氮浸出物、维生素含量低；矿物质含量高，但利用率低，所以一般不用作猪饲料。

二、青绿饲料

青绿饲料指天然水分含量在60%以上的青绿牧草、饲用作物、树叶类及非淀粉质的根茎、瓜果类等。这类饲料种类多、产量高、来源广、成本低，营养丰富，适口性好。青绿饲料蛋白质含量高，一般占干物质的10%～20%，豆科牧草含量更高，蛋白质品质较优。青绿饲料含有丰富的维生素，特别是胡萝卜素含量较高，并富含尼克酸、维生素C、维生素E、维生素K等。青绿饲料含有丰富的矿物质，钙、磷含量高，比例适宜。青绿饲料中粗纤维所含木质素少，易于消化。因此，饲喂适量的青绿饲料，不但可以节省精料，而且可以完善饲料营养，使养猪生产获得比单喂精料更高的经济利益。另外，青绿饲料也有它的缺点，如水分含量高，一般在70%～95%；粗纤维含量高，占干物质的18%～30%，喂多了对猪有负面影响；青绿饲料还受季节、气候条件、生长阶段的影响与限制，生产供应和营养价值很不稳定，为配制平衡饲粮增加了困难；同时，种、割、贮、喂费工费时，极不方便。所以，很多规模化猪场使用添加多种维生素的全价饲料，不再喂给青绿饲料。不过，实践证明，喂给种猪全价配合饲料时，再补饲一些青绿饲料会取得更好的效果，如在妊娠前期，由于适当限饲易引起饥饿感，母猪躁动不安，不利于胚胎着床和发育，如果饲喂青绿饲料，既可以很好地解决猪饥饿感的问题，又可以提高繁殖性能。

综上所述，青绿饲料喂与不喂、喂量多少，应根据具体情况而定。如果青绿饲料来源充足、便利，价格低廉，生长育肥猪、后备母猪、妊娠母猪和泌乳母猪青绿饲料的推荐饲喂量分别为饲粮干物质的3%～5%、15%～30%、25%～50%和15%～35%。

三、青贮饲料

青贮饲料是将含水率为65%～75%的青绿饲料切碎后，在密闭缺氧的条件下，通过厌氧乳酸菌的发酵作用，抑制各种杂菌的繁殖而得到的一种具有特殊芳香气味、营养丰富的多汁饲料。青贮可以防止饲料养分继续氧化分解而损失，保质保鲜。青贮饲料水分含量高，干物质的能值高，粗纤维含量较高，粗蛋白质含量因原料种类不同而有差异，且含有部分非蛋白氮。常用青贮饲料的成分及营养价值见表3-6。青贮饲料具有气味酸香、柔软多汁、颜色黄绿、适口性好等优点。通过青贮可以让猪常年吃上青绿饲料。生产中常用的青贮设施主要有青贮窖、青贮塔和青贮袋。对青贮设施的要求是不漏水、不透气、密封好，内部表面光滑平坦。

表3-6　常用青贮饲料的成分及营养价值

项目	青贮玉米	青贮甘薯秧	青贮胡萝卜块	青贮马铃薯秧	青贮白菜
干物质 /%	23.00	14.70	19.70	23.00	10.90
代谢能 /(兆焦 / 千克)	1.00	0.96	0.08	1.05	0.79
消化能 /(兆焦 / 千克)	1.60	1.50	3.10	2.10	2.00
粗蛋白质 /%	6.90	3.80	5.70	6.10	2.30
粗纤维 /%	0.10	0.29	0.35	0.27	0.29
钙 /%	0.06	0.03	0.03	0.03	0.07
磷 /%	0.06	0.03	0.03	—	0.07
有效磷 /%	0.17	0.06	—	0.13	0.02
赖氨酸 /%	0.09	0.04	—	0.12	0.03
蛋氨酸+胱氨酸 /%	0.07	0.05	—	0.11	0.02
异亮氨酸 /%	0.23	0.05	—	0.20	0.02
精氨酸 /%	0.69	0.06	—	—	0.03

注：引自刘长忠、魏刚才《猪饲料配方手册》(2014)。

1. 青贮饲料的品质评定

青贮饲料在饲用前或使用过程中要进行品质鉴定，确保饲用优良的青贮饲料。优质的青贮饲料pH值为3.8 ～ 4.2，游离酸含量2%左右，其中乳酸占1/3 ～ 1/2，无腐败，绿色或黄绿色，有芳香味，柔软湿润，保持茎、叶、花原状，松散；如果严重变色或变黑，有刺鼻臭味，茎、叶结构保持差，黏滑或干燥、粗硬，腐烂，pH值4.6 ～ 5.2者，为低劣青贮饲料，不能饲喂。

2. 青贮饲料的饲用

青贮饲料来源极广，常用的有甘薯藤叶、白菜帮、萝卜缨、甘蓝帮、青刈玉米、青草等。青贮饲料虽然是一种优质粗饲料，但不能单独饲喂，需按照营养需要与其他饲料搭配使用。豆科植物（如苜蓿、紫云英等）含蛋白质多，含碳水化合物少，单独青贮效果不佳，应与含可溶性碳水化合物多的植物（如甘薯藤叶、青刈玉米等）混贮。单独用甘薯藤叶青贮时，因其含可溶性碳水化合物多，贮存后酸度过大，应适当加粗糠混贮或分层加粗糠混贮。青贮1个月后即可开封使用。饲用量应逐渐增加。仔猪和幼猪适宜喂块根、块茎类青贮饲料。生长育肥猪用量以每头每天1～1.5千克为宜；哺乳母猪以每头每天1.2～2千克为宜；妊娠母猪以每头每天3～4千克为宜，妊娠最后一个月用量减半。青贮饲料不宜过量饲喂，否则可能因酸度过高而影响胃内酸度或体内酸碱平衡，降低采食量。

四、能量饲料

能量饲料是指干物质中粗纤维含量低于18%，粗蛋白质含量低于20%的饲料，其营养特性是含有丰富的、易于消化的淀粉，是猪所需能量的主要来源，但这类饲料中蛋白质、矿物质和维生素的含量低，主要包括禾谷类籽实、糠麸类和淀粉质的块根、块茎及其加工副产品。

1. 禾谷类籽实

禾谷类籽实指禾本科植物成熟的种子，主要包括玉米、高粱、大麦、燕麦、小麦、稻谷、小米等。这类饲料的特点是含有丰富的无氮浸出物，一般都占干物质的70%以上，其中主要是淀粉，占80%～90%；粗纤维含量少，多在5%以内，消化率高；缺点是蛋白质含量低，一般为8.5%～12%，且品质较差。单独使用该类饲料不能满足猪对蛋白质的需求，赖氨酸和蛋氨酸含量也较低，并缺乏钙、维生素A（除黄玉米外）和维生素D。

2. 糠麸类饲料

谷实经加工后形成的一些副产品即为糠麸类，常见的有小麦麸和米糠。与原粮相比，无氮浸出物含量低，消化率较差，有效能值低。粗蛋白质含量较高（为12%～15%），介于禾谷籽实和豆类籽实之间。米糠中粗脂肪含量较高（约为13%），其中大部分为不饱和脂肪酸，易酸败。矿物质含量丰富（达1%以上），但利用率低，磷多钙少。B族维生素丰富，但脂溶性维生素较缺乏。

3. 淀粉质块根块茎类饲料

主要有甘薯（山芋）、马铃薯（土豆）、甜菜渣等，饲料干物质中主要是无氮浸出物，粗蛋白质、粗脂肪、粗纤维等较少。有黑斑病的甘薯不要喂猪，以免中毒。

五、蛋白质饲料

干物质中粗纤维含量低于18%，粗蛋白质含量大于或等于20%的饲料叫蛋白质饲料，包括豆科籽实类、油饼（粕）类、糟渣类、动物性蛋白质类和单细胞蛋白质类饲料。

1. 豆科籽实类饲料

豆科籽实包括大豆、蚕豆、豌豆等，其特点是蛋白质含量高（23% ～ 40%），品质优良；粗纤维含量低；矿物质中钙少磷多；B族维生素丰富；并含有多种有毒有害抗营养因子，大豆含有蛋白酶抑制剂、植物性红细胞凝集素、皂苷、胃肠胀气因子、植酸、抗维生素因子、致甲状腺肿物质和类雌激素因子等，其有害作用是抑制蛋白酶对蛋白质的消化，降低蛋白质的消化利用率，抑制猪的生长。

2. 油饼（粕）类饲料

饼粕类的生产技术有两种，即溶剂浸提法与压榨法。前者的副产品是"粕"，后者的副产品是"饼"。粕的蛋白质含量高于饼，饼的脂肪含量高于粕，由于压榨法的高压高温导致蛋白质变性，特别是赖氨酸、精氨酸破坏严重，同时也破坏了有毒有害物质。

（1）豆饼（粕） 蛋白质含量高，一般为42% ～ 45%，赖氨酸含量在饼粕类中最高，为2.4% ～ 2.8%。粗纤维5%左右，能值较高；富含核黄素与烟酸，胡萝卜素与维生素D含量少。在植物性蛋白质饲料中，豆饼（粕）的质量最好。

（2）花生饼　含粗蛋白质41%以上，蛋白质品质低于豆饼，赖氨酸、蛋氨酸含量较低。花生饼有甜香味，适口性好，但容易变质，不宜久贮，特别容易发霉，产生黄曲霉毒素，对幼猪毒害最大，贮存时应注意保持低温干燥。

（3）棉籽饼（粕）　含粗纤维较高，一般14%左右，含粗蛋白质30%～40%，赖氨酸含量低，消化率比豆饼低。

（4）菜籽饼（粕）　含粗蛋白质35%～40%，赖氨酸含量较低，蛋氨酸含量较高，蛋白质消化率低于豆饼蛋白质，粗纤维10%左右。

3. 糟渣类饲料

猪常用的糟渣有粉渣、豆腐渣、酱油渣、醋渣、酒渣等。由于原料和产品种类不同，各种糟渣的营养价值差异较大。主要特点是含水率高，不易贮存。

4. 动物性蛋白质类饲料

指水产类或其加工副产品、畜禽加工副产品和乳品的副产品等调制成的蛋白质饲料。猪常用的动物性蛋白质饲料有鱼粉、血粉、羽毛粉、肉粉、肉骨粉、蚕蛹、全乳和脱脂乳以及乳清粉等。其特点是蛋白质含量高；必需氨基酸含量高；品质好，几乎不含粗纤维；维生素含量丰富；钙、磷含量高；脂肪含量较高，但脂肪易氧化酸败，不宜长时间贮藏。

5. 单细胞蛋白质类饲料

是指用饼（粕）或玉米面筋等作原料，通过微生物发酵而获得的含大量菌体蛋白的饲料，包括酵母、真菌、藻类等。目前酵母应用较广泛，一般含蛋白质40%～80%，除蛋氨酸和胱氨酸较低外，其他各种必需氨基酸的含量均较丰富，仅低于动物性蛋白质饲料。酵母富含B族维生素，磷高钙少。

六、矿物质饲料

常规的基础饲粮不能满足动物对矿物质的需要，必须额外补充所需的矿物质，目前猪饲料中通常补充的主要是食盐、钙和磷，其他微量元素作为添加剂补充。

1. 食盐

食盐不仅可以补充氯和钠，而且可以提高饲料适口性，一般占饲料的0.2%～0.5%，过多可发生食盐中毒。

2. 含钙的矿物质饲料

主要有石粉、贝壳粉、轻质碳酸钙、白垩质等，含钙量为32%～40%。新鲜蛋壳与贝壳含有机质，应防止变质。

3. 含磷的矿物质饲料

含磷的矿物质饲料包括磷酸盐类（磷酸钙、磷酸氢钙）和骨粉等。本类矿物质饲料既含磷又含钙，磷酸盐同时含氟，但含氟量一般不超过含磷量的1%，否则需要进行脱氟处理。

4. 其他几种矿物质饲料

除上述矿物质饲料外，还有沸石、麦饭石、膨润土、海泡石、滑石、方解石等天然矿物质饲料广泛应用于畜牧业。这些矿物质除供给猪生长发育所必需的部分微量元素、超微量元素外，还具有独特的物理微观结构和某些理化性质。

（1）沸石　沸石是一种含水的碱金属或碱土金属的铝硅酸盐矿物质，是沸石族矿物质的总称。应用于猪饲料的天然沸石主要是斜发沸石和丝光沸石等，其中含有多种矿物质和微量元素。据试验，在猪饲粮中适量添加沸石可提高日增重，节约饲料，增进健康，除臭，改善环境。

（2）麦饭石　麦饭石因其外观颇似手握的麦饭团而得名，是一种具有斑状结构的硅酸盐岩石。所含的微量元素可直接被动物利用，尤其是镍、钛、铜、硒等可提高酶的活性和饲料的利用率。

（3）膨润土　膨润土具有非常显著的膨胀和吸附功能，能吸附大量水分和多种有机物质，它含有钙、钠、钾、镁等矿物质元素，在猪饲料中添加1%～2%可提高猪的生产性能。

七、饲料添加剂

饲料添加剂是指配合饲料中加入的各种微量成分，一般分为营养性添加剂和非营养性添加剂。其作用是完善饲粮的全价性，提高饲料的利用效率，促进生长，防治疾病。养猪生产中，补充何种饲料添加剂以及补充多少，主要取决于猪的饲粮状况和实际需要，缺什么补什么，缺多少补多少，合理使用。同时，饲料添加剂的使用应符合安全、经济和使用方便等要求。使用前应考虑添加剂的效价和有效期，并注意其用量、用法、限用和禁用等规定。

1. 营养性添加剂

营养性添加剂是指能够平衡配合饲料的养分、提高饲料的利用效率、能直接发挥营养作用的少量或微量物质，主要包括氨基酸、维生素和微量元素添加剂等。

（1）氨基酸添加剂　赖氨酸和蛋氨酸是植物性饲料容易缺乏的两种氨基酸。根据猪的营养需要，饲粮中添加适量市售氨基酸，可以节省蛋白质饲料，提高猪的生长性能。赖氨酸是猪的第一限制性氨基酸，作为添加剂使用的一般为L-赖氨酸的盐酸盐、L-赖氨酸硫酸盐及其发酵副产物。蛋氨酸与其他氨基酸不同，天然存在的L-蛋氨酸与人工合成的DL-蛋氨酸对于猪的生物利用率完全相同，故DL-蛋氨酸可完全取代L-蛋氨酸使用。

（2）维生素添加剂　维生素主要以辅酶或催化剂的形式参与体内的代谢活动，按其溶解性分为脂溶性维生素和水溶性维生素两类。维生素的添加量除考虑猪的维生素需要量外，还应注意维生素添加剂的有效性、饲粮组成、环境条件和猪的健康状况等。在维生素有效性低、猪处于高温、严寒、疾病和接种疫苗等情况下，饲粮中维生素的添加量应高于饲料标准中规定的维生素需要量。维生素的生理生化作用及缺乏症见表3-7。

表3-7　维生素的生理生化作用、缺乏症及防治措施

维生素名称	生理生化功能	缺乏症	防治措施
维生素A	骨的生长需要；暗视觉需要；保护上皮组织；维持健康	以夜盲、眼睛干涩、角膜角化、生长缓慢、繁殖功能障碍为特征，仔猪常表现为消化不良，腹泻，下痢，生长缓慢，视力模糊，四肢行走困难；成年猪表现为后躯麻痹，步态不稳，后期不能站立，甚至角膜软化	首先加强饲养管理，给予全价平衡饲料，增加青绿饲料、胡萝卜等维生素A含量较高的饲料的比例。其次注意饲料的储存，一定要防雨淋、防暴晒，避免储存时间过长，以免维生素A遭受破坏或被氧化进而造成饲料中维生素A的流失
维生素E	抗氧化剂；构成肌肉结构；利于繁殖	公猪表现为睾丸萎缩，精液数量减少，精子活力降低，屡配不孕等；母猪繁殖性能下降，受胎率下降，出现胚胎死亡、流产；仔猪则表现为肌肉无力，步态僵硬，贫血，抽搐，食欲减退，呕吐，腹泻，喜躺卧，四肢麻痹等	首先，储存好饲料，防止被氧化，进而防止维生素E遭到破坏。其次，采用全价饲料，通常添加足量的维生素E作为营养性添加剂
维生素K	凝血酶的形成与血凝所需	病猪常表现为凝血能力减弱，凝血时间延长，出血不止。仔猪表现为体质衰弱，生长缓慢；母猪发生流产；育肥猪呈现出血综合征	首先，在饲料中增加青绿饲料的比例，确保饲料中有足够的维生素K。另外，积极治愈肝、胆、胰疾病，保证胰液和胆汁的通畅分泌，合理使用抗菌药物，保证肠道微生态平衡
烟酸	辅酶成分；生物化学反应中运输氢离子	病猪表现下痢，呕吐，皮炎，被毛凌乱，肠溃疡	加强饲养管理，保证饲料充足，在精料中适当补加烟酸

维生素名称	生理生化功能	缺乏症	防治措施
泛酸	能量代谢所需的辅酶A的成分	病猪以癞皮病为主要特征，表现为皮肤出血、脱毛、结痂、皮肤增生增厚，形成皲裂和龟裂，一部分猪出现运动障碍，后肢无力，关节僵硬，呈现一种特殊的步态，俗称"鹅步"	加强饲养管理，并在饲料中补充泛酸钙
维生素B$_6$	在蛋白质与氮代谢中作为辅酶；与红细胞形成有关；在内分泌系统中有重要作用	病猪主要表现颈前、膝关节等部位色素沉积，周期性癫痫样惊厥为特征，表现为骨髓增生，肝脂肪浸润	改善饲养管理，在饲料中注意补加吡哆醇
维生素B$_2$	促生长，作为碳水化合物与氨基酸代谢中某些酶系统的组分而发挥作用	病猪以发育不良，角膜炎、皮炎和皮肤溃疡为特征，主要表现为口舌溃疡、角结膜发炎、食欲不振、生长缓慢、被毛粗乱无光泽、全身或局部脱毛，皮肤出现红斑丘疹、鳞屑、皮炎、溃疡等	按每千克猪体重肌内注射0.1～0.2毫克维生素B$_2$制剂，疗程为7～10天，同时给予饲用酵母，仔猪10～20克，育成猪30～60克，口服一天两次，连用7～15天
维生素B$_1$	能量代谢中的辅酶，碳水化合物代谢所必需，促进食欲和正常生活，有助于繁殖	临床表现为易疲劳、食欲减退、尿少色黄、生长缓慢或停止、消化不良（呕吐、腹泻）、呼吸困难、黏膜发绀等	按每千克猪体重肌内注射0.25～0.5毫克维生素B$_1$制剂，若配合应用其他B族维生素（如维生素B$_2$、维生素B$_6$或维生素PP等）可增强疗效
维生素C	形成齿，骨与软组织的细胞间质，提高对传染病的抵抗力	以仔猪缺乏较为常见。其表现为腹泻，消瘦，贫血，粪便稀黑，关节肿大、跛行，面部、颈部及耳根皮肤发皱、结痂	首先改善饲养管理，要多饲喂新鲜的青绿饲料、青贮饲料和优质干草。其次饲料加工、调制不可久煮或用碱处理，同时尽量缩短青饲料的贮存时间

维生素名称	生理生化功能	缺乏症	防治措施
维生素B$_{12}$	几种酶系统中的辅酶与叶酸代谢有密切联系	主要表现为母猪精神倦怠，被毛粗糙，背部常有湿疹性皮炎，后躯运动失调，贫血，流产，产死胎、畸形胎，产弱仔或仔猪出生不久就死亡	临床上常肌内注射维生素B$_{12}$制剂，大猪0.3～0.4毫克，仔猪2～30微克，一天一次。对贫血严重的病猪，还可应用右旋糖酐铁钴注射液、叶酸或维生素C等制剂
生物素	多种酶系统中的重要组分	病猪表现后腿蹄裂与皮炎，饲料利用率降低	注意加强饲养管理，并肌内注射生物素
胆碱	有关神经冲动的传导和磷脂的成分；供给甲基	出现脂肪肝，肾出血，成年母猪繁殖不良	通常使用氯化胆碱，内服或与饲料混饲，一般每吨饲料中添加1～1.5千克

（3）微量元素添加剂　猪常用饲料中，容易缺乏的微量元素主要有铁、铜、锌、锰、碘、硒等。常用的添加剂原料主要是无机矿物盐。另外，还有有机酸矿物盐和氨基酸矿物盐。常用矿物盐的元素组成和含量见表3-8。

表3-8　常用矿物盐的元素组成和含量

矿物盐名称	分子式	元素	元素含量/%	相对生物学利用率/%
七水硫酸亚铁	$FeSO_4 \cdot 7H_2O$	Fe	20.1	100
一水硫酸亚铁	$FeSO_4 \cdot H_2O$	Fe	32.9	92
碳酸亚铁	$FeCO_3$	Fe	41.7	15～74
氯化亚铁	$FeCl_2$	Fe	44.1	<100
五水硫酸铜	$CuSO_4 \cdot 5H_2O$	Cu	25.4	100
碳酸铜	$CuCO_3$	Cu	51.4	<100
二水氯化铜	$CuCl_2 \cdot 2H_2O$	Cu	47.2	100
七水硫酸锌	$ZnSO_4 \cdot 7H_2O$	Zn	22.7	100

矿物盐名称	分子式	元素	元素含量/%	相对生物学利用率/%
一水硫酸锌	$ZnSO_4 \cdot H_2O$	Zn	36.4	100
碳酸锌	$ZnCO_3$	Zn	52.1	100
氧化锌	ZnO	Zn	80.3	50～80
氯化锌	$ZnCl_2$	Zn	48.0	100
一水硫酸锰	$MnSO_4 \cdot H_2O$	Mn	32.5	100
碳酸锰	$MnCO_3$	Mn	47.8	30～100
氧化锰	MnO	Mn	77.4	70
四水氯化锰	$MnCl_2 \cdot 4H_2O$	Mn	27.8	100
二氧化锰	MnO_2	Mn	63.2	35～95
碘化钾	KI	I	76.5	100
碘酸钙	$Ca(IO_3)_2$	I	65.1	100
一水亚硒酸钠	$Na_2SeO_3 \cdot H_2O$	Se	45.7	100
五水亚硒酸钠	$Na_2SeO_3 \cdot 5H_2O$	Se	30.0	100

注：引自王成章主编的《饲料学》第二版（2011）。

2. 非营养性添加剂

非营养性添加剂是一类为保持或改善饲料品质，刺激动物生长、提高饲料利用率、改善动物健康而加入饲料的少量或微量非营养性物质，主要包括酶制剂、酸化剂、益生素等。

（1）酶制剂　猪对饲料养分的消化能力取决于消化道内消化酶的种类和活性。饲料中添加外源酶能够提高猪的消化能力，改善饲料利用率，扩大饲料资源，消除饲料抗营养因子和毒素的有害作用，全面促进饲料养分的消化、吸收和利用，提高猪的生产性能和增进健康，减少粪便中氮和磷等的排出量，保护和改善生态环境等。目前生产上使用的饲用酶，主要有酸性蛋白酶、中性蛋白酶、α-淀粉酶、β-淀粉酶、异淀粉酶、纤维素酶、β-葡聚糖酶、戊聚糖酶、果胶酶、植酸酶等。植酸酶在饲料中的作用底物是植酸，饲料中只有存在足够的植酸添加植酸酶才有意义。因此，一般饲料中植酸磷在0.2%以上时才考虑使用植酸酶。为有效提高酶制剂的使用效果，实际中应注意根据猪的生理特性、日粮组成及要帮助消化的组分，合理选择酶制剂的种类，妥善控制贮存、加工、饲喂等条件或环节。

（2）酸化剂　酸化剂是近年来研究开发的，主要用于幼猪日粮以调整消化道内环境的一类添加剂，即为补充幼猪胃液分泌不足，降低胃内pH而添加于饲料中的一类物质，包括无机酸、有机酸、复合酸以及盐类。添加酸化剂的饲料称为酸化饲料。

在幼猪补充日粮或断奶日粮中添加酸化剂，可起到补充胃酸分泌不足、激活酶源、抑制病原增殖、防止仔猪下痢、改进生产性能和降低死亡率等作用。此外，较低的胃内pH可以降低胃内容物的排空速度，有利于养分的消化与吸收。有机酸化剂还可作为动物的能源，有的有机酸以络合剂的形式促进矿物元素的吸收，有的（如柠檬酸等）还可起到调味剂的作用，促进仔猪采食。近年来，酸化饲料的应用进一步延伸到母猪饲料，有研究表明，混合有机酸能阻断大肠杆菌对断奶仔猪的垂直感染。有关酸化剂添加效果的研究显示，不同日粮、不同添加物、不同管理条件等所表现的结果不一致。以玉米、豆饼以及其他谷物为基础的含酸结合物低的日粮，添加酸化剂有较好的效果，而加有较大比例乳清粉、脱脂奶粉、鱼粉等含有较多酸结合物的日粮，添加酸化剂效果较差或无作用；管理水平低、环境条件差、下痢发病率高的情况下添加酸化剂，减少下痢作用显著，但下痢发病率低于5%～7%时，添加酸化剂产生的效果小。

（3）益生素　益生素是一类有益的活性微生物或其培养物，又称为微生态制剂或饲用微生物添加剂。益生素是利用动物体内正常的有益微生物，通过鉴定、筛选、培养和干燥等系列工艺制成的活菌制剂。我国农业农村部允许使用的饲料微生物添加剂有12种。目前，我国常用的菌类益生素有6种，即芽孢杆菌、乳酸杆菌、粪链球菌、酵母菌、黑曲霉和米曲霉。该类活菌制剂可调节动物胃肠道正常微生物区系的平衡，直接或间接抑制肠道有害微生物的繁殖，促进营养物质的吸收。正常的消化道微生物区系对动物具有营养、免疫、刺激生长等作用，消化道有益菌群对病原微生物的生物拮抗作用，对保证动物生长和健康有重要意义。除了对有害微生物的生长拮抗和竞争性排斥作用外，活菌体还能分泌多种酶及维生素，对刺激动物生长、降低仔猪腹泻和死亡率等有一定作用。

第四节　猪的日粮配合技术

日粮配合是参照动物饲养标准，合理利用饲料，满足不同品种动物在不同生理年龄、生长状况、生活环境及生产条件下对各种营养物质的需要量。通过日粮配合技术，采用科学配方，应用最新的动物营养研究成果，能够最大限度地发挥猪的生产潜力，提高饲料转化效率。

一、配方的概念

饲料配方是为了满足动物不同生理状态下对各种营养物质的需要，并达到预期的某种生产能力，参照动物的饲养标准，利用各种饲料原料按照一定的饲料配比制定的。根据饲料配方设计要求，按照一定的工艺流程（包括粉碎、配料、混合、制粒、筛分、包装等）可制成配合饲料，又称为全价饲料，其配制方法称为日粮配合技术。合理地设计饲料配方是科学饲养的重要环节之一，饲料配方的设计既要考虑动物的营养需要及生理特点，又应合理地利用各种饲料资源，从而设计出成本最低并能获得最佳的饲料效率和经济效益的饲料配方。

二、配方设计要点

饲料配方设计的要点有营养性、经济性和安全性。营养性是配方设计的基础；经济性要求所选用的饲料原料价格适宜，选择时要因地制宜，就近取材；安全性要求饲料中的某些成分在动物产品中的残留与排泄对环境和人类没有毒害作用或构成潜在威胁。

1. 哺乳期仔猪饲料配方

（1）科学确定仔猪对营养物质的需要量　不同国家、地区、猪种建议的营养需要量差异很大，在设计饲料配方时，如何确定参考标准、确定仔猪相对准确的各种营养物质供给量非常重要。在选择标准时应该注意到，所谓的标准只是相对的，结合生产实际通过多次修正确定的营养定额，才是所有标准的真正内涵。

（2）科学选择适宜的饲料原料　从仔猪哺乳期到保育期，是消化器官的快速增长发育时期，哺乳期补料的主要目的之一是诱导进食和刺激消化系统发育，因此，原料的选择要考虑仔猪的适口性和对胃肠道发育的刺激作用。同时，该阶段仔猪的消化系统功能正在逐步完善，消化系统对饲料中养分的消化吸收程度逐步提高，仔猪的进食和营养供应正在逐步实现由母乳为主向饲料为主的过渡，选择适口性、消化性好的饲料原料尤为重要。然而，在仔猪配方筛选时，由于该阶段仔猪仍然以母乳获得营养为主，饲料总进食量很少，原料成本可以作为次要的因素，营养性、适口性应更为重视。

（3）科学选用适宜的饲料添加剂　仔猪断奶前后，由于饲料逐步替换母乳，仔猪营养生理发生很大变化，如胃酸酸度不足、消化道酶分泌不足、后段消化道微生物有益菌群体系不完善、免疫力下降等是影响仔猪对饲料养分消化吸收、胃肠道健康、仔猪机体免疫力甚至仔猪成活率的重要因素。在合理使用氨基酸、微量元素、维生素等营养性饲料添加剂的同时，科学选择使用酸化剂、酶制剂、微生态制剂、免疫增强制剂、非抗生素益生菌促生长剂等非营养性饲料添加剂，是实现仔猪健康养殖的有效措施之一。表3-9参考NRC（1998）生长猪及中国瘦肉型生长育肥猪饲养标准（2004）营养需要配方示例。

表3-9　基础饲粮组成和营养水平（风干基础）

原料	含量	营养水平	分析值
玉米 /%	35.1	消化能 /（兆焦 / 千克）	13.81
乳清粉 /%	18.9	粗蛋白质 /%	19.82
豆粕 /%	10.0	钙 /%	0.70
高粱 /%	2.00	总磷 /%	0.64
植物油 /%	3.50	赖氨酸 /%	1.22
膨化全脂大豆 /%	20.00	含硫氨基酸 /%	0.65
玉米蛋白粉 /%	5.03	苏氨酸 /%	0.75
鱼粉 /%	2.0	色氨酸 /%	0.22
赖氨酸盐酸盐 /%	0.50		
蛋氨酸 /%	0.10		
磷酸氢钙 /%	0.92		
石灰石粉 /%	0.3		
食盐 /%	0.16		
预混料 /%	1.0		
合计 /%	99.51		

注：预混料为每千克饲粮提供维生素 A 5500 国际单位，维生素 D_3 500 国际单位，维生素 E 40 国际单位，维生素 K_3 0.75 毫克，维生素 B_1 3 毫克，维生素 B_2 5 毫克，维生素 B_{12} 28 毫克，泛酸 15 毫克，烟酸 20 毫克，胆碱 550 毫克，Mn 30 毫克，Fe 100 毫克，Zn 100 毫克，Cu 150 毫克，I 0.4 毫克，Se 0.3 毫克。

2. 保育期仔猪饲料配方

（1）分阶段满足营养物质的需要量　保育期骨骼和肌肉组织的快速发育是保育期仔猪的特点。环境上（如环境温度等）要完成从产仔房到生长育肥猪舍的过渡，营养上要完成从母乳到饲料的过渡，感情上要适应离开母爱独立生活。基于以上几点，保育期仔猪应该分两段管理，即保育前期和保育后期，因此，营养物质的供应和配方的设计也应该分两段进行。前期完成母乳到饲料的过渡，营养供应要顺应哺乳仔猪日粮水平，后期完成保育舍到生长育肥期的过渡，配方设计可以考虑与生长猪饲料的适应。

（2）科学选择适宜的饲料原料　保育期仔猪消化器官仍然处在快速增长发育时期，饲料对消化道发育有刺激作用，特别是后段消化道微生物消化功能逐渐完善。因此，原料的选择要考虑适口性和对胃肠道发育的刺激作用。但是，饲料原料营养物质的可消化性是主要的。保育前期乳清粉、血浆蛋白粉仍然是仔猪日粮所必需。同时，好的适口性、高的营养价值、低的原料成本是动物饲料配方筛选的必要条件，在保育期仔猪日粮配方设计时要同时考虑。

（3）科学选用适宜的饲料添加剂　仔猪断奶后，饲料逐渐完全替换母乳，仔猪营养生理发生很大变化，胃酸酸度不足应该补充酸化剂，消化道酶分泌不足可以使用酶制剂，为了快速健全后段消化道微生物的消化功能可以使用微生态制剂，弥补免疫力下降可以选用免疫增强添加剂等。但是，在使用这些添加剂时，一定根据所选饲料原料的特性，针对性地、有目的地添加，同时要注意使用的效果。不同原料特性、不同营养水平、不同饲养环境时添加剂会表现出不同的效果。表3-10参考NRC（2012）营养需要配制的断奶仔猪配方示例。

表3-10　基础饲粮组成和营养水平（风干基础）

原料	含量	营养水平	分析值
玉米/%	64.5	消化能/（兆焦/千克）	13.81
乳清粉/%	5.0	粗蛋白质/%	19.82
豆粕/%	23.0	钙/%	0.70
鱼粉/%	5.0	总磷/%	0.64

原料	含量	营养水平	分析值
赖氨酸盐酸盐/%	0.2	赖氨酸/%	1.22
磷酸氢钙/%	0.7	含硫氨基酸/%	0.65
石灰石粉/%	0.3	苏氨酸/%	0.75
食盐/%	0.3	色氨酸/%	0.22
预混料/%	1.0		
合计/%	100.0		

注：预混料为每千克饲粮提供维生素 A_3 300国际单位，维生素 D_3 330国际单位，维生素 E 24国际单位，维生素 K_3 0.75毫克，维生素 B_1 1.50毫克，维生素 B_2 5.25毫克，维生素 B_{12} 0.026毫克，泛酸15.00毫克，尼克酸22.50毫克，生物素0.075毫克，叶酸0.45毫克，Mn 6.00毫克，Fe 150毫克，Zn 150毫克，Cu 9.00毫克，I 0.21毫克，Se 0.45毫克。

3. 生长猪饲料配方

仔猪进入生长中期，消化器官已经发育健全，能够适应对任何饲料的消化。机体组织快速增长，对营养物质的需求量急剧增加，尤其是肌肉、骨骼组织的快速发育，对蛋白质、能量、钙、磷、矿物质元素的需求都迅速增加。因此，在配制生长中期猪的日粮配方时，饲料的质量要求不是很重要，营养物质的供应量是关键，特别是蛋白质的充足供应是中期仔猪快速生长、缩短猪出栏时间的首要因素。该阶段猪的消化能力强，进食量大，各种谷物、饼粕、副产品都可以选用。花生粕、棉籽粕、菜籽粕以及其他任何国家允许使用的饲料原料，都可以在保证营养平衡的基础上大量应用到猪日粮中。

我国目前饲养的猪品种繁多，商品代与地方品种的杂交组合复杂，猪的生长潜力差异大，设计饲料配方时应该根据所在地区的养猪现状适当修正配方设计时所选择的标准。同时，不同生产目的、不同生产条件、不同经济状况，猪的生产水平各异，要求猪的生长速度有一定差异，结合自己当地的经济、饲料资源和养殖条件，选择适宜的饲料原料、配制低成本的饲料配方是生长中期仔猪饲料配方设计的主要目标。由于该时期猪的生长强度很大，营养物质的需求量大，特别是在利用非常规饲料原料时，配方中可以选择使用相应的添加剂，以提高进食量，改善饲料消化率，促进机体内物质代谢，保证猪的快速健康生长。表3-11参考NRC（1998）营养需要配制的生长猪配方示例。

表3-11　基础饲粮组成和营养水平（风干基础）

原料	含量	营养水平	分析值
玉米/%	65.0	消化能/（兆焦/千克）	13.58
大豆油/%	1.0	粗蛋白质/%	17.33
豆粕/%	22.6	钙/%	0.73
鱼粉/%	2.0	总磷/%	0.56
小麦麸/%	6.0	蛋氨酸/%	0.35
磷酸氢钙/%	1.0	赖氨酸/%	1.10
石灰石粉/%	1.0		
食盐/%	0.4		
预混料/%	1.0		
合计/%	100.0		

注：预混料为每千克饲粮提供维生素A 3000国际单位，维生素D_3 300国际单位，维生素E 38.5国际单位，维生素K_3 1.35毫克，维生素B_1 2.50毫克，维生素B_2 6.5毫克，维生素B_6 3毫克，维生素B_{12} 0.025毫克，烟酸25毫克，泛酸15毫克，生物素0.75毫克，Mn 35毫克，Fe 100毫克，Zn 150毫克，Cu 150毫克，I 0.5毫克，Se 0.3毫克。

4. 育肥猪饲料配方

猪进入育肥期，消化器官已经达到成年猪的功能，对任何饲料的消化能力很强；骨骼组织已经基本长成，对钙、磷、矿物质的需求已经不重要；肌肉组织快速增长已经结束，对蛋白质的需求量逐渐降低；脂肪的沉积能力和体内储存量逐渐增加，日粮配方中碳水化合物的供应显得尤为重要。在继续肌肉增长的同时，使体内快速沉积足够的脂肪是该阶段饲料供应和配方设计的目标。

育肥猪蛋白质需要量逐渐降低，对蛋白质质量要求不高，花生粕、棉籽粕、菜籽粕以及其他任何国家允许使用的蛋白质饲料原料，都可以用于育肥猪蛋白质营养的供应。能量饲料比例加大，各种谷物、加工副产品都可以使用，根据地方资源状况就地取材，是育肥猪配方原料选择的基本要求。继续满足蛋白质需要，以满足肌肉组织的继续增长；提高配方能量水平，满足育肥期脂肪沉积的需要；尽量增加采食量，提高绝对增长速度，缩短育肥期；根据届时行情，选择低廉原料，实现最低成本、最高效益的配方设计。表3-12参考NRC（2012）营养需要配制的育肥猪配方示例。

表3-12　基础饲粮组成和营养水平（风干基础）

项目		70～105日龄	106～140日龄	141～175日龄
原料	玉米 /%	69.32	72.36	74.16
	豆粕 /%	22.29	19.80	17.43
	小麦麸 /%	3.0	3.00	4.00
	大豆油 /%	1.5	1.2	1.2
	磷酸氢钙 /%	1.18	1.12	0.84
	石灰石粉 /%	0.88	0.77	0.80
	食盐 /%	0.3	0.3	0.3
	L-赖氨酸盐酸盐 /%	0.35	0.3	0.2
	L-苏氨酸 /%	0.1	0.09	0.04
	DL-蛋氨酸 /%	0.08	0.06	0.03
	预混料 /%	1.0	1.0	1.0
	合计 /%	100.0	100.0	100.0

项目		70～105日龄	106～140日龄	141～175日龄
营养水平	代谢能/(兆焦/千克)	14.24	14.24	14.24
	粗蛋白质/%	17.21	15.46	14.43
	钙/%	0.66	0.60	0.54
	总磷/%	0.57	0.53	0.49
	赖氨酸/%	1.12	0.98	0.84

注：预混料为每千克饲粮提供维生素A 6000国际单位，维生素D_3 1500国际单位，维生素E 15国际单位，维生素K_3 1.5毫克，维生素B_1 0.9毫克，维生素B_2 3毫克，维生素B_6 1.5毫克，维生素B_{12} 0.01毫克，烟酸17毫克，泛酸9毫克，叶酸0.32毫克，氯化胆碱350毫克，生物素0.02毫克，Mn 20毫克，Fe 90毫克，Zn 50毫克，Cu 8毫克，I 0.25毫克，Se 0.3毫克。

三、饲料配合工艺

1. 原料的粉碎

饲料粉碎属于固体粉碎，固体粉碎是利用机械力使固体物料破碎为大小合适的颗粒或小块的操作。粉碎是提高饲料质量的必要条件，是使饲料得到合理利用的必要手段之一。一般原料及大块饼粕均需进行粉碎，粉碎的细度应根据不同家畜种类、年龄、生理状态及工艺要求而定。从理论上讲，每一种动物在其不同的生理阶段都有其最适粒度，过粗或过细都会对动物消化产生不利影响。如果粉碎过粗，将会影响采食及采食后的物理消化；如果粉碎过细会导致消化道溃疡、降低采食量等营养上的不良后果，而且会大大增加饲料的加工成本。过度粉碎会增加电耗，降低产量，加速设备的磨损。饲料的温度也因筛孔的缩小而升高，从而增加由于水分损失造成的重量损耗。过度粉碎还会增加车间粉尘浓度。粉尘不仅是重量损耗的一个原因，也是粉尘爆炸的一个基本因素。粉尘爆炸造成的损失是灾难性的。生产实践中一般推荐以下粒度范围：哺乳期饲料粉碎力度控制在1.0毫米以下，仔猪及生长育肥猪饲料粒度在1.0毫米左右为宜。

2. 配合饲料的制作

全价饲料和浓缩料的加工方法基本类似。浓缩料占全价料的比例因猪的种类、配方及目的不同有很大变化，一般为10%～40%。全价饲料和浓缩料的加工，根据饲料生产厂家的规模大小、资金情况和场地面积，分半自动化生产工艺和全自动化生产工艺。

（1）半自动化生产工艺　半自动化生产工艺适合生产规模小的饲料厂或大型养猪场，其投资少，占地面积小，在满足必要的质量控制与设备前提下，能充分利用人力资源和饲料厂现有的设施。半自动化的生产工艺主要由配料、混合、通风与除尘、成品包装等工艺组成。

① 配料工艺：浓缩料是由多品种、配量小、价格高的微量组分、蛋白质饲料和载体组成，全价饲料除包括以上原料外，还有用量大的能量饲料。为了保证配料精度，根据物料和称量条件，配备多种配料秤，以保证配料称重的综合误差达到0.01%～0.03%。同时可采用人工配料和自动配料相结合，用机械杠杆秤、台秤或电子秤称量配量小的组分。用容积式或称重式配料装置的自动配料秤称量配量大的组分。前者的特点是较为准确、投资小，但效率低；后者的特点是效率高，但投资大。

② 混合工艺：对饲料厂来说，混合是其最重要的工序之一，也是保证产品质量的关键所在。要求浓缩料在机内的残留量小，以减少微量元素的污染。微量组分原料浓度高，加入量小者，要予以稀释。一般在配制室内设一台小容量的稀释混合机进行原料预稀释，将其稀释到配料称量最大称量的5%以上时，方可混合。另外，原料的投料顺序对混合均匀度的影响也很大，必须严格按照操作顺序进行。先加一部分载体，后加入微量组分，再将剩余载体加入。

③ 通风与除尘：在工作场所应设有脉冲除尘器、吸风罩、

吸风口等装置，并保证输送管道及接缝处密封，以防污染。更换品种时要对设备（料仓、混合机等）进行清洗，并检验原料仓、配料仓和成品仓有无死角、霉变或结块等。

④ 成品包装：成品包装分手工包装和机械包装两种。手工包装劳动强度大、效率低。机械包装设备的出现，大大降低了工人的劳动强度，同时提高了生产效率。机械包装设备有机械自动定量秤、灌装机械、缝袋装置和输送检量装置组成。物料自料仓进入自动秤后，自动秤将物料按定额进行称量，通过自动或手控使物料落入灌装机械所夹持的饲料袋内，然后松开夹袋器，装满饲料的饲料包通过传送带送至缝包处，缝包后仍由传送带送入成品库。

（2）几种半自动化生产工艺简介

① 手工计量主原料，斗式提升机提升能量原料、蛋白质原料和载体，二层平台入料口处要有铁网，并有去铁的磁铁盒。搅拌机采用全开门下料方式。预混处理在工作室的小混合机内提前进行。整体高度一般不超过6米。这一工艺设备投资小，操作简便，能较好利用有限的建筑面积。支柱用工字钢，横梁用槽钢。

② 有电子配料秤，少量原料手工计量。有几个主配料仓，手工或自动打包。此套设备中蛋白质原料及载体进入配料仓，微量组分手工计量，经预混合后再投入大混合机。需配套微粉碎机、振动筛、通风除尘设备和其他辅助设备。提升机为斗式，在电子秤、搅拌机与缓冲仓之间用软连接使之密封，并安有回风管。这样使物料依重力自动下落，节省了绞龙装置或提升机等运输设备，但设备整体高度较高，依产量及料仓容积大小而定，一般在8～15米。

（3）全自动化生产工艺　全自动化生产工艺与配合饲料的生产工艺基本相似，分"先粉碎后配料"和"先配料后粉碎"两种加工工艺，主要由粉碎、配料、混合、输送、除尘、包装、贮存等工艺组成。

①"先粉碎后配料"生产工艺：所谓先粉碎后配料生产工艺是指将粒（块）状原料先进行粉碎，然后再进入料仓进行配料、混合等其他工序。这是一种最常用的加工工艺，目前国内多采用此种工艺。生产工序为原料的接收与清理→粉碎→自动配料→配料的混合→成品包装。先粉碎后配料生产工艺的优点如下。

a. 粉碎机可置于容量较大的待粉碎仓之下，原料供给充足，机器始终处于满负荷生产状态，呈现良好的工作特性。

b. 分品种粉碎，可针对原料的不同物理特性及饲料配方的粒度要求调整筛孔大小，还可以配有不同型号粉碎机或在粉碎机前配一破碎机以获得最大经济效益。

c. 粉碎工序之后配有大容量料仓，贮存能力强，所以粉碎机的短期停机维修不会影响整个生产。

d. 装机容量低。

先粉碎后配料生产工艺的缺点如下。

a. 料仓数量多，投资较大。

b. 经粉碎后粉料在配料仓中易结拱，所以对仓斗的形状要求较高。

②"先配料后粉碎"生产工艺：此种生产工艺是指将原料先计量配料，然后进行粉碎、混合、打包等工艺。生产工序为原料的接收与清理→配料→粉碎→混合→成品包装。

先配料后粉碎生产工艺的优点如下。

a. 原料仓兼作配料仓，可省去大量中间配料仓及其控制设备，简化了流程。

b. 避免了中间粉状原料在配料仓的结拱现象。

先配料后粉碎生产工艺的缺点如下。

a. 装机容量比先粉碎工艺增加20%～50%，动力消耗高5%～12.5%。

b. 一旦粉碎机发生故障，会影响整个生产。

c. 微量组分在粉碎中会分离或飞散，所以微量组分直接添加在混合机内。

（4）几种全自动化生产工艺简介　粉碎的动物性蛋白质经提升机、分配器进入料仓，能量饲料和植物性蛋白质一般为饼状或块状，需经破碎机破碎，再经过粉碎机粉碎后，自提升机、分配器进入料仓，由大配料秤称量后送入搅拌机中。添加剂预混料直接倒入搅拌机。搅拌一定时间后，搅拌机将这些混合均匀的浓缩饲料卸入打包机，称量后打包。

颗粒饲料的生产工艺与精料配合料的生产工艺相比，只是多了一个制粒工艺。制粒工艺是制粒工程中最关键、最复杂的环节，它直接影响颗粒饲料的质量和产量，包括调质工艺、制粒工艺和冷却工艺，制粒工艺又分环模制粒机制粒工艺和平模制粒机制粒工艺两种。

①调质工艺　调质是制粒过程中的重要环节，调质的好坏直接影响颗粒饲料的质量。调质的目的是将配合好的干粉料调制成具有一定水分、温度和利于制粒的粉状饲料，一般是通过加入蒸汽来完成调质过程。

调质包括蒸汽供给调节系统和调质系统。蒸汽供给是由锅炉来完成的，常用的蒸汽锅炉有燃煤锅炉和燃气锅炉两种。燃煤锅炉操作复杂，污染严重，能量损耗大；燃气锅炉操作简单，能量利用率高，污染小，目前被普遍采用。蒸汽供给量可按产量的5%确定。锅炉工作压力应当维持在0.55～0.69兆帕。从锅炉出来的蒸汽通过蒸汽管路进入调质器，由于不同类型饲料需要的蒸汽压力不同，其大小可由蒸汽管路来调节。输入调节器的蒸汽必须是饱和蒸汽，避免使用湿蒸汽。调制器的旋转搅拌使得蒸汽和干粉料充分混合，达到调质的目的。

②环模制粒机制粒工艺　制粒机工作时，粉料先进入喂料器。喂料器内设有控制装置，控制着进入调制器的粉料量和均匀性，其供料量随制粒机的负荷进行调节。若负荷较小，就加大喂料器的旋转，反之则减小喂料器的旋转。喂料器调节范围一般在0～150转/分钟。在调质器内，粉料与蒸汽混合，此时

通入调质器的蒸汽量要根据粉料的物理性质和喂料量来确定。经过一段时间调质后，调质均匀的物料先通过保安磁铁去杂，然后被均匀地分布在压辊和压模之间，由供料区经压紧区进入挤压区，被压辊钳入模孔连续挤压成形，成为柱状饲料，随着压模回转，被固定在压模外面的切刀切成颗粒饲料。

③ 平模制粒机制粒工艺　制粒机工作时，物料由进料斗进入喂料螺旋。喂料螺旋由无级变速器控制转速来调节喂料量，保证主电机的工作电流在额定负荷下工作。物料经喂料螺旋进入搅拌器，在此加入适当比例的蒸汽充分混合，混合后的物料进入制粒系统，位于压粒系统上部的旋转分料器均匀地把物料撒布在压模表面，然后由旋转的压辊将物料压入模孔并从底部压出。经模孔出来的棒状饲料由旋转切刀切成要求的长度，最后通过出料圆盘以切线方向排出机外。

④ 冷却工艺　按照空气介质和颗粒料的流动方向分为逆流冷却和顺流冷却，两种冷却工艺都能将颗粒料冷却干燥到要求的温度和水分，但对加工质量却有不同的影响。

a. 逆流冷却工艺　逆流冷却工艺是空气的流动方向和颗粒饲料的流动方向相反的一种冷却工艺。刚刚脱离颗粒机的粒料温度高、湿度大，与之相遇的空气已经与前面的饲料发生湿热交换，其温度较高，水分较大，物料和空气间的温差不大，两者发生的湿热交换过程比较平稳。因此，这种冷却工艺制得的颗粒料表面光滑，粉化率低，耐水时间长。

b. 顺流冷却工艺　顺流冷却工艺是空气的流动方向和颗粒饲料的流动方向相同的一种冷却工艺。刚刚脱离颗粒机的粒料温度高、湿度大，而与之相遇的却是温度低、水分少的空气，物料和空气间的温度、水分差别较大，两者发生的湿热交换过程比较激烈，最终导致产品表现干燥不完全，制得的颗粒料表面不光滑，粉化率高，耐水时间短。因此，实际工作中宜选择逆流冷却工艺。

第四章

猪的饲养管理

规模化养猪的效益在于"精细化"的管理，成败在于疫病的防控是否得当。俗话说得好："三分喂、七分管"，充分说明饲养管理的重要性。管理得好，猪就长得快，疾病少，效益高。猪的饲养管理可分为四个主要阶段，即种猪、哺乳仔猪、断奶仔猪和生长育肥猪的饲养管理。本章主要论述通过改善猪的饲养管理，以期达到提高猪的生产性能和经济效益的目的。

第一节　种猪的饲养管理

种猪不是一个单独的物种，而是家猪中专门用于繁殖的雄性（种公猪）和雌性（种母猪）亲猪。种猪是种用亲猪的简称，也就是区别于肉猪（主要用于宰杀取肉），主要用途是用于繁殖仔猪。种猪包括种公猪和种母猪，饲养种猪的目的是让它们持续不断地繁殖大量的断奶仔猪，提高猪场的经济效益。种猪的生产性能高主要表现在繁殖能力上，公猪的射精量大、配种能力强；母猪常年多次发情，任何季节均可配种产仔，而且是多胎高产。随着科技的进步和猪饲养管理水平的提高，猪的饲养模式由传统的农户散养，逐渐转为集约化、规模化养殖为主。在集约化养殖模式下，猪场被视为生产和哺育仔猪的机器，饲料是生产原料，产品就是肉猪。种猪是养殖的基础，养好种猪是养猪生产的关键。

一、母猪的饲养管理

母猪是产过仔的任何年龄的雌性猪。饲养母猪的目的就是产仔，提高母猪的饲养管理水平就是使母猪多产仔、产壮仔、仔猪成活率高，降低断奶仔猪的成本，促进母仔健康成长。母猪的繁殖是一个复杂的生理过程，不同的生理阶段需要采取不同的饲养管理措施。繁殖母猪待仔猪断奶后进入空怀期，发情配种后进入妊娠期，分娩后进入哺乳期，断奶后又进入空怀期，母猪就这样不间断地进行繁殖生产。每一阶段都有明确的任务和不同的生理特点。当母猪的繁殖能力下降或失去繁殖能力、无利用价值时，就会被淘汰，由选留的后备母猪更新换代。

（一）营养水平直接影响母猪的生产性能

全价均衡营养是繁殖猪群获得最大生产力和经济效益的基础，因为优秀的生产性能是由遗传和环境共同作用的结果。只有给予母猪全面均衡营养以及适宜的生活环境，母猪的繁殖性能才能得以充分发挥出来。

1. 优质饲料的重要性

在营养上，妊娠与泌乳期是整个养猪生产周期的关键时期。只有给予高质量的饲料，提供足够的养分，才能满足胎儿生长、子宫生长、乳房发育、身体生长、奶的生产和哺乳期体况的补充。

2. 营养缺乏或过剩的影响

明显的营养不足或过剩都会影响母猪的繁殖性能，在饲料中能量和蛋白质的不足，背膘的储存就会减少，体重下降，影响母猪的受胎率，延长了断奶到再配的时间。维生素和矿物质的明显不足或过剩，也会降低繁殖性能，例如维生素A不足，将导致母猪吸收胎儿或生产病弱、畸形仔猪。

（二）后备母猪的饲养管理

仔猪培育结束至初次配种前是后备母猪的培育阶段，要想得到性能优良的繁殖母猪，必须选育和培育好后备母猪。为使繁殖母猪持续地保持较高的繁殖性能，每年都要淘汰部分年老体弱、繁殖性能低下以及有其他机能障碍的母猪，这也需要补充后备母猪，从而可以保证繁殖母猪群的规模并形成以青壮龄母猪为主体的结构比例。因此后备母猪的选择和培育是提高猪群生产水平的重要环节。

1. 后备母猪的选择

（1）生长发育快　应选择生长速度快、饲料利用率高的个体。在后备母猪限饲前（如2月龄、4月龄）选择时，既利用本身成绩，也利用同胞成绩；限饲后主要利用育肥测定的同胞成绩。

（2）体质外形好　后备母猪应体质健壮，无遗传疾患，审查确定其母本和父本亦无遗传疾患。体形外貌具有相应品种的典型特征，如毛色、头形、耳形、体形等，特别强调的是应有足够的乳头数，且乳头排列整齐，无瞎乳头和副乳头。

（3）繁殖性能高　繁殖性能是后备母猪非常重要的性状，后备母猪应选自产仔数多、哺育率高、断乳体重大的高产母猪的后代。同时应具有良好的外生殖器官，如阴户发育较好，配种前有正常的发情周期，而且发情征候明显。

2. 后备母猪的选择时期

后备母猪的选择大多是分阶段进行的。

（1）2月龄选择　2月龄选择是窝选，就是在双亲性能优良、窝内仔猪数多、哺育率高、断乳体重大而均匀、同窝仔猪无遗传疾患的一窝仔猪中选。2月龄选择时由于猪的体重小，容易发生选择错误，所以选留数目较多，一般为需要量的2～3倍。

（2）4月龄选择　主要是淘汰那些生长发育不良、体质差、体形外貌有缺陷的个体。这一阶段淘汰的比例较小。

（3）6月龄选择　根据6月龄时后备母猪的生长发育状况，胴体性状的测定成绩进行选择。淘汰那些身体发育差、体形外貌差的个体以及同胞测定成绩差的个体。淘汰那些发情周期不规律、发情征候不明显以及非技术原因造成的2～3次配种不孕的个体。

3. 后备母猪的生长发育控制

猪的生长发育有其固有的特点和规律，从外部形态至各种组织器官的机能，都有一定的变化规律和彼此制约的关系。如果在猪的生长发育过程中进行人为控制和干预，就可以改变猪的生长发育过程，满足生产中的不同需求。

后备猪培育与商品肉猪生产的目的和途径皆有不同，商品肉猪生产是利用猪出生后早期骨骼和肌肉生长发育迅速的特性，充分满足其生长发育所需的饲养管理条件，使其能够具有较快的生长速度和发达的肌肉组织，实现提高猪瘦肉产量、品质及生产效率的目的。

后备猪培育则是利用猪各种组织器官的生长发育规律，控制其生长发育所需的饲养条件，如饲粮营养水平、饲粮类型等，改变其正常的生长发育过程，保证或抑制某些组织器官的生长发育，从而实现培育出形态良好、体质健壮、消化、繁殖等机能完善的后备猪的目的。

后备母猪生产发育控制的实质是控制各组织器官的生长发育，外部反映在体重、体形上，因为体重、体形是各种组织器官生长发育的综合结果。后备母猪生长发育控制的目标是使骨骼得到较充分的发育，肌肉组织生长发育良好，脂肪组织的生长发育适度，同时保证各器官系统的充分发育。

4. 后备母猪的饲养

（1）合理配制饲粮　按后备母猪不同的生长发育阶段合理地配制饲粮。应注意饲粮中能量浓度和蛋白质水平，特别是矿物质元素、维生素的补充，否则容易导致后备母猪过瘦、过肥、骨骼发育不充分等。

（2）合理饲养　后备母猪需采取前高后低的营养水平，后期的限制饲喂极为关键，通过适当的限制饲喂既可保证后备母猪良好的生长发育，又可控制体重的高速增长，防止过度肥胖，但应在配种前2周结束限量饲喂，以提高排卵数。

5. 后备母猪的管理

（1）合理分群　后备母猪一般为群养，每栏4～6头，饲养密度要适当，生长发育整齐。

（2）适当运动　为强健体质，促使猪体发育匀称，特别是增强四肢的灵活性和坚实性，应安排后备母猪适当运动。运动可在运动场内自由活动，也可放牧运动。

（3）调教　为方便繁殖母猪的饲养管理，后备母猪培育时就应进行调教。使其形成良好的生活规律，如定时饲喂、定点排泄等，有利于以后的配种、接产、产后护理等管理工作。

（4）定期称重　定期称量个体体重既可作为后备母猪选择的依据，又可根据体重适时调整饲粮营养水平和饲喂量，从而达到控制后备母猪生长发育的目的。

6. 后备母猪的初配年龄和体重

后备母猪生长发育到一定年龄和体重，便有了性行为和性功能，称为性成熟。后备母猪到达性成熟后虽具备了繁殖能力，但猪体各组织器官还未发育完善，如过早配种，不仅影响第一胎的繁殖成绩，还将影响猪体自身的生长发育，进而影响以后各胎的繁殖成绩，并且利用年限较短；但也不宜配种过晚，配种过晚，体重过大，会增加后备母猪发生肥胖的概率，同时会增加后备母猪的培育费用。

后备母猪适宜的初配年龄和体重因品种和饲养管理条件不同而异。一般来说，早熟的地方品种出生后6～8月龄、体重50～60千克即可配种，晚熟的培育品种应在9～10月龄、体重100～120千克开始配种。如果后备母猪的饲养管理条件较差，虽然月龄达到初配要求而体重较小，最好适当推迟初配时间；如果饲养管理条件较好，虽然体重达到初配体重要求，而月龄尚小，最好通过调整饲粮营养水平和饲喂量来控制体重，待月龄达到要求再进行配种。最理想的是使后备母猪年龄和体重同时达到初配的要求。

（三）妊娠母猪的饲养管理

从精子与卵子结合、胚胎着床、胎儿发育直至分娩，这一时期称为妊娠期；对新形成的生命个体来说，称为胚胎期。妊娠母猪既是仔猪的生产者，又是营养物质的最大消费者，妊娠期约占母猪整个生产周期的2/3。因此，妊娠母猪饲养管理任务是以最少的饲料保证胎儿在母体内得到正常的生长发育，防止流产，同时保证母猪有较好的体况，为产后初期泌乳及断乳后正常发情打下基础。

1. 胚胎的生长发育规律

猪的受精卵只有0.4毫克，初生仔猪重1.2千克左右，整个胚胎期的重量增加200多万倍，而出生后期的增加只有几百倍，可见胚胎期的生长强度远远大于出生后期。

进一步分析胚胎期的生长发育情况可以发现，胚胎期前1/3时期胚胎重量的增加很缓慢，但胚胎的分化很强烈，而胚胎期的后2/3时期，胚胎重量的增加很迅速。加强母猪妊娠前、后两期的饲养管理是保证胚胎正常生长发育的关键。

母猪一般排卵20～25枚，卵子的受精率高达95%以上，但产仔数只有11头左右，这说明近30%～40%的受精卵在胚胎期死亡。胚胎死亡一般有以下三个高峰期。

一是妊娠前30天内的死亡。精子和卵子结合后，在输卵管、子宫内游动直至着床，此过程易受各种因素的影响而死亡，如近亲繁殖、饲养不当、热应激、产道感染等，这是胚胎死亡的第一个高峰期。

二是妊娠中期的死亡。妊娠60～70天后胚胎生长发育加速，由于胚胎在争夺胎盘分泌的某种有利于其发育的蛋白质类物质而造成营养供应不均，致使一部分胚胎死亡或发育不良。此外，粗暴地对待母猪，如鞭打、追赶以及母猪间互相拥挤、咬架等，都能通过神经刺激而干扰子宫血液循环，减少对胚胎的营养供应，增加死亡概率。这是胚胎死亡的第二个高峰期。

三是妊娠后期和临产前的死亡。此期胎盘停止生长，而胎儿迅速生长，或由于胎盘机能不健全，胎盘循环失常，影响营养物质通过胎盘不足以供给胎儿发育所需营养而致胚胎死亡。同时母猪临产前受不良刺激，如挤压、剧烈活动等，也可导致脐带中断而死亡。这是胚胎死亡的第三个高峰期。

胚胎存活率高低，表现为窝产仔数。影响胚胎存活率高低的因素很多，也很复杂，主要有以下几种。

（1）遗传因素　不同品种猪的胚胎存活率有一定的差异。据报道，梅山猪在妊娠30日龄时胚胎存活率（85% ~ 90%）高于大白猪（66% ~ 70%），其原因与其子宫内环境有很大关系。

（2）近交与杂交　近交往往造成胚胎存活率降低，畸形胚胎比例增加。因此在商品生产群中要竭力避免近亲繁殖。杂交表现出明显的杂种优势，杂交能使窝产仔数增加15%以上。因此在商品猪生产中应尽量利用母猪的杂交优势。

（3）母猪年龄　在影响胚胎存活率的诸多因素中，母猪的年龄是一个影响较大、最稳定、最可预见的因素。一般规律是：第五胎以前，窝产仔数随胎次的增加而递增，至第七胎保持这一水平，第七胎后开始下降。因此要注意淘汰繁殖力低的老龄母猪，由壮龄母猪构成繁殖群。

（4）公猪的精液品质　在公猪精液中，精子占2% ~ 5%，每毫升精液中约有1.5亿个精子，正常精子占大多数。精子密度过低、死精子或畸形精子过多、pH过高或过低、颜色发红或发绿等均属异常精液，用产异常精液的公猪进行配种或人工授精，会降低受精率，使胚胎死亡率升高。选择精液质量优良的种公猪进行配种或人工授精，可提高胚胎存活率。

（5）母猪体况及营养水平　母猪的体况及饲料营养水平对

母猪的繁殖性能有直接的影响。母体过肥、过瘦都会使排卵数减少，胚胎存活率降低。妊娠母猪过肥会导致卵巢、子宫周围过度沉积脂肪，使卵子和胚胎的发育失去正常的生理环境，造成产仔少，弱小仔猪比例上升。在通常情况下，妊娠前期、中期容易造成母猪过肥，尤其是在缺少青绿饲料的情况下，危害更为严重。母体过瘦，也会使卵子、受精卵的活力降低，进而使胚胎的存活率降低。中上等体况的母猪，胚胎成活率最高。

（6）温度 高温或低温都会降低胚胎存活率，尤以高温的影响较大。在32℃左右的温度下饲养妊娠25天的母猪，其活胚胎数要比在16℃温度条件下饲养的母猪约少3个。因此，猪舍应保持适宜的温度（16～22℃），相对湿度以70%～80%为宜。

（7）其他因素 母猪配种前的短期优饲，配种时采用复配法，建立良好的卫生条件以减少子宫的感染机会，严禁鞭打，合理分群防止母猪互相拥挤、咬架等，均可提高母猪的产仔数。

2. 妊娠母猪的饲养

（1）确定适宜的饲养方式 根据母猪及母体内胚胎的生理特点饲养妊娠母猪。整个妊娠期有两个关键时期，即妊娠初期和妊娠后期。妊娠初期是受精卵着床期，营养需要量虽不是很大，但要营养均衡全面，尤其是对维生素、矿物质要求很严格。后期胚胎生长发育较快，对营养物质的需要量很大。

因此，妊娠母猪的饲养方式有以下几种。

①"抓两头、顾中间"的饲养方式 这种饲养方式适用于断乳后体况较差的母猪。母猪经过分娩和一个哺乳期后，营养消耗很大，为使其担负下一阶段的繁殖任务，必须在妊娠初期加强营养，使它迅速恢复繁殖体况，这个时期连同配种前7～10天共计1个月左右，应加喂精料，特别是富含维生素的饲料，待体况恢复后加喂青粗饲料或减少精料，并按饲养标准饲喂，直至妊娠80天后，再加喂精料，以增加营养供给。这种饲养方式，形成了"高—低—高"的营养水平，后期的营养水平应高于妊娠前期。

② 逐渐增加的饲养方式　这种方式适用于青年母猪和哺乳期配种的母猪，在整个妊娠期间的营养水平，是根据母猪自身的生长发育需要及胚胎体重的增长而逐步提高的，在分娩前一个月左右达到最高峰。这种饲喂方法是随着妊娠期的延长，逐渐增加精料比例，并增加蛋白质和矿物质饲料，到产前3～5天逐渐减少饲料日喂量。

③ 前低后高的饲养方式　对配种前体况较好的经产母猪可采用此方式。按照配种前期营养需要在饲粮中多喂青粗饲料或控制精料给量，使营养水平基本上能满足胚胎生长发育的需要。到妊娠后期，由于胎儿生长发育加快，营养需要量加大，故应加喂精料，以满足胎儿生长发育的营养需要。

无论采用哪种方式，都应防止母猪过瘦或过肥，使妊娠期增重控制在30～40千克为宜。根据妊娠母猪的实际体况，合理调配营养水平。

根据多年的养猪经验，母猪应采取"低妊娠、高泌乳"的营养方式。母猪在妊娠期的增重，青年母猪以40～45千克、成年母猪以30～35千克为宜，且增重在妊娠前期、后期几乎各占一半，后期略高。前期以母体自身增重占绝大部分，子宫内容物的增加极少，后期母体增重相对较少，子宫内容物增加相对增多，这是因为胎儿重量的2/3是在妊娠的后1/4时间增长的。

（2）供给青粗饲料　实践证明，在满足饲粮能量、蛋白质的前提下，供给适当的青绿粗饲料，可获得良好的繁殖成绩，单纯利用精料和以精料为主的饲养方法并不优越。青绿饲料可补充精饲料中维生素、矿物质的不足，并可降低饲料成本。欲以青粗饲料代替部分精料时，可按每日营养需要量及日采食量来确定青粗饲料比例，一般在妊娠母猪的饲料中精料和青粗料的比例可按1：（3～4）投给。

（3）适当的饲料体积　适当的饲料体积使母猪既有饱腹感，又不致压迫胎儿。青饲料含水多、体积大，粗饲料含纤维多、适口性差，要注意青粗饲料的加工调制（如打浆、切碎、青贮等）和增加饲喂次数。

（4）供给充足的饮水　在整个妊娠期间应保证供给充足洁净的饮水，特别是用生干料饲喂的情况下更应如此。

（5）保证饲料卫生，防止死胎和流产　严禁饲喂发霉、腐败、变质、冰冻及带有毒性和强烈刺激性的饲料，如菜籽饼、棉籽饼等不脱毒不能喂，酒糟内有酒精残留，会对妊娠母猪产生一定的危害。注意食槽的清洁卫生，一定要在清除变质的剩料后，再投喂新料。

3. 妊娠母猪的管理

（1）做好保胎工作　促进胎儿的正常发育，防止机械性流产。

1）合理分群　在生产中，妊娠母猪多合群饲养，以便提高圈舍的利用率。应按母猪大小、强弱、体况、配种时间等进行分群，以免大欺小、强欺弱。妊娠前期，每个圈栏可养3～4头，妊娠中期每圈2～3头，妊娠后期宜单圈饲养，临产前5～7天转入分娩舍。

2）适当运动　在妊娠的第一个月，关键是恢复母猪体力，此期重点是安排好营养供给，保证充分休息，少运动。一个月后，妊娠母猪每天应自由运动2～3小时，以增强其体质，接受充足阳光。妊娠后期应适当减少运动，临产前5～7天停止运动；适当的运动可以降低难产的发生率。

3）减少和防止各种有害刺激　对妊娠母猪粗暴、鞭打、强度驱赶、跨沟、咬架以及挤撞等容易造成母猪的机械性流产。

4）防暑降温及防寒保温　在气候炎热的夏季，应做好防暑降温工作，减少驱赶运动。高温不仅引起部分母猪不孕，还易引起胚胎死亡和流产。母猪妊娠初期，尤其是第一周遇高温（32～39℃）即使只有24小时也可增加胚胎死亡，第三周以后母猪的耐热性增加，因此在盛夏酷热季节应采取防暑降温措施，如洒水、搭凉棚、运动场边植树等，以防止热应激造成胚胎死亡，提高产仔数。冬季则应加强防寒保温工作，防止母猪感冒发烧引起死胎或流产。

5）预防疾病性流产和死产　猪流行性日本脑炎、细小病毒病、流行性感冒等疾病均可引起流产或死产，应按合理的免疫程序进行免疫接种，预防流产的发生。

6）注意保持猪体卫生，防止猪虱和皮肤病的发生　皮肤病不仅影响妊娠母猪的健康，而且分娩后也会传染给仔猪。

（2）母猪分娩前的准备　分娩条件对母猪、仔猪的影响均较大，应做好相应的准备工作。

1）分娩舍　根据推算的母猪预产期，应在母猪分娩前5～10天准备好分娩舍。

一要保温，舍内温度最好控制在15～18℃。寒冷季节舍内温度较低时，应有采暖设备（暖气、火炉等），同时应配备仔猪的保温装置（护仔箱等）。垫草干燥、柔软、清洁，长短适中。炎热季节应防暑降温和通风，若温度过高，通风不好，对母猪、仔猪均不利。

二要干燥，舍内相对湿度最好控制在65%～75%。

三要卫生，母猪进入分娩舍前，要进行彻底的清扫、冲洗、消毒工作，清除粪便、污物，并用2%火碱水溶液刷洗消毒，然后用清水冲洗。

此外，分娩舍要求安静，阳光充足、空气新鲜、产栏舒适，否则易使分娩推迟，分娩时间延长，仔猪死亡率增加。

2）母猪引进分娩舍　为使母猪适应新的环境，应在产前3～5天将母猪赶入分娩舍。在母猪进入分娩舍前，要对猪体尤其是腹部、乳房、阴户周围进行清洗。母猪进栏后，饲养员应训练母猪，使之养成在指定地点趴卧、排泄的习惯。

3）准备分娩用具　分娩前应准备以下用具和药物：洁净的毛巾、剪刀、0.5%碘伏、高锰酸钾溶液（消毒剪断的脐带）、凡士林油、秤、耳号钳及分娩记录卡等。

4）产前母猪的饲养管理

① 合理饲养　根据母猪体况投料，适当地增加或减少饲喂

量，应停用不易消化的饲料，而用一些易消化的饲料。产前可饲喂麸皮粥等轻泻性饲料，防止母猪便秘、乳腺炎、仔猪下痢。

② 悉心管理　产前一周应停止驱赶运动和大群放牧，以免由于母猪间互相挤撞造成死胎或流产。

饲养员应有意多接触母猪，并按摩母猪乳房，以利于母猪产后泌乳、接产和对仔猪的护理。产前一周左右，应随时观察母猪产前征兆，尤其是加强夜间看护工作，以便及时做好接产准备。

（3）母猪的分娩

1）产前征兆　母猪临产前在生理上和行为上都发生一系列变化（产前征兆），掌握这些变化规律既可防止漏产，又可合理安排时间。因此，饲养员应注意掌握母猪的一些产前征兆。

一是腹部膨大下垂，乳房膨胀有光泽，两侧乳头外张；从后面看，最后乳头呈"八"字形，用手挤压有乳汁排出。

二是母猪阴户松弛红肿，尾根两侧开始凹陷，母猪表现出站卧不安，时起时卧，闹圈。一般出现这种现象后6～12小时产仔。

三是频频排尿，阴部流出稀薄黏液，母猪侧卧，四肢伸直，阵缩时间逐渐缩短，呼吸急促，表明即将分娩。

归纳起来为：行动不安、起卧不定、食欲减退、衔草做窝、乳房膨胀具有光泽、挤出奶水、频频排尿。出现这些征兆，一定要安排专人看护，做好接产准备工作。

2）分娩过程　分娩是借子宫和腹肌的收缩，把胎儿及其附属膜（胎衣）排出来。分娩过程可分为准备阶段、排出胎儿、排出胎盘及子宫复原四个阶段。

① 准备阶段　在准备阶段前，子宫相当安稳，可利用的能量储备达到最高水平。准备阶段以子宫颈的扩张和子宫纵肌及环肌的节律性收缩为特征。随着时间的推移，收缩频率、强度和持续时间增加，一直到以每隔几分钟重复地收缩。

② 排出胎儿　膨大的羊膜同胎儿被迫进入骨盆入口，随着

子宫和腹肌的收缩，在羊膜里的胎儿即通过阴门。

③ 排出胎盘　在胎儿排出后，母猪即安静下来，在子宫主动收缩下使胎衣排出。

一般正常的分娩间歇时间为5～25分钟，分娩持续时间依胎儿多少而有所不同，一般为1～4小时。在仔猪全部产出后10～30分钟胎盘排出。

④ 子宫复原　胎儿和胎盘排出以后，子宫恢复到正常未妊娠时的大小，这个过程称为子宫复原。在产后几周内子宫的收缩更为频繁，这些收缩的作用是缩短已延伸的子宫肌细胞，大致45天以后，子宫恢复到正常大小，而且子宫上皮也逐步更新。

（4）母猪的接产技术　接产是分娩母猪管理的重要环节，一般分娩多在夜间，安静的环境对临产母猪非常重要，对分娩时的母猪更为重要。因此在整个接产过程中，要求安静，以免刺激母猪，引起母猪不安，影响正常分娩。接产人员必须将指甲剪短、磨光、洗净双手。

1）助产　胎儿娩出后，用左手握住胎儿，右手将连于胎盘的脐带在距离仔猪腹部3～4厘米处用手掐断或用剪刀剪断，在断处涂抹碘伏消毒。用洁净的毛巾迅速擦去仔猪鼻端和口腔内的黏液，防止仔猪憋死或吸进液体呛死，然后彻底擦干仔猪全身黏液。尤其在冬季，擦得越快越好，以促进血液循环和防止体热散失，并迅速将仔猪移至安全、保温的地方。留在腹部的脐带3天左右即可自行脱落。

2）救助假死仔猪　生产中常常遇到分娩出的仔猪全身松软，不呼吸，但心脏及脐带基部仍在跳动，这样的仔猪称为假死仔猪。一般来说，心脏、脐带跳动有力的假死仔猪经过救助大多可救活。

3）难产处理及预防　母猪分娩过程中，胎儿不能顺利产出的称为难产。母猪分娩一般都很顺利，但有时也发生难产，若不及时采取措施，可能造成母仔双亡，即使母猪幸存下来，也常发生生殖器官疾病，导致不育。

4）清理胎衣及被污染的垫草 母猪在产后半小时左右排出胎衣，母猪排出胎衣，表明分娩已结束，此时应立即清除胎衣。若不及时清除胎衣，被母猪吃掉，可能会引起母猪食仔的恶习。污染的垫草等也应清除，换上新垫草，同时将母猪阴部、后躯等处血污清洗干净、擦干。胎衣也可利用，将其切碎煮汤，分数次喂给母猪，以利母猪恢复和泌乳。

5）剪牙、编号、称重并登记分娩卡片 仔猪的犬齿（上、下颌左右各两颗）容易咬伤母猪乳头，应在仔猪出生后剪掉。编号便于记载和辨认，对种猪具有重要意义，可以搞清猪只来源、发育情况和生产性能。编号后应及时称重并按要求填写分娩卡片。

（四）母猪产后初期的护理

分娩之后，经过一段时间母体（主要是生殖器官）在解剖和生理上恢复原状，一般称为产后期。在分娩和产后期中，母猪整个机体，特别是生殖器官发生着迅速而剧烈的变化，机体的抵抗力下降。产出胎儿时，子宫颈开张，产道黏膜表层可能造成损伤；产后子宫内又存有恶露，都为病原微生物的侵入和繁殖创造了条件。因此，对产后期的母猪应进行妥善的饲养管理，以促进母猪尽快恢复正常。

1. 饲养

（1）饮水 分娩过程中，母猪的体力消耗很大，体液损失多，常表现疲劳和口渴，所以在母猪产后，最好立即给母猪饮用温淡盐水，或饮热的麸皮盐汤，补充体液。

（2）饲养 母猪产后8～10小时内原则上可不喂料，只喂给温盐水或稀粥状的饲料。分娩后，由于母猪体质较虚弱，代谢功能较差，饲料不能喂得过多；且饲料的品质应该是营养丰富、容易消化的。逐渐增加饲料给量，至一周左右按哺乳期饲喂量投喂。为促进母猪消化，改善乳质，防止仔猪下痢，可在母猪产后一周内每天喂给25克左右的小苏打，分2～3次于饮水中投给。对粪便干硬有便秘趋势的母猪，应多给饮水或喂给有轻泻作用的饲料。

（3）催乳　有的母猪产后无奶或奶量不足，应及时进行催乳，否则将导致仔猪发育迟缓甚至饿死。可喂给母猪小米粥、豆浆、胎衣汤、小鱼小虾汤等。对膘情好而奶量不足的母猪，除喂给催乳饲料外，亦可采用中药催乳。

2. 管理

（1）保持产房卫生和安静　要保持产房温暖、干燥和卫生。如产房条件恶劣、产栏不卫生均可能造成母猪产后感染，表现恶露多、发烧、食欲降低、乳量下降或无乳，如不及时治疗，轻者导致仔猪发育缓慢，重者可致仔猪全部饿死。

（2）运动　从产后第3天起，若天气晴好，可让母猪带仔猪或单独到户外自由活动，对母猪恢复体力、促进消化和泌乳等均有益处。

（五）哺乳母猪的饲养管理

母乳是仔猪出生后20天内的主要营养物质来源，母猪的泌乳力决定仔猪的育成率和生长速度。因此，哺乳母猪饲养管理的基本任务是保证母猪能够分泌充足的乳汁，同时使母猪保持适当的体况，保证母猪在仔猪断乳后能正常发情与排卵，进入下一个繁殖周期。

1. 提高母猪的泌乳力

（1）母猪的泌乳量　母猪一次泌乳量250～400克，整个泌乳期可产乳250～500千克，每天泌乳5～9千克。整个泌乳期泌乳量呈曲线变化，一般约在分娩5天后开始上升，至15～25天达到高峰，之后逐渐下降。仔猪有固定乳头吸吮的习性，可通过人工辅助将弱小仔猪放在前面的几对乳头上，从而使同窝仔猪发育均匀。

（2）泌乳次数和泌乳间隔时间　母猪泌乳次数随着产后天数的增加而逐渐减少，一般在产后10天左右泌乳次数最多。在同一品种中，日泌乳次数多的，泌乳量也高，但在不同品种中，日泌乳次数和泌乳量没有必然的联系。

（3）乳的成分　母猪的乳汁可分为初乳和常乳。初乳通常是产后3天内的乳，3天后的乳为常乳。初乳中干物质、蛋白质含量较高，而脂肪含量较低。初乳中含镁盐，具有轻泻作用，可促使仔猪排出胎粪和促进消化道蠕动，因而有助于消化活动。初乳中含有免疫球蛋白和维生素等，能增强仔猪的抗病能力。因此，仔猪出生后及时吃到初乳是非常必要的。

（4）影响母猪泌乳量的因素　影响母猪泌乳量的因素包括遗传和环境两大类，如品种（系）、年龄（胎次）、窝带仔数、分娩季节、营养与饲料及管理等。

① 品种（系）　品种（系）不同，泌乳力也不同，一般规律是大型肉用型或兼用型猪种的泌乳力较高，小型脂肪型猪种的泌乳力较低。

② 年龄（胎次）　在一般情况下，初产母猪的泌乳量低于经产母猪，一般来说，母猪的泌乳从第二胎开始上升，以后保持一定水平，6～7胎后有下降趋势。我国繁殖力高的地方猪种，泌乳量下降较晚。

③ 窝带仔数　母猪一窝带仔数多少与其泌乳量关系密切，窝带仔数多的母猪，泌乳量也大，但每头仔猪每日吃到的乳量相对较少。母猪必须经过仔猪的拱乳刺激脑垂体后叶分泌催产素才放乳，而未被吃乳的乳头分娩后不久即萎缩，因而带仔数多，泌乳量也多。

④ 分娩季节　春秋两季，天气温和凉爽，青绿饲料多，母猪食欲旺盛，其泌乳量一般较多。夏季虽青绿饲料丰富，但天气炎热，影响母猪的体热平衡，冬季严寒，母猪体热消耗过多。

⑤ 营养与饲料　母乳中的营养物质来源于饲料，若饲料中营养水平不能满足母猪的需求，母猪的泌乳潜力就得不到充分发挥，因此饲粮营养水平是决定泌乳量的主要因素。

⑥ 管理　干燥、舒适而安静的环境对泌乳有利。哺乳舍内应保持清洁、干燥、安静，禁止喧哗和粗暴地对待母猪，以免

干扰母猪的正常泌乳。

2. 哺乳母猪的饲养

母猪泌乳期间的饲料需要量包括维持需要量和泌乳需要量。据测定，母猪泌乳期间的维持需要量比妊娠母猪和空怀母猪高5%～10%，泌乳需要量约为每千克乳8兆焦代谢能，据此可按母猪体重、泌乳量计算哺乳母猪的饲喂量。一个简单方法是，在维持需要的基础上，每哺育一头仔猪增加0.5千克饲料。

3. 哺乳母猪的管理

猪舍内应保持温暖、干燥、卫生，圈栏内的排泄物应及时清除，猪舍内圈栏、工作道及用具等要定期消毒。尽量减少噪声，避免大声喧哗，严禁鞭打或强行驱赶母猪，创造有利于母猪泌乳的舒适环境。

二、公猪的饲养管理

种公猪是指品种优良、没有阉割，专门用于给多个母猪交配并能让母猪产仔的公猪。目前我国所饲养利用的种公猪绝大多数属于纯种公猪。纯种公猪除进行纯种生产以外，还广泛用于杂交生产。在本交情况下，一头成年种公猪可负担20～30头母猪的配种任务，每年可繁殖400～600头仔猪；若采用人工授精技术，一头公猪每年可负担百头母猪的配种任务，可繁殖几千头仔猪。所以就整个猪群而言，种公猪的影响比种母猪要大。

（一）后备公猪的培育

后备公猪是指断奶后至初次配种前选留作为种用的小公猪。一个正常生产的猪群，由于性欲减退、配种能力降低或其他机能障碍等原因，每年需淘汰部分繁殖种公猪，因此必须注意培育后备公猪予以补充。

1. 后备公猪的选择

（1）后备公猪品种的选择　选择性能优良的种公猪是提高猪群生产性能的重要手段之一。一般在商品仔猪的生产中，种公猪的品种应根据利用杂种优势的杂交方案进行选择。目前在我国的商品猪生产中，大多以地方品种或培育品种为母本，引入品种为父本进行杂交，在进行二元杂交时可考虑选用杜洛克猪或汉普夏猪为父本，也可选长白猪或大白猪作父本；在进行三元杂交时，应选择长白猪或大白猪两个繁殖性能、产肉性能均较优的品种作第一父本，选择杜洛克猪或汉普夏猪两个产肉性能优异的品种作父本。

（2）后备公猪个体的选择　后备公猪应具备以下条件。

① 生长发育快、胴体性状优良　应选择生长发育性状和胴体性状优良的个体。

② 体质强健、外形良好　后备公猪体质要结实紧凑，肩胸结合良好，背腰宽平，腹部大小适中，肢蹄稳健，体形外貌具有品种的典型特征。

③ 生殖系统机能健全　要检查公猪睾丸的发育程度，要求睾丸发育良好，大小相同，整齐对称，摸起来感到结实但不坚硬。

④ 健康状况良好　小型养猪场在选购后备公猪时应保证健康状况良好，以免引入新的疫病。如选购可配种利用的后备公猪，要求有足够的时间进行隔离观察，并使公猪适应新的环境。

2. 后备公猪的饲养管理

（1）2月龄小公猪留作后备公猪后，应按相应的饲养标准配制营养全面的饲粮，保证后备公猪正常的生长发育，特别是骨骼、肌肉的充分发育。

（2）应控制饲粮体积，以防止形成垂腹而影响公猪的配种能力。

（3）后备公猪在性成熟前可合群饲养，但应保证个体间采食均匀。性成熟后应单圈饲养，以防互相爬跨，损伤阴茎。

（4）后备公猪应保持适度的运动，以强健体质提高配种能力。

（5）后备公猪达到配种年龄和体重后应开始进行配种调教或采精训练。配种调教宜在早晚凉爽、空腹时进行。调教时，应尽量使用体重大小相近的母猪。

（二）种公猪的饲养管理

1. 种公猪的饲养管理

种公猪饲养管理的目的是保持种公猪适宜的体况和旺盛的配种能力，提高种公猪的精液品质，因此必须进行合理的饲养和精心的管理。合理饲养管理保证种公猪体质健壮，精液品质优良，性欲旺盛且配种能力强，必须按饲养标准进行饲养。同时应根据种公猪的体况、配种任务等适当调整饲粮营养水平或日喂量。

猪精液中的大部分物质为蛋白质，所以在配制种公猪饲粮时特别注意供给优质的蛋白质饲料，保证氨基酸的平衡，通常将鱼粉等动物性蛋白质饲料和优质豆饼等植物性蛋白质饲料搭配使用。

2. 种公猪的精心管理

（1）单圈饲养　种公猪宜单圈饲养，以避免互相爬跨，减少互相干扰。若圈舍少，也可将体重大小相近、强弱相似的种公猪合群饲养。

（2）适当运动　适当的运动可提高新陈代谢强度，增强食欲，强健体质，提高精液品质和配种能力。

（3）刷拭和修蹄　应经常刷拭种公猪的皮肤，热天可进行淋浴，以保持皮肤清洁卫生，促进血液循环，减少皮肤病或外寄生虫病。注意定期修剪种公猪的肢蹄。

（4）定期称重　应定期称重以检查种公猪体重的变化，青年种公猪的体重应逐渐增加；成年种公猪的体重应保持稳定，且保持种用体况。

（5）定期检查精液品质　人工授精和本交配种的种公猪，都要定期检查精液品质。

（6）防暑降温　高温使种公猪食欲降低，性欲减退，精液品质下降。如遇高温时，应采取必要的防暑降温措施。

（三）种公猪的合理利用

配种利用是饲养种公猪的唯一目的。种公猪的合理利用可增强配种能力，提高精液品质和配种效果，延长种公猪的利用年限。

1. 后备公猪的初配年龄和体重

后备种公猪的初配年龄和体重，因品种、饲养管理条件等不同而有差异。据参考资料及生产经验，在正常饲养管理条件下，小型地方猪种在7～8月龄、体重达70～80千克开始配种利用；中型地方猪种和培育猪种8～9月龄、体重90～100千克开始配种利用；大型引入猪种可在10～12月龄、体重110～120千克开始配种利用。

2. 种公猪的利用强度

种公猪配种强度应以适度为原则，若配种利用过度，会显著降低精液品质，影响母猪的受胎率和产仔数。若长期不参加配种，也会使精液品质变差，性欲降低。具体应根据种公猪的年龄大小、体况进行合理安排。

种公猪利用年限为3～4年。老龄公猪性功能已经下降，精液品质差，配种能力不强，应及时淘汰并更新。

第二节　仔猪的饲养管理

根据仔猪不同时期内生长发育的特点及对饲养管理的特殊要求，仔猪可分为哺乳仔猪和断奶仔猪。

从出生到断奶阶段的仔猪叫哺乳仔猪。该阶段的任务是使仔猪成活率高、生长发育快、整齐度好、健康活泼、断奶体重大，为以后的生长发育打好基础。

一、哺乳仔猪的生理特点

哺乳仔猪的主要特点是生长发育快、生理上不成熟、饲养难度大和成活率低。

1. 消化器官发育不完善、消化功能不健全

初生仔猪消化器官的重量和容积均很小，胃的排空速度快，吮乳次数多。随着日龄的增长，胃的生长发育逐渐完善，到60日龄才接近成年猪的水平；小肠的长度从出生到60日龄增加5倍左右，容积增加50倍左右。

仔猪消化酶系统不完善，出生时胃内仅有凝乳酶，胃蛋白酶很少，由于胃底腺不发达、缺乏游离的盐酸，不能激活胃蛋白酶的活性，故此时不能很好地消化蛋白质尤其是植物性蛋白质。由于胃中缺乏游离的盐酸，所以能高效摄取母乳抗体，同时，环境中的细菌经口进入胃，再进入肠道内，有利于早期形成肠内细菌群，从而提高自身的防御能力。

2. 体温调节功能不完善

仔猪调节体温的能力随着日龄增长而增强。仔猪出生时皮下脂肪少，皮薄毛稀，产热能力弱，大脑对体温调节能力差，因此对冷应激敏感，尤其是在寒冷季节，如果缺乏防寒保温措施，仔猪往往会因吃不到初乳而冻僵、冻死。所以，必须根据仔猪的不同日龄调整环境温度，从而减少仔猪的死亡。不同日龄仔猪最适宜的环境温度：出生几小时为34～36℃，7日龄以内32～35℃，7～14日龄30～32℃，14～28日龄28～30℃，28～35日龄27～29℃。

3. 缺乏先天的免疫力

仔猪出生时没有先天免疫力，这是因为猪胎盘结构比较特殊，母猪的血管与胎儿脐带血管被6～7层组织隔开，母源抗体不能通过血液循环进入胎儿体内，故初生仔猪缺乏先天免疫力，必须通过吃初乳来获得母源抗体。母乳中的免疫球蛋白是最重要的防御因子，在分娩当天，母乳中所含的IgG、IgM、IgA浓度是母猪血清浓度的3～4倍，新生仔猪也只能在出生的当天通过肠道吸收IgG和IgM，这两种抗体能够保护仔猪2周内不受外源性病原感染；而IgA则会长期以高于血清水平的浓度持续向

母乳中分泌，具有驱除侵入肠道内细菌的作用。分娩后母乳中的抗体水平很快下降，而且仔猪肠道很快丧失吸收抗体的能力，故仔猪在出生后24小时内要吃上初乳，才能真正获得母乳中的免疫球蛋白，增强抗病力。

4. 生长发育快、代谢旺盛

仔猪初生时体重小，但出生后生长发育快。一般仔猪出生时体重1～1.2千克，2周龄时体重为初生重的3倍，4周龄时为5倍，6周龄时达到6～7倍，8周龄时可达到13倍。随着年龄的增长，仔猪的生长强度减缓。仔猪迅速生长是以旺盛的物质代谢为基础，尤其是蛋白质代谢和钙、磷代谢要比成年猪高得多。

因为随着日龄的增加，仔猪的器官发育逐渐完善、消化功能逐渐健全。乳汁的营养吸收利用率高，代谢迅速。保证充足的营养物质对仔猪的生长是至关重要的。

5. 对周围反应的能力差

初生仔猪易受外界环境的影响，如受冻、受压等。据统计，3日龄内死亡的仔猪占断奶前死亡的60%左右，造成死亡的主要原因有挤压、饥饿、虚弱、寒冷、疾病等。

二、哺乳仔猪的饲养

母猪的乳汁是仔猪理想的食物，乳汁中营养成分的利用率和消化率比任何饲料都高。除了铁以外，初生仔猪完全可以从乳汁中获得所需的养分。然而，母猪的泌乳量通常在第三周达到高峰，随后逐渐缓慢下降，不能满足仔猪的需求量，必须给仔猪进行补饲。

1. 仔猪补饲

补饲的时间应在仔猪7～10日龄开始。哺乳仔猪提早认料可促进消化器官的发育和消化功能的完善，为断奶后的饲养打好基础，仔猪补料可分为调教期和适应期两个阶段。

（1）调教期　从开始训练到仔猪认料，一般约需1周，即仔猪7～15日龄。这时仔猪的消化器官处于快速生长发育阶段，母乳基本上能满足仔猪的营养需要。但此时仔猪开始长牙，为了磨牙而到处啃食异物。通过补料训练仔猪认料，锻炼仔猪咀嚼和消化能力，并促进胃内盐酸的分泌，有效避免仔猪啃食异物，防止下痢。

（2）适应期　从仔猪认料到能正式吃料，一般需要10天左右。这时仔猪对植物性饲料已有一定的消化能力，母乳不能满足仔猪的营养需求。通过补料，一是供给仔猪部分营养物质，二是进一步促进消化器官的发育和消化功能的完善。

2. 补饲的饲料与方法

补饲的饲料必须满足适口性强、体积小、所含营养物质适合仔猪消化系统的要求。由于仔猪消化道容量小，所以补饲的饲料要高度浓缩。最好制成颗粒饲料，具有松脆、香甜等良好特性。

给仔猪补饲有机酸，可提高消化道的酸度，激活某些消化酶，提高饲料的消化率，并能抑制有害微生物的繁衍，降低仔猪消化道疾病的发生。用乳酸杆菌作为哺乳仔猪的添加剂，亦可提高仔猪增重和降低下痢的发病率。

补饲的方法：每个哺乳母猪猪圈都装设仔猪补料栏，内设饲槽和自动饮水器，仔猪随时能吃到饲料。

3. 补铁

铁是形成血红蛋白和肌红蛋白所必需的微量元素，同时又是细胞色素酶类和多种氧化酶的成分。仔猪缺铁时，血红蛋白不能正常形成，会发生营养性贫血。初生仔猪体内铁的贮存量很少，每千克体重约35毫克。每天需要约7毫克铁，母乳中含铁量很少，仔猪每天从母乳中最多可获得1毫克铁。因此，仔猪应在出生3天内补铁。

4. 哺乳仔猪的管理

（1）剪短獠牙和断尾　仔猪出生后，要剪短8个锋利的上下犬齿（俗称獠牙），以减少对母猪乳头的损伤和争斗时对同窝仔猪的伤害。注意不要剪得太短，且断面要剪平整。

断尾的目的是为了避免各生长阶段互相咬尾。出生后不久进行断尾，仔猪会很快恢复。

（2）称重、打耳号　仔猪出生擦干后应立即称量个体重或窝重。种猪场在仔猪出生后要给每头猪进行编号，通常与称重同时进行。

（3）注射铁剂　补铁针剂种类很多，如英国的血多素、加拿大的富血来、广西的牲血素、上海的右旋糖酐铁和温州的右旋糖酐铁钴合剂等。每头猪适宜的剂量为200毫克，一般在出生后第一天注射100～150毫克，2周龄时再注射一次。

（4）脐带护理　仔猪出生后6小时，通常脐带会自动脱落。如果仔猪脐带流血，应先止血，然后涂0.5%的碘伏消毒。

（5）固定乳头　仔猪有固定乳头的习性。应在仔猪出生后2～3天内，进行人工辅助固定乳头，一般让弱一点的仔猪固定乳汁多的乳头。经3～4天即可建立起吃奶的位次，完成固定乳头。

（6）防寒保温　哺乳仔猪调节体温的能力差、怕冷，寒冷季节必须防寒保温。仔猪的适宜温度因日龄长短而异。集约化养猪实行常年均衡产仔，设有专门供母猪产仔和育仔用的产房。产房环境温度最好保持在21℃左右，仔猪保温箱采用红外线灯照射仔猪，即可保证仔猪所需适宜温度。

（7）防止挤压　初生仔猪被挤压致死的比例相当大，所以必须采取措施防压。

（8）去势　商品猪场的小公猪或种猪场不能作种用的小公猪要在哺乳期间去势。去势时间早，应激小，容易恢复。研究表明，猪最适宜的去势时间为出生后10天左右。

（9）寄养　仔猪寄养就是给仔猪找奶妈，在有多头母猪同期产仔时，对于那些产仔头数过多、无奶或少奶、母猪产后因病死亡的仔猪采取寄养，是提高仔猪成活率的有效措施。当母猪产仔头数过少时也需要并窝合养，这样可以使另一头母猪及早发情配种。

仔猪寄养时，母猪产期应尽量接近（最好在3天之内）。寄养母猪必须是泌乳量高、性情温驯、哺育性能强的母猪。猪的嗅觉特别灵敏，母仔相认主要靠嗅觉来识别。为了使寄养顺利，可将被寄养的仔猪涂抹上养母的乳汁或尿，使母猪分不出被寄养仔猪的气味。

（10）疫病防治　对仔猪危害最大的是腹泻病，仔猪腹泻病包括多种肠道传染病。最常见的有仔猪黄痢、仔猪白痢、仔猪红痢和流行性腹泻、传染性胃肠炎及轮状病毒等。

预防仔猪腹泻病的发生是减少仔猪死亡、提高仔猪成活率和提高猪场经济效益的关键，预防措施如下。

① 饲养管理好母猪　加强妊娠母猪和泌乳母猪的饲养管理，保证胎儿的正常生长发育，产出体重大、健康的仔猪。母猪产后有良好的泌乳性能，保证泌乳母猪的饲料稳定，不吃发霉变质和有毒的饲料，保证乳汁的质量。

② 保持猪舍清洁卫生　产房最好采取"全进全出"，前批母猪、仔猪转走后，产房要进行彻底的清洗、严格消毒，消灭引起仔猪腹泻的细菌、病毒等。妊娠母猪进产房时对体表要进行喷淋刷洗消毒，临产前用0.1%的高锰酸钾溶液擦洗乳房和外阴部，减少母体对仔猪的污染。

③ 保持良好的环境　产房应保持适宜的温度、湿度，控制有害气体的含量，使仔猪生活得舒服，体质健康，有较强的抗病能力，可防止或减少仔猪腹泻等疾病的发生。

④ 药物预防和治疗　一是仔猪黄白痢可采用口服抗菌药物预防、治疗；二是妊娠母猪接种大肠杆菌疫苗，仔猪通过吃初乳获得相应的免疫力。

第三节　保育猪的饲养管理

保育猪俗称断奶仔猪，因其生长发育快、对疾病的易感性高等特点，需要精心喂养。

一、仔猪的早期断奶

传统养猪的仔猪哺乳期较长，通常56～60日龄断奶，每头母猪年平均分娩1.6～1.8胎。集约化养殖阶段，为了提高母猪的年生产力，多采用早期断奶，通常是21～35日龄断奶，母猪年均分娩可达2.5胎。

1. 仔猪早期断奶的优点

（1）提高母猪年生产力　仔猪早期断奶可以缩短母猪的繁殖周期，增加年产仔窝数。

母猪的妊娠期、哺乳期、空怀期之和为一个繁殖周期。妊娠期约为114天，变化很小，而哺乳期和空怀期是可变化的，哺乳期和空怀期的长短直接影响繁殖周期的长短。所以，缩短哺乳期可缩短繁殖周期，提高母猪年产仔胎数。

研究证明，在目前条件下，仔猪出生后3～5周龄断奶较好，一般不会引起母猪繁殖力下降，过早断奶对母猪产后生殖器官恢复的时间有一定影响。

（2）提高饲料利用率　对仔猪而言，仔猪通过吃母乳的饲料利用率约为20%。而仔猪自己采食饲料，消化吸收，饲料利用率可达50%左右，从而提高了饲料利用率。

（3）有利于仔猪的生长发育　早期断奶的仔猪，由于断奶应激的影响，增重较慢，一旦适应后增重变快。早期断奶的仔猪能自由采食营养水平较高的全价饲料，得到符合本身生长发育所需的各种营养物质，在人为控制环境中养育，生长发育快，大小均匀，减少患病和死亡。

（4）提高分娩舍和设备的利用率　工厂化猪场实行仔猪早期断奶，可以缩短哺乳母猪占用产仔栏的时间，从而提高每个产仔栏的年产仔猪数和断奶仔猪头数，相应降低了生产一头断奶仔猪的产仔栏设备的生产成本。

2. 仔猪早期断奶的营养需要

早期断奶仔猪的营养需要按其日龄和体重而定。

饲料粗蛋白质水平常与肠后段内细菌和氨的发酵引起的腐败性腹泻有关。研究表明，断奶料中随着粗蛋白质水平的提高，小肠中主要蛋白酶活性增加，直至蛋白质达到20%。补充合成氨基酸，可降低粗蛋白质水平。

3. 断奶方法

（1）逐渐断奶法　断奶前3～4天减少母猪和仔猪的接触与哺乳次数，并减少母猪饲粮的日喂量，使仔猪从少哺乳到不哺乳有一个适应过程，以减轻断奶应激对仔猪的影响。

（2）分批断奶法　将一窝中体重较大的仔猪先断奶，弱小仔猪继续哺乳一段时间，以便提高其断奶体重。

（3）一次断奶法　断奶前3天减少泌乳母猪饲料的日喂量，到断奶日一次将仔猪与母猪全部分开。

二、断奶仔猪的饲养管理

断奶仔猪（亦称保育仔猪）是指仔猪断奶后至70日龄左右的仔猪。断奶对仔猪是一个应激，这种应激主要表现为以下几个方面。

（1）营养饲料　由温热的液体母乳变成固体饲料。

（2）生活方式　由依附母猪的生活变成完全独立的生活。

（3）生活环境　由产房转移到仔猪培育舍，并伴随重新组群。

（4）易受病原微生物的感染而患病。

总之，断奶引起仔猪的应激反应，会影响仔猪正常的生长发育并引发疾病。因此，必须加强断奶仔猪的饲养管理，以减轻断奶应激带来的损失，尽快恢复生长。

1. 网床饲养

仔猪网床培育是养猪发达国家20世纪70年代发展起来的一项仔猪饲养的新技术，仔猪培育由地面猪床逐渐转变成各种网床上饲养，获得了良好的效果。

网床饲养断奶仔猪的优点如下。

（1）仔猪离开地面，减少冬季地面传导散热的损失，提高饲养温度。

（2）粪尿、污水通过漏缝网格漏到粪尿沟内，减少仔猪接触粪污的机会，床面清洁卫生、干燥，能有效地遏制仔猪腹泻病的发生和传播。

（3）泌乳母猪饲养在产仔架内，减少了踩压仔猪的机会。

总之，采用网床饲养方式，能提高仔猪的成活率、生长速度、个体均匀度和饲料利用率。

2. 饲料配制

保育猪是以自由采食为主，不同日龄喂给不同的饲料。饲养员应在记录表上填好各种饲料开始饲喂的日期，保证料槽里都有饲料。当仔猪进入保育舍后，先用代乳料饲喂1周左右，也就是不改变原饲料，以减少饲料变化引起应激，然后逐渐过渡到保育料。过渡最好采用渐进性过渡方式（即第1次换料25%，第2次换料50%，第3次换料75%，第4次换料100%，每次3天左右）。饲料要妥善保管，以保证饲喂的饲料是新鲜的。为保证饲料新鲜和预防角落饲料发霉，注意要等料槽中的饲料被吃完后再加料，且每隔5天清洗一次料槽。

3. 断奶仔猪的管理

（1）断奶仔猪的组群　仔猪断奶后头1～2天很不安定，为了稳定仔猪不安情绪，采用"原圈培育法"。仔猪到断奶日龄时，将母猪调回空怀母猪舍，仔猪仍留在产房饲养一段时间，待仔猪适应后再转入仔猪培育舍。

集约化养猪采取全进全出的生产方式，仔猪断奶立即转入仔猪培育舍，仔猪转走后立即清扫消毒，再转入待产母猪。合群后仔猪会有争斗位次现象，可进行适当看管，以防互相咬伤。

（2）保证充足的饮水　断奶仔猪栏内应安装自动饮水器，保证随时供给仔猪清洁的饮水。断奶仔猪采食大量干饲料，常会感到口渴，需要饮用较多的水。

（3）良好的圈舍环境

① 温度适宜　断奶仔猪适宜的环境温度：3周龄25～28℃，8周龄20～22℃。冬季要有保温、取暖设备，炎热的夏季则要有防暑降温设施。

② 湿度适宜　仔猪舍内湿度过大可增加寒冷和炎热对猪的不良影响。潮湿有利于病原微生物的滋生与繁殖，可引起仔猪多种疾病。断奶仔猪舍适宜的相对湿度为65%～75%。

③ 清洁卫生　猪舍内外要经常清扫，定期消毒，杀灭病菌，防止传染病的发生。

④ 保持空气新鲜　猪舍空气中的有害气体对猪的毒害作用具有长期性、连续性和累加性。对舍栏内粪尿等有机物及时清除，减少NH_3、H_2S等有害气体的产生，控制通风换气量，排除舍内污浊的空气，保持空气清新。

⑤ 适当的光照　适度的太阳光照能加快机体组织的代谢过程，促进猪的生长发育，提高抗病能力。太阳光线是天然保健剂和杀菌剂，在冬季充分利用阳光尤为重要。然而过强的光照会引起猪兴奋，减少休息时间，增加甲状腺的分泌，提高代谢率，影响增重和饲料转化率。

（4）调教管理　新断奶转群的仔猪吃食、卧位、饮水、排泄尚未形成固定位置，所以要加强调教训练，使其能够区分睡卧区和排泄区。这样既可保持舍内卫生，又便于清扫。训练的方法是：排泄区的粪便暂时不清扫，诱导仔猪来排泄，其他区的粪便及时清除干净。当仔猪活动时对不到指定地点排泄的仔猪用小棍哄赶并加以训斥。经过3～5天的训练，仔猪就能形成固定的睡卧区和排泄区，这样可保持圈舍的清洁与卫生。

（5）设铁环玩具　刚断奶仔猪常出现咬尾和吮吸耳朵、包皮等现象，原因主要是刚断奶仔猪企图继续吮乳造成的，当然，也有因饲料营养不全、饲养密度过大、通风不良、应激等引起的。预防的方法是在改善饲养管理条件的同时，为仔猪设立玩具，分散注意力。

（6）预防注射　仔猪60日龄注射猪瘟、猪丹毒、猪肺疫和仔猪副伤寒等疫苗，并在转群前驱除内外寄生虫。

第四节　育肥猪的饲养管理

育肥猪指仔猪保育结束进入生长舍饲养，直至出栏这一阶段，一般为16.5周（70～180日龄），是猪一生中生长速度最快和耗料量最大的阶段。育肥猪的饲养管理，是养猪生产的一个重要生产环节，在养猪生产中占有非常重要的地位。要想获得适当的利润，这一阶段的效率是十分重要的。因此，养猪者必须掌握和利用动物增重和体组织生长的规律，了解遗传、营养、环境、管理等因素的影响，采用科学的饲养管理技术，提高日增重和饲料利用率，降低生产成本，提高经济效益，满足市场需要。

一、生长育肥猪的生长发育规律

从生产者的角度看，生长即以最快的速度和最便宜的方式生产一种可销售的产品。了解猪的生长发育规律对发挥猪的最大生长潜力具有重要意义。

1. 体重的增长规律

体重是身体各部位及组织生长的综合度量，在正常饲养条件下，猪体重的绝对值随年龄增长而增大，其相对增长速度则随年龄的增长而下降，到了成年时稳定在一定的水平。也就是说，绝对增长呈现慢—快—慢的趋势，而相对生长速度则呈现从幼年开始逐渐下降的趋势。

试验条件下，瘦肉型良种猪可以获得最大的生长速度为：体重5～10千克的日增重约为400克，10～20千克约为700克，20～100千克可达1000克以上。

2. 体组织的增长规律

猪在生长发育期间，体组织的生长率不同，致使身体各部位生长早晚的顺序不一，体形出现年龄变化，随着年龄的增长，骨骼最先发育，也最早停止，肌肉处于中间，脂肪是最晚发育的组织。育肥猪的骨骼在出生后2～3月龄、体重30～40千克是其强烈生长时期，此时肌纤维开始生长。3～4月龄，体重50～60千克，肌纤维进入发育期，骨骼和肌腱发育完成。其后，到出栏前进入肉质改善期，最后达到成熟期。幼龄期沉积脂肪不多，后期加快，能量浓度越高，脂肪沉积越多，直至成年。因此，利用此规律在生长育肥猪的前期给予丰富的高营养，特别是注意提高蛋白质水平，以促进肌肉和骨骼的生长，而在后期，采用限制饲养，以减少脂肪的沉积，从而改善肉的品质，提高胴体瘦肉率。猪体各组织的生长规律为"小猪长骨、中猪长肉、大猪长膘"。

3. 猪体的化学组成

猪生长的活重是由肌肉、脂肪和骨头等累积而成。肌肉的化学组成大约是70%水、10%脂肪和20%蛋白质，而脂肪约含水10%、脂肪88%和蛋白质2%。

随着猪体的组织及体重的生长，猪体的化学成分也呈现规律性的变化，即随着年龄和体重的增长，水分、蛋白质和矿物质等含量下降。蛋白质和矿物质含量在体重45千克阶段以后趋于稳定，而脂肪则迅速增长。同时，随着脂肪量的增加，饱和脂肪酸的含量也增加，而不饱和脂肪酸含量逐渐减少。

总之，猪体内组织生长速度的不平衡性和阶段性，揭示了猪的内在生长规律。因此，遵循这些规律，给予必需的营养，采用科学的饲养方式，就能获得人类所需的产品。

二、选择性能优良的杂种猪

选择性能优良的杂种猪是提高肉猪生产水平和经济效益的第一步。在我国商品肉猪的生产中，一般选择二元、三元杂种猪育肥。二元杂种猪主要是以我国地方猪种或培育品种为母本，与国外优良瘦肉型猪种为父本杂交而产生。三元杂种猪则用我国地方猪种或培育品种为母本，与国外优良瘦肉型猪种生产的杂优母猪，再与国外优良瘦肉型猪种为父本杂交而产生。

目前在我国许多猪场采用"洋三元"杂交（三个国外瘦肉型猪种之间杂交），其杂种猪生长快、瘦肉率高，但肉质较差。在环境条件一致的情况下，杂种猪的日增重可提高5% ~ 15%，饲料转化率可提高5% ~ 10%。三元杂交比二元杂交的综合效果更好，这主要是充分利用了杂种一代母猪的杂种优势。

三、生长育肥猪的营养需求

1. 高质量的饲料

饲料的质量直接影响育肥猪生产性能的发挥。只有使用高质量的、满足猪营养需求的饲料，才能保证猪最佳生产性能的发挥。猪在现代舍饲条件下饲养，需要更多营养物质。因此，要想发挥最大的生产性能，就必须饲喂含有所有必需营养的优质饲料。

2. 营养平衡的重要性

饲料中营养成分的数量和比例必须准确。饲料中适宜的钙、磷比例为1.5：1，如果饲料中钙的含量超标，反而引起猪生长迟缓和饲料利用率降低。

3. 采食量与生产性能

猪在生长阶段最大限度地自由采食是促进猪生长的最重要因素之一，也就是说影响猪生长速度、饲料利用率和胴体质量的一个主要因素是饲料摄入。当饲料摄入量增加，日增重也相应增加。猪的生长速度取决于饲料中能量和蛋白质的摄入量。饲料的浓度越高，猪增重所需的饲料量越少，饲料转化率越高。猪用于维持需要的饲料量约占摄入量的1/3。

4. 性别的影响

公猪生长最快，小母猪生长最慢，去势猪的生长速度介于两者之间。公猪的饲料利用率比小母猪高3%，比去势公猪高7%。小母猪的瘦肉率比较高，它们可以在较大体重时屠宰。由于小母猪将蛋白质转化为瘦肉组织的能力比去势猪强，应该饲喂高赖氨酸含量的日粮。

四、适当的饲养管理方法

1. 饲喂方法

育肥猪的饲喂方法，一般分为自由采食和限量饲喂两种。限量饲喂又主要有两种方法，一是对营养平衡的饲料在数量上予以控制，即每次饲喂自由采食量的70%～80%，或减少饲喂次数；二是降低饲料的能量浓度，把纤维含量高的粗饲料配合到饲料中去，以限制其对养分，特别是能量的采食量。

自由采食和限量饲喂对增重速度、饲料转化率和胴体品质有一定影响。前者增重快，沉积脂肪多，饲料转化率低；后者饲料转化率改善，胴体背膘较薄，但日增重较低。自由采食日增重较高，限量饲喂则瘦肉多、脂肪少。如果既要求增重快，又要求胴体瘦肉多，则以两种方法结合为好，即在育肥前期采取自由采食，让猪充分生长发育，而在育肥后期（55～60千克后）采取限量饲喂，防止脂肪过多地沉积。

2. 饲料调制

合理调制饲料，可改善饲料适口性，提高饲料转化率，还可降低或消除有毒、有害物质。谷实类及干草等精饲料、粗饲料经粉碎后，可增加与消化液的接触面，提高消化率，并能减少饲料被咀嚼和消化时的能量消耗。

配合饲料一般宜生喂，玉米、高粱、大麦、小麦等谷实饲料及其加工品生喂营养价值高，煮熟后其营养价值约降低10%，尤其是维生素会被严重破坏。各种青绿多汁饲料也不宜煮熟，宜切碎或打成浆液后代替部分水来配制湿拌料。

3. 饲喂次数

据测定，饲喂时将饲料1次饲喂或分5次饲喂，猪的增重无明显差异，只是日喂1次时猪的胴体较瘦，日喂5次时猪的饲料转化率稍高。生产实际中一般多是每日饲喂2～3次，或采用自动料箱让其自由采食。

从猪的食欲与时间关系来看，猪的食欲以傍晚最佳，早晨次之，午间最弱，这种现象在夏季更趋明显。所以，生长育肥猪可日喂3次，且早晨、午间、傍晚3次饲喂时的饲料量比例分别为35%、25%和40%。

4. 饮水

水是维持猪体生命不可缺少的物质，猪体内水分占体重的50%～65%。水对调节体温、营养物质的消化、吸收和运输以及体内废物的排泄等都有重要作用，也是血液、细胞的重要组成部分。因此，必须供给猪充足的清洁饮水。如果饮水不足，会引起食欲减退，采食量减少，致使生长速度减慢，严重的引起疾病。

5. 合理分群及调教

（1）分群　育肥猪一般采取群养。为了避免争食、咬架，必须合理分群。

分群时，应按来源、体重、体质、性别、性情和采食习性等方面相近的猪合群饲养。根据猪的生物学特性，可采取"留弱不留强，拆多不拆少，夜并昼不并"的办法分群，并加强新合群猪的管理、调教工作，以减少争斗。分群后要保持猪群相对稳定，不要随意变动猪群。

（2）调教　猪在新合群或调入新圈时，要及时加以调教。重点要抓好两项工作：一是防止强猪抢食，应备有足够的饲槽，对霸槽争食的猪要勤赶；二是训练猪养成"三角定位"的习惯，使猪采食、睡觉、排泄地点固定在圈内三处，形成条件反射，以保持圈舍清洁、干燥，有利于猪的生长。

6. 去势、防疫和驱虫

（1）去势　集约化猪场大多提倡仔猪7日龄左右去势，其优点是易保定、易操作、应激小，手术时流血少，术后恢复快。

小公猪必须去势，小母猪一般不需要去势。

（2）防疫　为了预防育肥猪的常见传染病，必须制订合理的免疫程序，认真做好预防接种工作。应每头接种，避免遗漏，对从外地引入的猪，应隔离观察，并及时免疫接种。

（3）驱虫　寄生虫对育肥猪的生产性能影响很大，生长育肥猪主要有蛔虫、姜片虫和疥螨、虱等内、外寄生虫。通常在50～60日龄进行第一次驱虫，必要时在90～120日龄再进行第二次驱虫。

7. 管理制度

对猪群的管理要形成制度，按规定时间给料、给水、清扫粪便，并观察猪的食欲、精神状态、粪便有无异常，对不正常的猪要及时诊治。

五、适宜的环境条件

猪舍环境条件的优劣对育肥猪的生长发育影响很大，包括舍内温度、湿度、气流、光照、通风、声音等物理因素，以及圈舍卫生、圈养密度、舍内有害气体、尘埃和微生物等其他因素。

1. 温度和湿度

育肥猪的适宜环境温度为16～23℃，前期为20～23℃，后期为16～20℃，在此范围内，猪的增重最快，饲料转化率最高。

环境温度过低，猪体需要消耗更多能量用于产热，以维持其正常体温，导致日增重降低，采食量增多，饲料转化率降低。在寒冷环境下，猪的呼吸道、消化道的抗病力降低，常引发气管炎、支气管炎、胃肠炎等疾病。因此，在寒冷季节要做好猪的防寒保暖工作。

环境温度过高，猪体为了散发体热而加快呼吸频率，进而影响机体的新陈代谢，食欲减退，采食量明显下降，导致生产力降低。若环境温度升高至25℃和30℃，采食量分别减少10%和35%。夏季要防止猪舍暴晒，保持通风，勤冲洗圈舍和给猪淋浴，多喂凉水和青绿多汁饲料，尽量做好防暑降温工作。

在温度适宜的情况下，猪对湿度的适应能力很强，一般猪舍内空气的相对湿度以50%～70%为宜。

2. 饲养密度和圈舍卫生

饲养密度一般以每头猪所占的面积来表示。饲养密度越大，猪呼吸排出的水汽越多，粪尿量越大，舍内湿度也越高，舍内有害气体、微生物数量增多，空气卫生状况恶化；猪的争斗次数明显增多，休息时间减少，从而影响猪的健康、增重和饲料转化率。在生产上，适当提高饲养密度可提高经济效益。

圈舍卫生状况对猪的生长、健康有一定影响。育肥猪舍要清洁干燥、空气新鲜。应每天清除污染的垫草和粪便，在猪躺卧的地方铺上干燥的垫草，定期对猪舍进行消毒。消毒可以有效地减少猪舍环境中病原微生物的数量，降低猪的发病率。

3. 气流

猪舍内气流以0.1～0.2米/秒为宜，最大不要超过0.25米/秒。但在高温环境下，增大气流有利于猪的散热，缓解热应激的影响，是一项重要的防暑措施。在寒冷季节要降低气流速度，更要防止"贼风"。

4. 光照

在养猪生产中有养殖场强调阳光对猪健康体质甚至是机体免疫力的重要性，通过"晒太阳"的方式养猪，收到了良好的"抗病"效果。原因是多方面的，例如充足的光照可以促进维生素D的形成与吸收，阳光中的紫外线可以作用于细菌或病毒的核酸，使其发生致死性突变而达到杀灭微生物的目的。图4-1、图4-2所示猪舍是一个养猪场建造的"阳光房"，在舍内光照、干湿度、卫生状况等方面与传统猪舍形成鲜明的对比（图4-3、图4-4）。

图4-1 "阳光猪舍"外部

图4-2 "阳光猪舍"内部

图4-3 传统猪舍外部

图4-4 传统猪舍内部

5. 舍内有害气体、尘埃与微生物

由于猪的呼吸、排泄以及排泄物的腐败分解，不仅使猪舍空气中的氧气减少，二氧化碳含量增加，而且产生了 NH_3、H_2S、CH_4 等有害气体的臭味。高浓度的 NH_3 和 H_2S 可引起猪中毒，发生结膜炎、支气管炎、肺炎等。舍内二氧化碳含量过高、氧气含量相对不足时，会使猪精神萎靡，食欲下降，增重缓慢。为减少猪舍空气中有害气体的积聚，应改善猪舍通风换气条件，及时处理粪尿，保持适宜的圈养密度。

由于猪的采食、排泄、活动以及对猪的饲料管理操作，使猪舍内生产大量尘埃和微生物，加之舍外空气带入的尘埃和微生物，对猪的健康产生直接影响。因此，必须注意猪场绿化，及时清除粪尿、污物，保持猪舍通风良好，做好清洗、消毒工作。

6. 噪声

猪舍内的噪声来自外界传入、舍内机械和猪只争斗等方面。噪声对猪的休息、采食、增重都有不良影响。噪声会使猪的活动量增加而影响增重，还会引起猪惊恐，降低食欲。

第五章

猪病诊断与检测技术

第一节　采样技术

规模化、集约化养殖是目前我国养猪普遍采用的模式。在养殖场猪病诊断与检测过程中，应首先做到有效并合理地采集样品，主要涉及以下几个方面。

一、猪场病料采集前的准备

采集用的刀、剪子、镊子等用具煮沸30分钟，使用前用酒精擦拭、火焰消毒。承装样品的容器103千帕高压30分钟或160℃干烤2小时；使用一次性针头和注射器；每采集一种病料，使用一套器械与容器；采样之前确定好采集的数量、部位及种类等；采集后的用具也要消毒。

二、常见的猪场样品采集方法

1. 血液样品

（1）耳静脉采血　猪站立或横卧保定，耳静脉局部消毒，一人用力在耳根捏压静脉近心端或用胶带在耳根部结扎，或用酒精反复涂擦耳静脉，使血管怒张。另一人左手平拉猪耳并使部位稍高，右手持采血器，以30°～40°角沿血管刺入，随即轻抽针芯，如见回血即为已刺入血管，进而压低采血器，再顺着血管向内进入1厘米，去除捏压血管的手指或胶带，左手将采血器与耳一起固定，右手缓缓将血液抽出。采血完毕，以酒精棉球按压针部，再拔出针头。黑色皮肤猪耳静脉看不清，可用手电筒在耳腹面照射，以方便采血。

手机扫一扫，观看"猪前腔静脉采血"视频

（2）前腔静脉采血　位于第一对肋骨间胸腔入口处的气管腹侧面，由左、右两侧颈静脉和腋静脉汇合形成。1周龄猪的血管直径约5毫米，成年猪约1厘米。采血部位在第一对肋骨与胸骨柄结合处之前，但由于左侧靠近膈神经，故以右侧采血为宜（图5-1）。

图5-1　猪前腔静脉采血

（3）血液样品保存　如用全血样品，在采血前加入抗凝剂，并充分摇匀；如用血清样品，则不加抗凝剂，血液离心后，保存上清液。

2. 组织样品

（1）内脏样品　采集猪的内脏时，若猪已死亡则应尽快采集，夏天不应超过2小时，冬天不超过6小时，视具体情况而定。采集猪的病料必须新鲜，应尽可能减少污染。用于病原检测的内脏组织块不必太大，有1～2厘米^{2}即可。如果不能保证组织块无污染，应取大些，无菌条件下切割后再用。采集的组织块存放在消毒过的容器中，若用于病理组织学检查，则要采集病灶及临近正常组织，并存放于10%的福尔马林溶液中；若做冷冻切片，应将组织放在冷藏容器中，并尽快送实验室处理。

（2）呼吸道采样　用无菌棉拭子采集鼻腔、咽喉内的分泌物，蘸后立即放入保存液中，每支棉拭子需加保存液5毫升。

（3）皮肤样品　直接采集病变部位，如病变部位的水疱液、水疱皮等。

（4）肠道内容物　选择病变明显的肠道内容物，放入30%的甘油盐水缓冲液中保存送检，或将一段有内容物的肠管两端扎紧，剪下送检。

采集的样品最好能在24小时内送到实验室检测，夏天需在保温箱中加置冰块。送检过程中要防止倾倒、破碎、避免样品泄漏，要注意有的样品不能剧烈振荡，要缓慢放置，所有样品都要贴上能标识采样猪的详细标签。

3. 采样中常见的问题

（1）消毒采血部位时，酒精未干即行采血，有可能混进酒精造成溶血；血液未离心前，携带血液经剧烈振荡，会使血细胞破裂引起溶血；血液存放的容器不干净也会引起溶血。

（2）有的猪场比较偏远，不能及时送检，将采集的血液样品长时间存放在冰箱的冷藏层，会造成血液样品变质。

第二节　诊断试剂的研发与应用

根据用途，诊断试剂通常可分为体内诊断试剂和体外诊断试剂。畜禽常用诊断试剂一般为体外诊断试剂，例如微生物培养基，用于微生物鉴别或药敏试验的试剂，样本处理用产品（如溶血剂、稀释液、染色液等），与致病性病原体抗原、抗体以及核酸等检测相关的试剂，与治疗药物作用靶点检测相关的试剂，与变态反应（过敏原）相关的试剂，用于其他生理、生化或免疫功能指标检测的试剂等。

就诊断方法而言，又可以分为临床诊断试剂、免疫诊断试剂和分子诊断试剂。猪病常用的诊断试剂主要是免疫诊断试剂和分子诊断试剂，免疫诊断试剂在诊断试剂盒中品种最多，根据诊断类别，可分为传染性疾病、药物检测、血清型鉴定等；从结果判定的方法学上又可分为酶联免疫吸附试验（ELISA）、免疫荧光法（DFA/IFA）、免疫印迹（Western blot）、胶体金试纸条、单克隆抗体、同位素标记等不同类型试剂及方法，其中同位素放射免疫的试剂由于对环境污染比较大，目前在国际市场上已经被淘汰。分子诊断试剂主要有临床已经使用的聚合酶链式反应（PCR）产品和当前国内外正在大力研究开发的基因芯片产品。PCR产品灵敏度高、特异性强、诊断时间短，可进行定性、定量检测。基因芯片是分子生物学、微电子、计算机等多学科结合的产物，综合了多种现代高精尖技术，被专家誉为诊断行业的终极产品，但成本高、开发难度大，目前产品种类很少，只用于科研和药物筛选等。

当前猪病诊断试剂总体发展存在以下特点。

（1）免疫诊断试剂将会逐渐取代临床生化试剂，成为诊断试剂发展的主流。

（2）诊断技术正在向两极发展。一方面是高度集成、自动化的仪器诊断，另一方面是简单、快速、便于普及的快速诊断。

（3）诊断与检测产品的种类越来越多。

（4）产品更新速度加快，随着遗传工程、基因重组以及单克隆抗体等现代生物技术的不断应用和发展，新型诊断试剂能迅速由研究阶段进入临床应用阶段，缩短了开发时间。

现将常用的猪病诊断试剂进行简要介绍。

一、猪瘟ELISA诊断试剂盒

采用猪瘟弱毒疫苗株，经纯化、浓缩制成的抗原包被

ELISA板。在试验中，按操作步骤加入对照血清和待检血清，经温育后，若样品中含有猪瘟病毒特异性抗体，则将与ELISA板上的病毒结合，经洗涤除去未结合的抗体和其他成分后，再加入酶标二抗，与ELISA板上的抗原抗体复合物发生特异性结合，再经洗涤除去未结合的酶结合物，向孔中加入TMB底物液，在酶的催化下形成蓝色产物，加入硫酸溶液终止反应后，用酶标仪测定各反应孔内的OD值。

（1）应用　猪瘟ELISA诊断试剂盒用于检测猪血清中的猪瘟病毒抗体。评估猪场猪瘟疫苗的免疫状况、猪瘟的流行病学调查。试剂盒由抗原包被的微孔板、酶标羊抗猪IgG及其他试剂制成，应用间接ELISA原理检测猪血清中抗猪瘟病毒的抗体。

（2）注意事项　试剂盒使用前各试剂应平衡至室温；不同批号试剂盒的试剂组分不得混用；注意防止试剂盒各组分受污染；微孔板拆封后避免受潮或沾水（每次将剩余的微孔板用封口袋扎紧后尽快置于4℃环境中）。

二、猪繁殖与呼吸综合征病毒RT-PCR检测试剂盒

利用吸附柱提取RNA作为模板，在反转录酶的作用下，以引物为起点合成与RNA模板互补的cDNA链；然后在DNA聚合酶的作用下，经高温变性、低温退火和中温延伸的多次循环，使特异DNA片段的拷贝数放大数百万倍。将扩增的DNA片段进行电泳、染色后，在紫外灯下出现肉眼可见的DNA片段扩增带。

（1）应用　猪繁殖与呼吸综合征病毒RT-PCR检测试剂盒采用反转录聚合酶链反应（RT-PCR）技术检测猪血清和组织中的PRRSV，适用于PRRSV的检测、诊断和流行病学调查。

（2）注意事项　试剂盒不要使用超过有效期的试剂，试剂盒之间的组分不要混用；所有试剂应在规定的温度下储存，使用时拿到室温下，使用后立即放回；注意防止试剂盒组分受污染。使用前将管内的试剂瞬离15秒，使液体全部沉于管底，放

于冰盒中，吸取液体时移液器吸头尽量在液体表面层吸取；严格按试剂盒说明书操作可以获得理想的结果。操作过程中移液、定时等全部过程必须精确；RNA提取过程中，应戴口罩、勤换手套，尽量缩短操作时间；所有接触病料的物品均应进行消毒处理，以免污染实验室。

三、猪口蹄疫病毒抗体（IgG）ELISA诊断试剂盒

本试剂盒利用固相酶联免疫吸附试验（ELISA）原理，由包被有高纯度的猪口蹄疫病毒（FMDV）的ELISA板、辣根过氧化物酶标记的抗猪IgG及其他试剂配套组成。其原理为包被抗原与样本中的FMDV-IgG结合，再与酶标抗猪IgG抗体形成"包被抗原+FMDV-IgG+酶标抗猪IgG抗体"复合物，加入显色剂，通过酶的催化反应显色。显色深浅与FMDV-IgG的量成正比，当显色超过设定的临界值时结果判为阳性，表明免疫有效或有自然感染。

（1）应用 用于定性测定猪血清中口蹄疫病毒IgG抗体。用于评估猪场猪口蹄疫疫苗的免疫状况、感染猪的血清学诊断以及猪口蹄疫的流行病学调查。

（2）注意事项 本试剂盒仅用于体外诊断；本试剂盒应按含有传染性材料对待，操作时需戴手套、穿工作衣；实验废弃物应经121℃高压蒸汽灭菌30分钟，或用5.0克/升次氯酸钠等消毒剂处理30分钟后废弃；微孔板从冷藏环境中取出时应在室温中平衡至潮气干尽后方可拆开，未用完的微孔板须放回有干燥剂的铝箔袋并密封置于4℃环境中保存。未用完的液体试剂应盖好瓶盖，与其他配套组分放入试剂盒于2～8℃环境中避光保存；若20倍浓缩洗涤液出现结晶，属正常现象，放置于37℃至溶解后即可；应用微量移液器加入样本及试剂，并经常校对其准确性；加洗涤液时应做到满而不溢，防止孔口有游离酶不能洗净或各孔间的交叉污染；终止液有腐蚀性，若溅到皮肤或衣物上应立即用大量清水冲洗干净。

四、猪伪狂犬病毒gE抗体（IgG）ELISA诊断试剂盒

本试剂盒利用固相酶联免疫吸附试验（ELISA）原理，由包被有高纯度的gE蛋白的微孔反应板、辣根过氧化物酶标记的抗猪IgG及其他试剂配套组成。其反应机理为包被抗原与样本中的gE-IgG结合，再与酶标抗猪IgG抗体形成"包被抗原+gE-IgG+酶标抗猪IgG抗体"复合物，加入显色剂，通过酶的催化反应显色。显色深浅与gE-IgG的量成正比，当显色超过设定的临界值时结果判为阳性，表明猪有自然感染。

（1）用途　用于定性测定猪血清中伪狂犬病病毒gE蛋白的IgG抗体。用于区别临床野毒感染产生的抗体和用gE基因缺失疫苗免疫产生的抗体、感染猪的血清学诊断以及猪伪狂犬病的流行病学调查。

（2）注意事项　同猪口蹄疫病毒抗体（IgG）ELISA诊断试剂盒。

五、猪链球菌2型ELISA抗体检测试剂盒

采用猪链球菌2型荚膜多糖抗原包被微孔板。在试验中，加入稀释的对照血清和待检血清，经温育后，若样品中含有抗猪链球菌2型的特异性抗体，则将与检测板上的抗原结合，经洗涤除去未结合的抗体和其他成分后，再加入酶标二抗，与检测板上的抗原抗体复合物发生特异性结合，再经洗涤除去未结合的酶结合物，在孔中加入TMB底物液，与酶反应形成蓝色产物，加入硫酸溶液终止反应后，用酶标仪630纳米波长测定各反应孔中的OD值。

（1）应用　适用于检测猪血清中链球菌2型病毒抗体。

（2）注意事项　所有试剂使用前应恢复至室温（20～25℃），使用后放回2～8℃环境中保存；请在试剂盒规定的有效期内使用，不同批号的试剂盒组分不得混用；没有用完的微孔板应贮存在密封塑料袋内，于2～8℃环境中存放；底物

液和终止液不能暴露于强光或接触氧化剂；待检血清样品数量较多时，应先使用血清稀释板稀释完所有待检血清，再将稀释好的血清转移到抗原包被板上，使反应时间一致；严格遵守各操作步骤规定的时间和温度，移液应当准确，防止产生气泡；用过的材料要无害化处理，处理时遵照当地、区域以及国家法规。

六、猪衣原体间接血凝试验（IHA）诊断抗原

将抗原（或抗体）包被于红细胞表面，成为致敏载体，然后与相应的抗体（或抗原）结合，从而使红细胞被动地凝聚在一起，出现可见的凝集现象。

（1）应用　本制剂供诊断牛、羊、猪和禽类衣原体感染IHA试验用。

（2）注意事项　反应在96孔"V"字形（110°）有机玻璃板上进行；反应板每次用完后要清洗干净，晾干后使用。

第三节　猪病的临床诊断

临床检查和流行病学调查是猪病临床诊断的基本内容。临床检查的目的在于搜集作为诊断依据的临床症状等信息。由于每种猪病可能表现多种症状，而每种症状在诊断中又有不同的地位和意义，因此必须对每种症状给予一定的评价。在疾病初期所出现的早期症状可为疾病的早期诊断提供启示和线索。流行病学调查是通过问诊和查阅有关资料或深入现场，对病猪和猪群、环境条件及发病情况和发病特点等的调查。

一、临床检查

临床检查的基本方法是视诊、触诊、叩诊和听诊，但猪的解剖和生理特点使听诊和叩诊方法的应用受到一定限制。对病

猪的临床诊断应着重考虑以下几点。

（1）通过详细的视诊以观察病猪的整体状态变化，尤其是其发育程度、营养状况、精神状态、运动行为、可视黏膜变化（如眼结膜、口黏膜、鼻黏膜等）、消化与排泄活动和功能等。在一般检查的基础上，着重对鼻盘的湿润度和颜色、皮肤的出血点、疹块、疱疹等进行观察。

（2）细致检查猪体各部位及内脏器官，触知病猪有关器官的敏感性及有无局部硬肿，测定其体温、脉搏及呼吸数等生理指标，尤其是体温的升高，常常提示某些急性传染病。猪的正常体温为 38.5 ～ 40.0℃，平均体温为 39.0℃。正常体温在不同情况下会有波动，一般不超过 0.5℃。

（3）通过听诊，注意病猪的病理性声音，如咳嗽、喘息、喷嚏、呻吟等，尤其要注意其喘息的特点和咳嗽的特征。

（4）叩诊时，由于被敲打部位的内容物性质不同，所发出的声响也不一样，因此可根据发出的声响性质，推断体内的病理变化。叩诊音可分为清音、浊音、鼓音、非鼓音、高音及低音等。

二、猪病的流行病学调查

由于与病猪接触时间短，很多症状、资料需要经过询问才能获得线索。详细的流行病学调查及在条件允许情况下的现场实际调查，能为临床诊断提供重要的启示和明确的方向。流行病学调查应侧重以下几点。

（1）询问病猪发病的经过及何时发病，可以推测病的急性或慢性。病症的主要表现可提示其主要症状，并为鉴别诊断提供参考。询问猪群中或临近猪场的猪是否有类似的病例同时或相继发生，可以判定是单发、群发以及是否有传染性。

（2）询问猪场和临近的猪群过去发生过什么疫病，是否有类似疫病发生，其发病经过及结果如何，分析本次疫病与过去疫病的关系，尤其有利于地区性常发疫病的判断与分析。

（3）询问免疫程序及其效果。合理的免疫程序及其落实情况如何，在分析疫病的发生时有一定的指导意义。如猪场中有无合理的免疫程序，或虽有免疫程序但执行不当，都可能是发生疫病的原因。

（4）通过询问，详细了解饲养、管理、卫生、消毒等情况，如猪舍饲槽、运动场的卫生条件、粪便的处理情况及消毒设施、病死猪的处理情况等。了解饲料的组成、种类、质量、数量、贮存方法及饲喂方式如何，饲喂不当可引起某些代谢紊乱疾病，如仔猪营养不良、佝偻病、白肌病等。不经检疫随意由外地引进猪或人员往来频繁而不消毒，也容易导致疫病的传播。

第四节　猪病的实验室诊断

近年来，随着我国养猪业的迅猛发展，疫病的流行也呈现多样化的趋势，仅凭临床症状和流行病学很难对疫病作出准确诊断。并且临床诊断具有滞后性，一旦猪场出现疫病的大规模流行，到了临床症状非常明显的阶段，再想控制就比较困难了。目前，国内外越来越重视猪病的实验室诊断，不但可以快速、准确地诊断疫病以便合理用药，还可以对处于潜伏期的疫病作出预警，评估猪群疫苗接种效果、了解母源抗体水平等，为猪场的安全生产保驾护航。

一、实验室检测技术方法

1. 涂片镜检

通过采集血液、尿液、痰液及组织等，涂抹在载玻片上，在显微镜下观察细菌等病原体形态。通过革兰染色还可以区分是革兰阳性菌还是革兰阴性菌感染。涂片镜检方法操作简单，仅需要显微镜即可完成，可用于疫病的初期判断。

2. 病原体培养

无菌采集病料接种于适宜的培养基上，37℃培养 12 ～ 24 小时，通过菌落形态及生化反应来判断结果。分离培养的菌株还可以进一步进行药敏实验，通过抑菌试验筛选出敏感性强、疗效好的抗菌药物用以治疗。仔猪黄白痢等疾病通过细菌培养的方法比较容易判断，而副猪嗜血杆菌、传染性胸膜肺炎放线杆菌等细菌生长条件要求苛刻，且生长缓慢，容易被杂菌掩盖，较难判断，并且越来越多的猪存在混合感染的情况，因此需要结合其他检测方法进行确诊。

3. 聚合酶链式反应（PCR）

PCR 是指通过扩增放大特定的 DNA 片段来检测微量病原体的技术。常见的病毒病，如猪伪狂犬病（PR）、猪繁殖与呼吸综合征（PRRS）、日本脑炎（JE）、传染性肠胃炎（TGE）、猪流行性腹泻（PED）、猪轮状病毒病、猪瘟（CSF）等，以及细菌病（如副猪嗜血杆菌、猪链球菌、猪胸膜肺炎放线杆菌、猪大肠杆菌等），都可利用 PCR 或 RT-PCR 方法进行检测。该方法灵敏度高，适用于疫病的早期诊断，但该方法需要 PCR 仪，一般要到专门的实验室开展。

4. 酶联免疫吸附试验（ELISA）

将抗原或抗体包被在聚乙烯微孔板上，加入待检样本进行抗原抗体反应，洗脱后加入辣根过氧化物酶或碱性磷酸酶标记的二抗进行反应，洗脱后加入底物液进行显色反应，通过颜色变化或酶标仪来读取结果。ELISA 的常见类型包括间接法、夹心法、双夹心法、阻断法、竞争法等，用于病原体及血清抗体的测定，既能定性，又能定量，现在市场上有多种商品化的试剂盒可供选择。但 ELISA 实验操作需要有相应的仪器设备（如孵育箱、洗板机、酶标仪等），并且 ELISA 操作比较繁琐、实验过程需要 1 ～ 2 小时，不适用于单个样本的检测。

5. 胶体金免疫检测技术

胶体金试验是指将抗原或抗体结合在胶体金颗粒上，并与待检血清结合，在醋酸纤维膜载体上形成显色反应的一种技术，主要有层析法和渗滤法。胶体金检测方法可用于血清、全血样本，不需要特殊的仪器设备，可以实现单个样本的现场检测，敏感性和特异性也不错，试剂稳定性好，一般可以室温保存。

6. 凝集试验

凝集试验包括血凝试验、微量凝集试验等方法。某些病毒的血凝素能够选择性的使动物红细胞发生凝集，当特异性的抗体与相应病毒结合后可以使病毒失去凝集红细胞的能力，从而抑制血凝现象。该试验方法可用于口蹄疫、流感、细小病毒病、副猪嗜血杆菌病、日本脑炎等疫病的诊断。但血凝试验操作复杂、技术要求高，需要具备一定条件的实验室才能开展试验。

二、实验室检测技术用途

1. 疫病诊断

通过病原体的检测及血清抗体的检测可以了解猪的健康状况，结合临床症状，对疫病作出进一步诊断。对于早期控制、合理用药具有重要作用。

2. 免疫效果观察

接种前，通过血清抗体测定可以了解猪的抗体保护水平，尤其是仔猪的母源抗体，可以为猪的疫苗接种时间提供参考。接种后，检测血清抗体可了解猪群的疫苗接种效果，为免疫程序的制定和修改提供帮助。

当然，实验室检测结果并非100%准确，需要通过流行病学和临床症状进行综合诊断。

第六章
猪病防控体系

第一节　生物安全体系的建设

　　规模化猪场的兽医工作必须与现代化大规模养猪技术相适应，重点抓好隔离饲养、环境调控、检疫诊断、免疫接种、消毒和猪群保健等环节。

一、猪场建设

1. 猪场的选址

　　养猪场的位置要地势高燥、地形适中、通风良好，有一定坡度（坡度最好在1%～3%，最大坡度不超过25°），既要考虑交通便利，又要注重防疫与隔离，远离其他养猪场至少3000米，最好离主要道路和居民点1000米以上，远离畜禽产品交易市场、屠宰场；要建在国家规划的禁养区之外，切忌建在低洼、积水、山坳处。

　　猪场必须选择水源丰富、水质符合标准并有充足电源的地方。一个年产万头的猪场每天用水达150～250吨，电的容量应有70～100千瓦（饲料加工除外）。应选择土质坚实、渗水性强、未被病原体污染的沙质土壤，要避免有可能滑坡、断层的地方。猪场要有一定的空间和缓冲地带，一般为建筑面积的6倍以上，附近有一定的鱼塘、山林，以利污水处理。不应建在化工厂、屠宰场、制革厂的下风处或附近。

猪舍之间要拉开距离，最好有10米以上的距离，舍与舍之间可以种植一些净化空气、吸尘降噪的树。

2. 猪场的布局与设计

猪场一般分为生产区、生产辅助区和生活区。

（1）生产区（即养猪区） 该区是全场的中心，各种猪舍要严格按照饲养工艺流程安排。各阶段猪舍由上风向到下风向依次安排为：种公猪舍—空怀舍—妊娠舍—分娩舍—保育舍—育肥舍—装猪台。种猪舍应建有隔离场，繁育场应建有隔离区，以便在引进种猪后有隔离适应期，在隔离饲养期进行临床观察和实验室检测。

（2）生产辅助区 该区是生产必需的附属建筑物，如饲料库或小型饲料加工间、变电站、水泵房、水塔、淋浴消毒间、兽医化验室等。人员进入生产区要经过淋浴，淋浴消毒间设在生产区的大门外。饲料加工车间要靠近生产区。

（3）生活区 该区包括办公室、集体宿舍、食堂、汽车库、门卫等。考虑职工的工作和生活不受恶臭味和粉尘的影响，有条件的设在生产区的上风向，距离3000米以上。

二、猪场管理

猪场的蚊蝇是许多疫病的传染媒介，要做好消灭蚊蝇工作，可选用敌百虫、敌敌畏、倍硫磷等杀虫药。另外，老鼠不仅咬坏物品、偷吃饲料，还会传播弓形虫病、钩端螺旋体病、伪狂犬病等，因此对畜舍、饲料库等场所应注意防鼠，特别是饲料的贮藏处要杜绝老鼠。

消毒是杜绝传染源并确保猪群健康的一项重要措施，任何猪场都应该重视。通常可分为预防性消毒和疫源性消毒，前者是指没有发生传染病时，对畜舍、用具、场地、饮水等进行消毒；后者是在发生传染病以及发生传染病后，为控制病原的扩散对已造成污染的环境、畜舍、饲料、饮水、用具、场地及其他物品进行全面彻底的消毒。消毒可分两步进行：第一步，先进行机械性清扫，通过清扫、冲洗、洗刷等措施搞好畜舍环境卫生，此方法可使畜舍微生物污染程度大大下降；第二步，用化学消毒液消毒，可提高消毒效果，达到预期消毒目的。消毒大致包括消毒池消毒、带猪喷雾消毒、空舍消毒、饮水消毒、环境消毒等几方面。当前市面上销售的消毒剂很多，应注意依据不同环境条件和要求进行选用，也可选择不同消毒剂交替使用，避免长久使用同一种消毒剂。

　　猪场工作人员统一到食堂就餐，不准从市场购入猪肉，统一由猪场提供肉食；外来人员应在指定的地方会客与住宿，不得进入生产区。生产人员进入生产区前，要经过淋浴，更换专人专用并经消毒的工作服、鞋帽以及洗手消毒后，再进入生产区工作。工作服、鞋、帽每次消毒后只能使用1次，事毕即清洁消毒，以便下次使用。猪场人员外出办事后返场，要先在本场外部管理区工作2天，经净化后才能返回生产区工作。如果外出期间接触场外动物，应在本场净化6天后，经淋浴更衣才能进入生产区复工。饲养人员不得随意到工作岗位以外的车间去，各猪舍的用具不得串换混用。

　　采用"全进全出"的饲养方式，在配种、怀孕、分娩、保育、生长、育成的各个阶段，在清出旧猪群（如转群或出售）后，经过严格的清洗消毒，空闲几天后再接收新猪群，已离场的猪禁止回场饲养。

第二节 猪病流行病学调查与预警预报技术

一、猪病流行病学调查方法

1. 统计调查

关注动物疫情的发生情况，对动物疫情资料进行及时统计，对疫病的发病种类及数目、发病率、死亡率等进行统计。

2. 问卷调查

由专门流调人员定期与猪场、养殖户进行问卷调查，了解疫病的发生、治疗以及疫苗使用情况，询问猪群饲养管理等基本情况，认真记录问卷调查表的内容。

3. 抽样调查

根据猪场、养殖户、动物屠宰加工场所、农贸市场等地的实际情况，采集血样、内脏、淋巴等样品，进行实验室检测（对猪瘟、猪繁殖与呼吸综合征、猪伪狂犬病、猪圆环病毒病等进行核酸及抗体抗原检测）。同时，详细记录样品采集点的地理信息（位置、经纬度、海拔等）、生产信息（存栏、性别、年龄等）、免疫信息（疫苗种类、生产厂家、疫苗批号、获得方式、免疫程序、免疫反应等）、疾病信息（疫病种类、流行情况、临床症状、病理变化、治疗效果等）。

4. 送检病料检测

相关防控部门与当地猪场、养殖户等建立联系，敦促猪场、养殖户等将疑似病料及时送检，并组织实验室检测，实施迅速有效的疫病防控措施。

二、猪病预警预报技术

动物防疫在养殖系统中极为重要，需要有针对性地开展防疫工作，加强流行病学调查，以科学方案指导疫情防控，尽量减少疫病带来的损失，切实保障生猪养殖系统安全平稳地运行。

1. 消毒

严格按照《中华人民共和国动物防疫法》的要求，加强对引进猪的检疫、消毒以及监管工作。按照检疫规程进行检疫，并对引进猪进行隔离观察，观察期满且无其他异常状况，方可投入养殖场内进行饲养，尽可能地杜绝或减少外来疫病的传入与传播。

2. 疫苗免疫

结合当地猪的发病种类、发病地点、发病数量及未来可能蔓延的面积等情况，备齐所需的常规疫苗的种类和数量，按常规疫苗的免疫规程，保质保量地做好当地猪场、养殖户的免疫工作，并对免疫效果进行监测，以确保免疫的有效性。

3. 加强生猪饲养管理

有些猪病的发生呈现季节性流行，有些猪病发生与猪的年龄和成长阶段密切相关，有的猪病发生与猪的饲养环境、人员管理与流动及饲料投喂情况关系紧密。针对这些现象，在炎热的季节应积极做好猪舍的降温及通风工作，在寒冷的季节做好猪舍的保温及换气工作。同时，对处于不同生长发育阶段的猪的饲料进行合理配比，对猪舍进行定期和不定期消毒，并且适当更换消毒药品以提高消毒效果，并加强人员管控，减少外来疫病的传入概率。

4. 疫病科学防控

积极主动地配合做好流行病学调查工作，猪场和养殖户需要如实准确地报告疫病事件，以确定传染来源、传播途径和暴露因素。积极配合专业技术人员查明病原传播扩散和流行情况，并报告好猪群的患病状况、疫病时间和地域分布，以及疫病发生的动态过程。根据专业机构的指导做好疫情防控工作，并对疫病防控措施实施的效果进行评估，建立防控工作的有效性评价机制，从而保证流行病学调查工作的科学性，提高疫情防控效率，减少因疫情造成的损失。

第三节 猪病疫情报告与扑灭

一、疫情报告制度

1. 疫情报告的责任人

从事动物疫情监测、检验检疫、疫病研究与诊疗以及动物饲养、屠宰、经营、隔离、运输等活动的单位和个人，发现动物发生疫病或疑似发生疫病时都有义务向当地兽医主管部门、动物卫生监督机构或者动物疫病预防控制机构报告。

任何单位和个人不得瞒报、谎报、迟报、漏报动物疫情，不得授意他人瞒报、谎报、迟报动物疫情，不得阻碍他们报告动物疫情。

2. 疫情报告的政策法规

《中华人民共和国动物防疫法》《重大动物疫情应急条例》和《动物疫情报告管理办法》都对疫情的报告进行了规定。

3. 疫情报告的程序

（1）养猪场和村级防疫员等任何个人和单位发现疫情后应及时上报乡级兽医检测诊断机构。

（2）乡级兽医检测诊断机构应及时上报县级兽医机关，同时派两名以上疫病诊断技术人员到现场开展调查，进行初步诊断。

（3）县级兽医机关接到报告后，应及时组织派出两名以上兽医技术人员指导、协助开展调查，开展疫病诊断工作。

（4）县级兽医机关如疑似为一、二类传染病的、猪只死亡率较高、疫病大面积流行的、不能确诊的病例应上报相关部门进行诊断。

（5）动物防疫机关接到报告后，及时组织派出两名以上兽医技术人员，进行现场诊断，并采集样品，进行实验室检测，综合判定疫病种类。怀疑为重大动物疫病时立即送检国家级指定参考实验室进行最后确诊。

4. 疫情报告的内容

动物疫情的报告内容包括疫点的信息、疫病的信息、采取的措施等。疫点的信息包括养猪场名称、饲养动物种类、饲养规模、饲养方式、地址、联系人、联系电话。疫病的信息包括发病动物种类、临床症状、死亡情况、免疫情况、是否有人员感染等。采取的措施包括治疗情况、封锁情况、扑杀情况等。

5. 疫情报告的注意事项

养猪场的地址、联系方式要了解并记录详尽、清楚；要保证与联系人联络畅通；疫病信息要掌握清楚，以便为下一步出诊、采样工作携带的物品做好准备。确定到现场流行病学调查、诊断采样以及疫病防控人员的防护级别，有效杜绝人员感染。

二、扑杀政策

多种动物疫病具有易感性、强致病性和极易流行等特点。对发病动物应进行隔离、及时扑杀，以避免疫情范围扩大，减少疫病发生给畜牧业及社会造成的损失。2001年财政部和农业部联合下发的《牲畜口蹄疫防治经费管理的若干规定的通知》（财农办〔2001〕77号）文件，对扑杀动物作出了明确的补偿条款，是1949年以来中央级部门首次对重大疫病扑杀补助作出统一规定，是动物疫病应急处置工作中的重要标志。2008年修订的《中华人民共和国动物防疫法》颁布，以法律规定的形式对因感染动物疫病而进行扑杀的措施和相应的补偿条款。2011年国务院办公厅下发《关于促进生猪生产平稳健康持续发展 防止市场供应和价格大幅波动的通知》和《关于调整生猪屠宰环节病害猪无害化处理补贴标准的通知》（财建〔2011〕599号）等一系列规章制度，将扑杀生猪补偿标准由每头600元提高到800元。

2016年，农业部和财政部下发《农业部、财政部关于调整完善动物疫病防控支持政策的通知》（农医发〔2016〕35号），强调要"完善强制扑杀补偿政策"和"建立扑杀补助标准动态调整机制"，为各级地方政府及畜牧部门探索动态的扑杀补偿价格调整机制提供了政策依据。文件指出，动物疫病防控财政支持政策主要包括强制免疫补助、强制扑杀补助、养殖环节无害化处理补助三项内容。国家在预防、控制和扑灭动物疫病的过程中，对被强制扑杀动物的所有者给予补偿。目前纳入强制扑杀中央财政补助范围的疫病种类包括口蹄疫、高致病性禽流感、H7N9流感、小反刍兽疫、布病、结核病、棘球蚴病、马鼻疽和马传贫。强制扑杀补助经费由中央财政和地方财政共同承担。补助畜禽疾病种类有猪、牛、羊、马等家畜及鸡、鸭、鹅、鸽子、鹌鹑等家禽。强制扑杀中央财政补助经费根据实际扑杀畜禽数量、补助测算标准和中央财政补助比例测算。扑杀补助平均测算标准为禽15元/羽、猪800元/头、奶牛6000元/头、肉牛3000元/头、羊500元/只、马12000元/匹，其他畜禽补助测算标准参照执行。各省（区、市）可根据畜禽大小、品种等因素细化补助测算标准。中央财政对东、中、西部地区的补助比例分别为40%、60%、80%，对新疆生产建设兵团和中央直属垦区的补助比例为100%。东部地区包括北京、天津、辽宁、上海、江苏、浙江、福建、山东、广东；中部地区包括河北、山西、吉林、黑龙江、安徽、江西、河南、湖北（不含恩施州）、湖南（不含湘西州）、海南；西部地区包括内蒙古、广西、重庆、四川、贵州、云南、西藏、陕西、甘肃、青海、宁夏、新疆、湖北恩施州、湖南湘西州。

2017年，为进一步做好中央财政动物疫病防控支持政策贯彻落实工作，制定了《农业部办公厅、财政部办公厅关于印发〈动物疫病防控财政支持政策实施指导意见〉的通知》（农办财〔2017〕35号）。

2018年，财政部、农业农村部联合印发了《关于做好非洲猪瘟强制扑杀补助工作的通知》（财农〔2018〕98号）。文件指出，2018年8月以来，我国先后发生多起非洲猪瘟疫情，疫情发生后，各地迅速采取了隔离封锁、扑杀发病及同群猪、消毒等应急处置措施，防止疫情扩散蔓延。为贯彻落实国务院有关部署要求，合理保护养殖场（户）利益，保障非洲猪瘟防控工作顺利开展，现就非洲猪瘟强制扑杀补助有关工作通知如下。一、将非洲猪瘟纳入强制扑杀补助范围，对此次强制扑杀补助标准暂按照1200元/头掌握（含人工饲养野猪，疫情以外及以后年度强制扑杀仍按照现行标准执行），中央财政对东、中、西部地区的补助比例分别为40%、60%、80%，对新疆生产建设兵团、直属垦区的补助比例为100%。以上补助经费从2018年8月1日起实施，按照实际扑杀生猪数量据实结算。各地可根据生猪大小、品种等因素细化补助标准。二、各地要向养殖户做好非洲猪瘟扑杀补助政策的宣传，引导养殖场（户）减轻顾虑，积极主动报告疫情，配合做好疫情处置工作，坚决彻底拔除疫点，降低疫病传播风险。三、各地要切实做好因非洲猪瘟扑杀生猪数量的登记备案、扑杀补助经费的核实发放等工作，避免出现谎报、多报，套取国家补助资金的现象。同时，要做好疫情的监测排查和监督管理，防止养殖场（户）为得到扑杀补助故意传播疫情。四、地方各级财政要积极支持有关部门做好疫情处置和宣传引导等工作，确保疫情处置工作有效推进。

2019年，农业农村部办公厅、财政部办公厅联合印发《关于做好非洲猪瘟防控财政补助政策实施工作的通知》（农办计财〔2019〕4号）。文件指出：为贯彻落实党中央、国务院关于加强非洲猪瘟防控有关要求，近期，中央财政提前下达了2019年动物防疫等补助经费，并紧急下达了非洲猪瘟疫情防控经费，支持各地做好非洲猪瘟强制扑杀以及疫情检疫、运输车辆监管等相关工作。为有效落实非洲猪瘟防控相关政策，切实提高中央财政动物防疫等补助经费的使用效率，现就有关事项通知如下。一、因非洲猪瘟疫情强制扑杀生猪（含人工饲养野猪）的补助工作，按照财政部、农业农村部联合印发的《关于做好非洲猪瘟强制扑杀补助工作的通知》（财农〔2018〕98号）有关要求执行。因其他动物疫情强制扑杀生猪的补助工作，中央财政补助标准继续按照《农业部、财政部关于调整完善动物疫病防控支持政策的通知》（农医发〔2016〕35号）和《农业部办公厅、财政部办公厅关于印发〈动物疫病防控财政支持政策实施指导意见〉的通知》（农办财〔2017〕35号，以下简称《实施指导意见》）有关要求执行。二、规范疫情处置，中央财政对非洲猪瘟疫情划定的疫点疫区范围内扑杀的生猪，或检测阳性的养殖场（户）、屠宰厂扑杀的生猪（包括已屠宰的同批次生猪）给予补助。超出上述范围扑杀的生猪，中央财政不予补助。三、非洲猪瘟疫情防控中，存在下列情形引发疫情或导致疫情扩散蔓延的，扑杀的生猪不予纳入中央财政强制扑杀补助范围：调运生猪不按规定申报检疫的；谎报、瞒报、迟报疫情等不按规定报告疫情的；违规使用餐厨剩余物饲喂生猪的；故意出售、转移以及采用其他方式私自处理发病猪的；不配合落实防疫、检疫、隔离、扑杀等防控措施的。四、为维护社会稳定和促进生猪产业健康发展，各地要切实落实好非洲猪瘟强制扑杀补助政策，尽快发放补助资金；真实、准确、详细做好强制扑杀生猪数量登记统计工作。按《实施指导意见》要求，将2018年3月1日至2019年1月31日期间所有动物疫病的强制扑杀情况（非洲猪瘟强制扑杀情况需单列）于2019年2月28日前以省级农业农村部门和财政部门联合发文形式报送农业农村部和财政部。五、严格贯彻落实国务院第26次常务会议精神和要求，按照《财政部关于下达2018年动物防疫等补助经费预算的通知》（财农〔2018〕173号）有关要求，切实抓好非洲猪瘟疫情防控经费保障工作，中央财政补助资金统筹用于加强生猪产地检疫、屠宰检疫和运输车辆监管等三项工作。生猪产地检疫环节，要严格开展非洲猪瘟临床检查、排查等工作，按照防疫工作要求对调运生猪等进行非洲猪瘟检测。生猪屠宰检疫环节，要加强非洲猪瘟现场检查，屠宰前详细查看生猪健康状况，屠宰过程中重点检查疑似非洲猪瘟临床症状以及典型病理变化，并组织对屠宰环节的猪肉产品或血液进行抽检。运输车辆监管环节，要加强指定通道、公路动物卫生监督检查站和省际临时公路动物卫生监督检查站建设，充实省际动物卫生监督检查站工作力量，改善工作条件，严格执行24小时值班制度，强化生猪运输车辆监管，加大对跨省调运生猪及其车辆查验和清洗、消毒的力度，有效降低疫情跨区域传播风险。六、严格落实属地管理责任，督促地方各级人民政府落实好非洲猪瘟防控工作总体责任，逐级压实责任，强化责任追究。地方各级财政部门要会同农业农村部门按要求落实好非洲猪瘟防控财政补助政策，严格按照支出方向使用资金，确保资金及时落实到位，切实强化资金使用监管和绩效考核，对虚报冒领、骗取套取、截留挪用中央财政补助资金以及违反规定使用等行为，一经查实，按照《财政违法行为处罚处分条例》等相关规定严肃处理，涉嫌犯罪的，移送司法机关处理。

三、治疗技术

包括特异性治疗技术和非特异性治疗技术。

非特异性免疫系统是针对实质器官和组织而言的，主要包括皮肤黏膜、淋巴结、血清以及其他分泌物（如泪液、唾液、胃液、汗液、组织分泌物等），同时还有体内的血脑屏障、血液-神经屏障、血液-胎盘屏障、血液-胸腺屏障等。另外还包括单核-巨噬细胞系统，他们在抗感染及抗异物侵入过程中起到直接的抵御作用，具体的功能表现包括以下几个方面。

① 皮肤、黏膜以及各种屏障结构的屏障作用。

② 外周淋巴结、脾脏等器官的过滤作用。

③ 血清体液的杀菌作用。

④ 动员大量吞噬细胞、淋巴细胞或抗菌物质产生炎症反应。

⑤ 单核-巨噬细胞系统的吞噬作用。

特异性免疫系统是机体整个免疫系统的一个主要组成部分，与其他系统一样，其发生过程是在环境压力下逐渐特异分化而形成的，涉及的实质器官及组织细胞有中枢免疫器官、外周免疫器官以及各种组织中的免疫细胞、各种免疫活性介质等。

① 中枢免疫器官（是免疫细胞，即在特异性免疫反应中的T细胞、B细胞发生、分化、成熟的场所）。

② 外周淋巴器官（是淋巴器官接受抗原刺激并产生免疫应答的器官，包括淋巴结、脾脏、淋巴小结及全身弥散的淋巴组织）。

③ 免疫细胞（是执行免疫识别、免疫记忆、免疫应答功能的主要群体。它包括淋巴细胞、单核细胞、树突状细胞、巨噬细胞、多形核细胞、辅助细胞等，其中能接受抗原的刺激而活化、增殖、分化成特异性免疫应答细胞的称为抗原特异性淋巴细胞，即T淋巴细胞和B淋巴细胞）。目前发病猪的治疗技术主要包括疫苗免疫、药物治疗以及提高猪体免疫力。

1. 预防接种

（1）具体措施　预防接种措施能够有效地预防生猪感染，是疫情防控的重要环节。疫苗可分为活疫苗、灭活疫苗、基因工程类疫苗等。有些病种只有活疫苗，如猪瘟、日本脑炎等只有活疫苗。有些病种只有灭活疫苗，如细小病毒病、副猪嗜血杆菌病等。有些病种既有活疫苗又有灭活疫苗，如经典型猪繁殖与呼吸综合征、猪伪狂犬病等。预防接种工作要根据猪群的实际情况、当地疫病流行情况以及当地动物防疫监督部门的有关要求选择疫苗。如疑似或检测到猪群感染野生猪瘟病毒，可使用猪瘟脾淋苗进行紧急疫苗接种；原种畜群为净化猪伪狂犬病不能使用全病毒灭活疫苗；经典型猪繁殖与呼吸综合征阴性猪场可以使用灭活疫苗，不建议使用减毒活疫苗。

（2）疫苗的储存和运输　活疫苗应在低温条件下保存，运输应冷藏保存，活疫苗应在稀释疫苗释放后3小时内使用；灭活疫苗应在2～8℃下保存，避免冻结。将灭活的疫苗冷冻然后解冻，它们将变成普通的、灭活的疫苗，佐剂将失去作用。

（3）疫苗检查及接种方式　首先需要使用质量合格的疫苗，防止在接种后出现免疫力下降或疾病感染抵抗能力不达标等问题。在疫苗的接种剂量方面，需要严格按照规范要求使用，不可以盲目改变用量，以避免对生猪的身体造成伤害。生物制剂的接种方式大致可以分为皮下注射和肌内注射两种，大多数疫苗通过肌内注射方法进行免疫，一些流行病可采用口服的方式，口服免疫应增加剂量（2～4倍），如活猪副伤寒活疫苗、败血链球菌活疫苗等，哮喘病活疫苗应采取胸部或肺部注射免疫，传染性肠胃炎疫苗应在后海穴注射免疫，细菌性活疫苗在免疫接种前后一周不要使用治疗量的敏感抗菌药物。在进行接种前，应先进行各项调查，掌握当地的疫情，并制订相应的接种方案，保障预防接种的效果。

（4）接种频率　每年定期对生猪进行疫苗接种，一般为一年两次。生猪会在疫苗接种后20天内产生免疫，因此，如果在20天后生猪还没有开始免疫，需及时进行补充注射。疫苗的疫期一般为半年或者一年，需要在该时间段内每个月至少检查1次。

2. 注意事项

在进行疫苗接种时需要注意许多细节，保障接种效果。

（1）免疫前的准备工作　在注射前，充足做好免疫前的准备工作，包括生猪、猪栏及工具的清洁与消毒，注射时需按照标准要求严格控制剂量，使用前将疫苗瓶轻轻摇晃，使疫苗充分溶解并混匀后进行注射。

（2）首免日龄和免疫剂量　根据母猪的免疫和疫病感染状况，确定特定疾病的最适首免日龄和免疫剂量，充分考虑母源抗体对疫苗接种免疫应答的干扰。母乳喂养之前进行免疫是为克服母源抗体的干扰，如猪瘟抗体高的母猪群中，在农场硬件设施有保障，疫病防控及管理水平高的情况下，母猪生产的仔猪在50日龄左右的免疫状况最佳，也可在20～25日龄进行免疫接种以防止感染毒性更强的野生猪瘟，可以增加免疫剂量以减少母源抗体的干扰。为克服母源抗体的干扰，可采用母乳喂养之前进行免疫的方式。例如，感染猪瘟的母猪所产仔猪先天感染猪瘟，可在乳前免疫猪瘟疫苗，猪伪狂犬病和经典猪繁殖与呼吸综合征也可实施乳前免疫。但需要注意的是乳前免疫会影响仔猪的生长发育，还可能影响仔猪免疫系统的功能，因此实施前需经专业科学的指导。若仔猪体内存在较高水平的抗体，则不应过早免疫，已怀孕的母猪则不应进行注射，避免其流产。

（3）高度重视种猪的免疫力　种公猪和母猪的繁殖期长，感染疾病后可能长期带毒并成为感染源。做好母猪的免疫防控工作，可提高配种率和产仔率，还可以使新生仔猪获得一定的母源保护。仔猪黄（白）痢、副猪嗜血杆菌病等细菌性疾病通常在怀孕母猪分娩前获得免疫，新生仔猪通过初乳获得较高的母源抗体。

（4）关注细菌性疾病的免疫力　尽管可通过使用药物对细菌性疾病进行控制，但其控制效果还与饲养条件和管理状况等多方面因素有关。一些传统细菌性疾病的流行呈上升趋势，例如猪肺疫、败血性链球菌病等，猪传染性胸膜肺炎、副猪嗜血杆菌病等发病率仍然较高，科学接种疫苗也是预防和控制细菌性疾病的重要措施。

（5）疫苗的相互干扰与影响　免疫计划的实施还应考虑到疫苗的相互干扰和影响，如果生猪已经感染疾病，则不应注射疫苗，避免扩散感染，以免造成生猪大面积死亡；还应避免同时对生猪注射2种疫苗，避免发生不良反应从而限制猪体免疫力。在一种疫苗接种后，需要等待其免疫产生后才可接种另一种疫苗，一般需间隔至少7天，例如接种猪繁殖与呼吸综合征弱毒疫苗后，间隔7天以上才能接种猪瘟弱毒疫苗。

3. 药物防治

除疫苗接种免疫外，还可通过药物防治的方式进行猪的疫病防治，按照科学用药方案对生猪使用不同药物，以有效预防疾病的发生，防止发生疫病规模性传染。较为常见的药物有各种抗生素、磺胺类药、各种驱虫药物等。

（1）用药方法　用药方法主要包括拌饲料、喂服、丸剂或舔剂吞服、胃管投服、皮肤给药和注射给药等。病猪可进食的情况下，将药物按一定比例混入精饲料中，让病猪食用或将药物调成糊状或液体状，从猪舌侧面靠腮部喂给病猪，过程中注意间歇和少量多次慢喂原则，勿过量和过急，以免药物呛入病猪气管中，避免引起病猪的异物性肺炎甚至窒息死亡，还可将丸剂药物放入病猪的口腔内部，让病猪吞下。在病猪不能进食的情况下，亦可采取胃管投服的方法进行给药治疗。皮肤给药是通过皮肤来吸收药物，以达到局部治疗的作用，此方法可用于治疗体外寄生虫病等。注射给药包括皮下注射、肌内注射和静脉注射等。皮下组织血管较小，因此对药物的吸收能力较弱，刺激性较强的药物不宜进行皮下注射。肌内注射具有吸收较快且完全的优势，油溶液、混悬液、乳浊液均可肌内注射，刺激性较强的药物需要进行深层的肌内注射。静脉注射药效最快，适用于急救或输入大量液体的情况，但油溶液、混悬液、乳浊液等不适合进行静脉注射以免发生血栓。

（2）科学用药　在猪群发病时应及时确认病种及致病原因，然后进行科学用药。给药前应先了解药物成分及有效含量，避免发生治疗效果低下或药物中毒的情况。进行肠道感染的防治中，可使用痢菌净，效果较为显著。另外，还有诺氟沙星及其衍生药物，其抗菌活性较为良好。传染病猪丹毒对青霉素较为敏感，可使用青霉素进行治疗；弓形虫病则对磺胺类药物比较敏感，可选择使用磺胺类药物治疗弓形虫病。氟苯尼考对沙门菌引起的疾病有较好的疗效，而对大肠杆菌引起的疾病疗效次之。在猪饲料中添加矿物质、维生素和中药成分等，可有效增强生猪的免疫力，预防疾病的发生，在饲料中使用喹乙醇类的添加剂还能提升瘦肉率。

（3）注意事项　在使用药物进行猪病防治时，需要先对药物的性质、特点、适应情况等进行详细深入的了解，避免出现不合理用药或者过度依赖药物的情况。另外，还应针对猪病的症状分析猪病出现的具体原因，从根本上进行防治。同时对养殖环境的管理也十分重要，需要定期彻底清洁猪栏，并采取生猪消毒等措施。

（4）用药安全　当猪体产生疑似症状或发病后，需要及时进行诊断，并根据药理、药性进行科学治疗。需要对疫病进行对症治疗，切忌滥用和误用药物，在饲料或饮水中添加土霉素类等药物或激素，会导致食品安全和环境污染。猪患病时需采用标本兼治的方法，以保障病猪的治疗效果。因此可采用中西药结合的方法进行治疗。在疫病发生早期，从临床症状上难以确诊，可采用抗菌与抗病毒药联合使用的原则用药，以增强治疗疫病的效果。为了保障药物在猪体内持续发挥药效，可进行重复用药，但重复用药的方案可使猪体对相应药物产生耐受性，致使治疗效果不佳，也可使病原体产生耐药性，而使药效下降甚至消失。在使用抗生素进行治疗过程中，用药剂量和疗程不足更容易使病原体产生耐药性。给药次数一般为每天2～3次，若重复用药后仍无疗效则需改变治疗方案或更换药物。用抗菌药进行治疗，可能出现给药剂量增大而疗效降低的情况，在饲料中加入抗菌药作为添加剂，猪群长期服用易产生耐药性，会导致药物治疗效果降低。

（5）药物配伍禁忌　不同药物具有的理化性质和药理性质显示差异性，在配合不当时易出现沉淀、结块、变色等现象，从而引起药物失效甚至产生毒性。物理性禁忌是指药物配合时产生形态方面的改变，如分离、析出、潮解、溶化等变化，导致药效降低。如抗生素类药物不能与吸附类药物同用，否则易被吸附而降低疗效。化学性禁忌主要为酸性与碱性药物发生化学反应而出现产气、爆炸、变色、沉淀、液化等现象，导致药效降低，严重时还会对猪体产生毒害作用。磺胺类药物易与多种抗生素类药物、葡萄糖生理盐水及镇痛退热类药物发生沉淀析出。盐酸四环素遇碳酸氢钠溶液时析出四环素沉淀。氯霉素遇碱性药物会被破坏而失效，而遇酸性药物则会发生沉淀，导致肌内注射后药物吸收不良，采用静脉注射方法时造成血管栓塞。常用的酸性药物包括盐酸普鲁卡因、葡萄糖酸钙、链霉素和青霉素等均不宜与碱性药物配伍。

（6）禁用药　随着规模化养殖的开展，养猪业中使用的各种药物导致食品中药物残留、细菌耐药性增强、环境污染等弊端逐步显现，国家逐年出台新的关于使用抗生素等药物的法律法规。例如，国家规定自2020年开始动物饲料中全面禁止添加抗生素；所有用于人类的抗生素以及氯霉素、氧氟沙星、培氟沙星、呋喃西林等药物禁止用于食品动物。

（7）疫苗接种期用药　在接种弱毒活疫苗前后5天内禁止使用对疫苗敏感的抗生素药物、抗病毒药物以及激素制剂等，同时要避免在饮水中添加消毒剂，以防止抑制或杀死活疫苗，导致免疫失败。在免疫接种期间可以选用提高猪体免疫力的免疫增强剂或抗应激药物（如维生素类、微量元素、中药制剂等），来增强疫苗对猪群的整体免疫保护效果。

第七章
猪的病毒性疾病

第一节　猪瘟

猪瘟（Classical Swine Fever，CSF），曾经被称做猪霍乱，是由猪瘟病毒（CSFV）引起的一种高度接触性、致死性猪传染病。临床上以发病急、高热稽留、全身泛发性点状出血和脾梗死为主要特征，给世界各国养猪业造成了巨大的经济损失。

【病原特点】猪瘟病毒为黄病毒科瘟病毒属成员，病毒粒子呈球形，核衣壳为二十面体对称、有囊膜。单股正链RNA，基因组全长12.3千碱基对，编码一个含3898个氨基酸的多聚蛋白，该蛋白在宿主细胞和病毒自身蛋白酶的作用下，加工形成4个结构蛋白（C、E^{rns}、E1、E2）和8个非结构蛋白（N^{pro}、p7、NS2、NS3、NS4A、NS4B、NS5A、NS5B）。其中囊膜糖蛋白E2是主要保护性抗原，可以诱导抗猪瘟病毒的保护性免疫应答。猪瘟病毒只有一个血清型，但是野毒株也不乏变异株、毒力差异很大。

【流行病学】猪瘟在世界上广泛分布。近年来，我国猪瘟临床表现和流行特点发生一定程度的变化，感染猪病程明显延长，发病率高而病程短的猪瘟比较少见。成年商品猪急性典型性猪瘟病例有所减少，而非典型的慢性及隐性猪瘟形式较多，发病率和死亡率明显低于典型猪瘟。局部区域性散发流行较多，大范围暴发流行较少见。带毒母猪可将病毒经胎盘垂直传播给胚胎，而使母猪卵巢发生器质性病变而导致繁殖障碍，引起严重的流产、死胎及弱仔；新生仔猪早期经带毒母猪排毒而感染，是仔猪死亡的主要原因。

持续性感染是繁殖母猪感染猪瘟的主要形式之一。仔猪通过垂直传播感染，引起免疫耐受现象。成为仔猪发生猪瘟的重要原因之一。中、低毒力毒株感染的新生仔猪表现为持续性感染并终生带毒，无应有的免疫应答，导致疫苗免疫后无法使猪产生足够的抗体，是引发免疫后猪群发生猪瘟的重要原因。混合感染及其引起的并发症成为猪瘟危害的新趋势，猪瘟与猪丹毒、猪肺疫、猪繁殖与呼吸综合征、猪伪狂犬病、猪弓形虫病等混合感染，以及猪瘟并发链球菌病、仔猪副伤寒、大肠杆菌病等病例增多，导致病情复杂，症状严重，防治效果不佳，病死率升高，造成严重的经济损失，应引起高度重视。已有研究证实，猪细小病毒、伪狂犬病病毒、猪繁殖与呼吸综合征病毒和猪瘟病毒混合感染都可以造成猪瘟病毒在体内滞留并加重猪瘟病毒的持续性感染。

【临床症状】（1）急性猪瘟　病猪体温升高至40～42℃，精神沉郁、怕冷、嗜睡；病初便秘，随后出现糊状或水样并混有血液的粪便，腹泻，大便恶臭；结膜炎、口腔黏膜不洁、齿龈和唇内以及舌体上可见溃疡或出血斑；后期鼻端、唇、耳（图7-1）、四肢、腹下及腹内侧等处皮肤上有出血点或出血斑（图7-2）。常继发细菌感染，以肺炎或坏死性肠炎多见。

（2）慢性猪瘟　病猪体温升高不明显；贫血、消瘦和全身衰弱，一般病程超过1个月；食欲时好时坏，便秘和腹泻交替发生；耳尖、尾根和四肢皮肤坏死或脱落。慢性猪瘟存活者严重

图7-1　耳朵出血、发绀　　　图7-2　四肢、腹下皮肤出血

发育不良，成为僵猪。

（3）非典型猪瘟　又称亚临床猪瘟。临床症状与解剖病变不典型，发病率与死亡率显著降低，病程明显延长，新生仔猪感染后死亡率较高，大猪一般能耐过；怀孕母猪感染出现流产，出现胎儿干尸、死胎及畸形胎。

（4）迟发型猪瘟　是先天感染的后遗症，感染猪出生后一段时间内不表现症状，数月后出现轻度厌食、不活泼、结膜炎、后躯麻痹，但体温正常，可存活半年左右后死亡。怀孕母猪感染低毒力猪瘟病毒可表现群发性流产、死产、胎儿干尸化、畸形和产出震颤的弱仔猪或外观健康实际已感染的仔猪。

【剖检病变】全身淋巴结肿大、呈暗紫色，切面周边出血、呈大理石样（图7-3、图7-4），扁桃体、会厌软骨和喉头黏膜（图7-5）、膀胱黏膜（图7-6）、心外膜、胸膜、肠浆膜、腹膜及皮下脂肪（图7-7）等处有大小不一的出血点或出血斑。肾呈土黄色，表面有散在红色、呈麻雀卵样出血斑点（图7-8），脾边缘有梗死灶（图7-9）。慢性型猪瘟大肠黏膜有出血和坏死，在回盲瓣、结肠黏膜上可见大小不一的纽扣状溃疡（纽扣状肿）、突出于黏膜表面（图7-10）。

【预防】我国自20世纪50年代开始使用我国创制的猪瘟兔化弱毒苗，该病的广泛流行得到了有效控制。美国、加拿大、

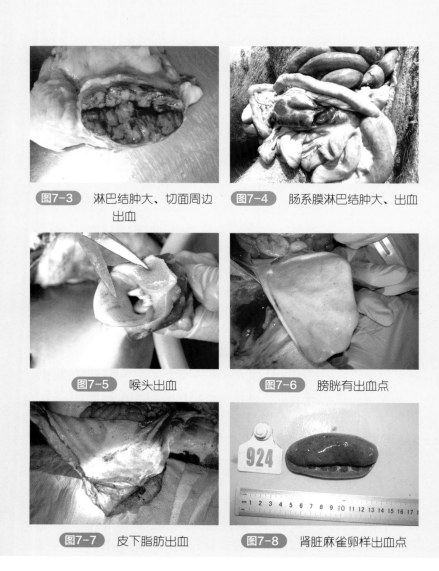

图7-3　淋巴结肿大、切面周边出血

图7-4　肠系膜淋巴结肿大、出血

图7-5　喉头出血

图7-6　膀胱有出血点

图7-7　皮下脂肪出血

图7-8　肾脏麻雀卵样出血点

澳大利亚、新西兰、丹麦、瑞典、挪威、芬兰等发达国家通过持续性扑杀控制政策已经消灭猪瘟。欧洲国家则采取无疫苗免疫状况下清除病毒的策略来控制猪瘟，收效较好，但是欧洲范围内的猪对病毒非常易感，一旦病毒进入将会发展成猪瘟大

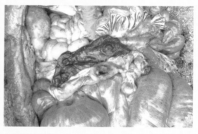

图7-9 脾脏边缘出现梗死灶   图7-10 大肠出现局灶性固膜性肠炎（纽扣状肿）

流行。我国猪瘟的感染率呈逐年大幅下降的趋势，已经具备实施净化的条件。根据《国家中长期动物疫病防治规划（2012—2020）》，我国已经把猪瘟列入种猪场的净化计划。同时，长期开展猪瘟免疫，猪群带毒或隐性感染分布广泛、感染强度较高；要彻底改变这一现象，依靠企业或单一部门很难实施，必须在全国层面制定和组织统一的实施清除计划，才能达到猪瘟净化的目标。

我国猪瘟兔化弱毒疫苗C株是世界上最好的猪瘟疫苗毒株，美国等发达国家通过使用该疫苗已实现了本国的猪瘟净化。我国应该充分发挥该疫苗的优势，努力达到净化的目标。疫苗生产厂家应该加强疫苗的质量控制，加大疫苗外源性污染的检测力度以提高免疫效力，生猪养殖单位应制定适合本场的科学免疫程序，严格按规程进行净化。

【治疗】目前尚无针对猪瘟的特效治疗方法。猪场要定期免疫接种猪瘟疫苗，每年春、秋两季分别对成年猪普遍进行一次猪瘟兔化弱毒疫苗免疫。此外，仔猪哺乳后期或断奶后及新购进的猪都要及时进行免疫注射。发生猪瘟疫情后应第一时间上报当地畜牧兽医管理部门，将猪场与外界进行隔离，避免疫情发生扩散；立即对病猪进行隔离、确诊，必要时进行无害化处理。同时，可以对无任何可疑症状的生猪进行猪瘟疫苗紧急免疫，以期尽快产生免疫保护，保护大部分猪免于感染或发病。

第二节　非洲猪瘟

非洲猪瘟（African Swine Fever，ASF）是由非洲猪瘟病毒（ASFV）感染引起的家猪和野猪的一种急性、热性、高度接触性传染病，发病率与死亡率很高，世界动物卫生组织将其列为法定报告动物疫病，我国将其列为一类动物疫病。2018年8月，我国辽宁省沈阳市发现并确诊国内首例非洲猪瘟疫情，随后疫情迅速蔓延，已在全国大部分地区出现疫情，严重影响我国养猪业的发展。

【病原特点】ASFV是双链DNA病毒，直径可达215纳米，基因组庞大，全长为170～193千碱基对，可编码150～200种蛋白质。ASFV病毒粒子组成结构特别复杂，我国科研人员采用冷冻电镜技术探明该病毒粒子有五层结构，由内向外分别是基因组、核心壳、内囊膜、衣壳和外囊膜。该病毒主要在猪的单核细胞及巨噬细胞中复制，在内皮细胞、肝细胞、肾上皮细胞中也能复制，但不感染T淋巴细胞、B淋巴细胞。该病毒抵抗力较强，室温放置15周的血清中能分离到病毒，自然环境中存活4个月以上，能耐受pH值3～11的酸碱度。60℃30分钟或者85℃10分钟可灭活病毒，季铵盐类和二氧化氯类等消毒剂均可有效杀灭该病毒。

【流行病学】ASFV于1921年在肯尼亚首次发现并报道，1957年侵入欧洲。2018年8月，我国首次发生ASF疫情。截至2019年，我国多数省级行政区均已发生非洲猪瘟疫情。目前，ASFV已知的基因型有24个，我国的分离毒株为基因Ⅱ型。疫情也在多个亚洲国家持续蔓延，我国周边的蒙古、越南、柬埔寨、朝鲜、老挝、缅甸、菲律宾、韩国和东帝汶等多个国家相继暴发疫情，这加大了我国相邻省份的境外传入风险，增加了疫病监测和控制传染源的难度，我国非瘟防控面临着严峻的国际形势。

病猪和带毒猪是主要传染源，其分泌物、排泄物、体液、胎儿以及各种组织器官都含有病毒。健康猪通过接触或采食污染物而经口传染。软蜱是该病毒传播的另一条主要途径。尽管非洲猪瘟病毒因颗粒大而导致经飞沫或气溶胶发生远距离传播的可能性较低，但是有研究显示，通过感染猪呼气形成空气传播的有效距离仅有几米，如果严格控制饲料、饮水和其他物品的直接接触，即使相邻的猪舍也可以避免因空气传播而发生感染。因此，接触或虫媒是该病传播的主要途径。调查表明，迄今我国由生猪及其产品调运以及相关人员或车辆带毒传播引发疫情的约占64.5%。同时，有研究资料表明，非洲猪瘟病毒感染野猪有较大的差异性，欧洲野猪比较容易被非洲猪瘟病毒感染，表现的临床症状和死亡率与家猪很相似；非洲的野猪（疣猪、大林猪、非洲野猪）感染后因病毒载量少而表现隐性带毒，成为病毒储存器，可通过虫媒软蜱向家猪传播。

【临床症状】最急性型非洲猪瘟的病猪突发高热41～42℃，旋即死亡，无明显的临床症状。急性型的病猪表现持续高热、精神萎靡、厌食、消瘦、呼吸困难（喘），耳部及腹部等体表皮肤出血发绀（发红发紫，图7-11），或者出现出血斑和坏死（图7-12），后期可出现血便、腹泻、后肢痉挛疼痛，几乎不能站立，

图7-11　耳部发红发紫

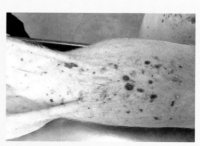
图7-12　皮肤出血点、出血斑

出现症状后一般7天内死亡。慢性型则表现为不规则波动的发热，肺炎导致呼吸困难，皮肤有出血斑或坏死，母猪流产，病死率较低，感染猪可康复并终生带毒。隐性型非洲猪瘟可发生于非洲野猪以及家猪，病毒携载量低，病程缓慢而无明显的临床症状。

【剖检病变】非洲猪瘟病猪表现为严重败血症，主要是出血、淋巴结损伤和脾肿大。全身皮肤，特别是末梢和腹部出血（图7-13）。淋巴结严重出血、水肿、切面有大理石样花纹（图7-14），有"血包"，整个呈紫葡萄状（图7-15）。脾脏充血、出血性坏死、肿大（图7-16）、呈黑紫

图7-13　皮肤出血

图7-14　淋巴结出血

图7-15　淋巴结呈紫葡萄状

图7-16　脾脏肿大、出血性坏死

色，一般是正常猪脾脏的 2 ～ 3 倍。肾脏表面有粗大的出血点、成片的瘀血斑（图7-17），整体呈蓝紫色，内部有大的瘀血块（图7-18）。喉头、扁桃体有出血点，显现"草莓样"（图7-19、图7-20）。此外，表现心肌出血（图7-21）、肝脏肿大坏

图7-17　肾脏表面粗大出血点

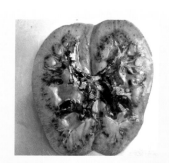

图7-18　肾脏内部大的瘀血块

图7-19　喉头出血

图7-20　扁桃体出血呈"草莓样"

图7-21　心肌出血

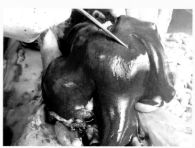

图7-22　肝脏肿大坏死

图7-23　肺脏出血

死（图7-22）、肺脏充血水肿（图7-23）。

【预防】迄今为止，国际上尚无效果确实的非洲猪瘟疫苗。该病毒的灭活疫苗对猪无保护作用。虽然包括基因缺失疫苗在内的弱毒疫苗，能够部分抵抗同源病毒株的感染，但是免疫后的猪长期带毒，甚至出现慢性病变、母猪流产等严重的负面作用。尤其是带毒母猪所产仔猪保持潜伏感染的状态，前期表现正常，待2～3月龄时发病，死亡率极高。研究表明，该病毒不能诱导猪体产生有效和足够的中和抗体，这可能是无法成功研制非洲猪瘟疫苗的最重要原因。因此，现阶段采用疫苗预防该病存在较大难度。

【治疗】在尚无安全有效的疫苗和特效药物使用的情况下，加强疫情预警和监测体系的建设、构筑完整的生物安全防控体系，是有效防控非洲猪瘟的第一道防线。从传染病流行三要素看，严格控制、销毁传染源是防止传染的首要步骤，阻断病毒传播的各种途径是防控该病的重中之重。我国自发生非洲猪瘟疫情以来，采取严格销毁发病猪、减少生猪跨地区调运、构建完备可靠的生物安全体系等措施，已有相当数量的猪场实现了成功复养。根据该病毒主要依靠接触传播的特点，发病猪场采取定点清除发病猪，特别是实施隔离措施时针对整栋猪舍进行清除与彻底消毒，也就是"拔牙"的方式来阻断病毒的传播，也可收到一定的防控效果。

非洲猪瘟在短期内难以净化，在重视疫苗研究的同时，可以深入挖掘传统中药对该病的防治作用。加强生猪饲养管理，提高生物安全等综合防控水平，逐步达到完全净化该病的目标。

第三节　猪繁殖与呼吸综合征

猪繁殖与呼吸综合征（又称猪蓝耳病）最早于1987年发生于美国，1996年中国大陆首次出现该病，2006年我国发生高致病性猪繁殖与呼吸综合征，对我国养猪业造成极大损失，严重影响养猪业的健康可持续发展。

【病原特点】猪繁殖与呼吸综合征（Porcine Reproductive and Respiratory Syndrome，PRRS）的病原是猪繁殖与呼吸综合征病毒（PRRSV），是一种以母猪繁殖障碍（妊娠母猪流产、产死胎和木乃伊胎）及仔猪和育肥猪呼吸障碍为特征的高发病率和死亡率的接触性传染病，因患病猪耳部发绀呈现蓝紫色，在我国该病也被称为猪蓝耳病。

PRRSV属于动脉炎病毒科猪动脉炎病毒属。病毒颗粒直径50～70纳米，核衣壳呈立体对称，有囊膜，且呈现蜂窝样的表面结构。基因组为单分子线状正链单股RNA，13～15千碱基对。基因组5′端为RNA聚合酶基因，3′则编码病毒的结构蛋白。该病毒有核衣壳蛋白（N）和两种主要的囊膜蛋白（M、GP5），以及迄今发现的14种非结构蛋白（NSP 1～14）。病毒的复制方式及出芽释放的过程均与冠状病毒相似。迄今发现两个基因型，一是欧洲型，代表毒株是Lelystad株；二是北美型，代表毒株是VR-2332，以及近年来从美国输入的NADC 30-like毒株。两型之间的基因同源性约为60%，同时也表现了不同的血清型差异。

【流行病学】1987年，PRRS最早暴发于美国中西部地区。1991年，我国台湾地区首次发生PRRS；1996年郭宝清等从发病猪的流产胎儿中分离获得了PRRSV北美型经典毒株，首次证实大陆发生PRRS；2006年，我国大面积暴发流行高致病性猪繁殖与呼吸综合征（HP-PRRS），给我国养猪业的健康发展造成了巨大损失；2012年开始出现了美国源性的NADC 30-like毒株。

迄今，高致病性毒株一直是我国的优势流行毒株，并且仍在不断发生明显的变异；据不完全统计，2018年全国PRRSV经典毒株、高致病性毒株和NADC 30-like毒株三者的检出率分别为6%、43%和51%。

猪感染PRRSV后通过唾液、鼻腔分泌物、精液、尿液等排出病毒。PRRSV主要通过鼻腔、口腔、子宫、阴道及精液等途径传播。研究资料显示，肌肉接种20个PRRSV病毒粒子即可使猪感染发病；经口感染需要的半数感染量（ID_{50}）为$1 \times 10^{5.3}$；通过气溶胶方式感染时所需ID_{50}为$1 \times 10^{3.1}$（VR-2332毒株）。

PRRSV可通过患病母猪的胎盘屏障传染给胎儿，导致死胎、带毒仔猪的出现，带毒仔猪可能是弱仔或者临床表现正常的仔猪。大多数毒株在怀孕母猪早期感染一般出现木乃伊胎，而中后期感染则一般出现死胎和流产及临床表现近乎正常的仔猪。

由于病毒持续性感染的特性，PRRSV往往会在一个感染猪场内无休止地传播。猪场之间一般通过感染猪的购入、含有病毒的精液、空气（气溶胶）等进行传播，未严格执行生物安全措施等因素也会起到非常重要的作用。与PRRSV阳性猪群距离越近，感染的可能性越大。研究发现，经地域传播的猪场中有45%距离感染源不足500米，只有2%相距超过1000米。

【临床症状】不同致病力毒株的临床表现不尽相同。低毒力毒株仅能引起猪群亚临床感染或地方性流行，高毒力毒株则可引起严重的临床症状。临床症状主要表现为感染个体出现急性病毒血症和经胎盘传染给胎儿的繁殖障碍。通常以妊娠中后期母猪繁殖障碍和仔猪呼吸道症状为主要特征，成年猪则较少发病。

母猪发生一过性厌食、发热，多数毒株感染可经胎盘传染给胎儿，妊娠后期流产出现死胎、木乃伊胎、弱仔等（图7-24），这些繁殖障碍通常发生在妊娠后100～110天。早产仔猪出生后当时或几天内死亡。发病初期，仔猪扎堆（图7-25），多数仔猪呼吸困难（气喘但不咳嗽）、肌肉震颤、后肢麻痹、共济失调、腹泻，耳部边缘发紫和躯体末端皮肤发绀（图7-26）。成年猪发病或死亡，病猪高热、体温41℃以上，眼结膜炎、耳朵和皮肤发红、发紫（图7-27、图7-28），呼吸困难，部分患病猪可见四肢呈游泳状的脑神经症状。

【剖检病变】感染猪均表现出相似的病理变化，仅因毒株的毒力不同就会导致病变的严重程度和病变范围有所不同。

图7-24　妊娠后期出现死胎、木乃伊胎、弱仔等

猪感染后2～7天开始出现皮下充血、水肿，6～23天眼周水肿，11～14天阴囊肿大。感染

图7-25　仔猪扎堆

图7-26　躯体末端皮肤发紫

图7-27　眼结膜炎

图7-28　耳朵发红、发紫

后4～28天及之后出现间质性肺炎，以10～14天时最为严重。肺实质有弹性、质地稍坚硬、不塌陷、水肿（图7-29），甚至呈现灰黑色带有斑点且湿润的橡胶状（图7-30、图7-31）。因为肺泡腔内充满了巨噬细胞、淋巴细胞和浆细胞（图7-32），导致肺泡壁扩张而形成间质性肺炎（图7-33），将肺脏置于水中不沉降（图7-34）；淋巴细胞和浆细胞在呼吸道和血管周围形成套状结构。感染后4～28天及之后，淋巴结肿大至原来的2～10倍，呈棕褐色、硬度适中，此后变硬、呈浅棕褐色或白色。感染早期淋巴结中的生发中心坏死、消失，此后急剧增大、充满淋巴细胞。

【预防】PRRSV在猪体内感染的典型免疫学特征包括持续

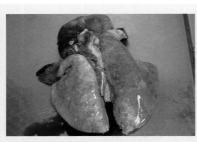
图7-29 肺实质有弹性、水肿

图7-30 肺脏呈现灰黑色、带有斑点且湿润

图7-31 肺脏严重病变呈"橡皮肺"

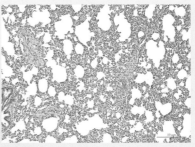
图7-32 肺泡间质增宽、淋巴细胞浸润

图7-33 肺脏出现间质性肺炎　　图7-34 肺脏置于水中不沉降

性病毒血症，先天免疫细胞因子分泌紊乱（IFN-α/β、TNF-α、IL-1β等）、NK细胞功能失调、CD8$^+$ T细胞反应较晚且强度较低、调节性T细胞（Tregs）诱导；非中和抗体（N蛋白抗体）快速大量表达，但无保护作用，中和抗体出现延迟且效价低等。

虽然免疫PRRSV疫苗可以诱导保护性免疫反应，但该保护过程产生缓慢，主要表现在细胞免疫方面的抑制作用，以及具有免疫保护作用但极大延迟的中和抗体反应，免疫后约28天才能检测到，效价低且维持时间短。保护性免疫是"封闭群"猪场消除PRRSV感染的基础机制。

相继研发的PRRSV疫苗主要有灭活疫苗、亚单位疫苗、核酸疫苗以及弱毒疫苗等。其中，灭活疫苗、亚单位疫苗、核酸疫苗不能诱导对PRRSV的有效保护作用，主要原因在于其诱导猪体产生很低的细胞免疫应答反应。

目前世界范围内应用最多的PRRSV疫苗是弱毒疫苗，先后开发了针对一种或两种PRRSV毒株基因型的弱毒疫苗。中国猪场使用的弱毒疫苗主要是经典美洲型毒株和高致病性美洲型变异毒株；前者代表性的疫苗有VR-2332、CH-1R毒株，后者有JXA1-R、TJM-F92、HuN4-F112、GDr180等毒株。

据报道，弱毒疫苗针对其PRRSV同源毒株的免疫保护作用较好，能够减轻临床症状、降低发病率和病毒血症及排毒。但如果感染毒株与疫苗毒不匹配或者毒株发生变异则保护效果会大打折扣。弱毒疫苗针对异源毒株感染仅能提供部分交叉保护，不管是基因Ⅰ型还是基因Ⅱ型，甚至是两型之间；也就是说感染的PRRSV毒株如果与疫苗毒株相比存在较大变异，则疫苗的保护效果明显下降。总之，现有的弱毒疫苗无法建立消除性免疫。

疫苗上市已逾20年，然而猪群中PRRSV感染的流行率仍然很高，从这方面看疫苗接种的效果有待提升。PRRSV是RNA病毒，其基因组容易发生变异，加之弱毒疫苗的大量使用，又增加了PRRSV疫苗毒株与野生毒株发生基因重组的概率，从而增加了病毒的变异概率。因此，鉴于对PRRSV的研究现状，猪场应该谨慎接种PRRSV疫苗。同时，深入研究PRRSV免疫及致病机制，研发具有高效免疫保护效力，特别是对异源毒株均有效的疫苗是预防控制该病的一个重要途径。

【治疗】PRRS尚无特异性疗法，控制PRRS的目的是限制病毒在生产各环节的传播。西方国家在后备母猪引入猪群前接种疫苗，当不再出现病毒血症时混群可以极大地降低病毒传给猪群的可能性。坚持应用该适应性方案引入后备母猪可以解决种猪群的PRRSV感染，并且能产出PRRSV阴性的仔猪。弱毒疫苗可用于减少种猪群中的易感猪，促进PRRSV阴性猪的产生，但要注意未感染的怀孕母猪接种疫苗会使胎儿受到感染。在PRRS急性暴发时暂时中止引入近期感染的后备猪可以减少同源性PRRSV感染的损失或者加速PRRSV阴性断奶猪的产生。

我国的PRRS流行及疫苗使用状况比较复杂，特别是存在多个弱毒疫苗株，包括自然缺失弱毒株和人工致弱弱毒株。针对PRRSV疫苗免疫尚无确定的国家标准，采取的对策一般包括以下几个方面。首先，无PRRSV存在的猪场、受PRRSV感染威胁较小的猪场不宜接种PRRSV疫苗。其次，PRRS稳定场则要做弱毒疫苗免疫，仔猪14～21天免疫，以后每年普免3次。PRRS不稳定场一般要做弱毒疫苗的加强免疫，仔猪在上次发病4周后免疫，或者7天滴鼻、28天肌内注射免疫；经产母猪普免

1次、4周后加强免疫。

猪群中PRRSV净化应该根据猪的健康状况及生产性能是否明显改进进行判断。猪群中PRRSV的自然清除在生产中极少发生，感染猪场成功清除PRRSV的方案一般包括：整体淘汰/更新猪群、部分淘汰、早期隔离断奶猪、检测-淘汰、猪群关闭等。种猪群中PRRSV的消除依赖于阴性未感染猪的引入，这时病毒的循环被阻断，最后要达到的目标是获得经过免疫的无野毒猪群。PRRSV不能在免疫过的猪群中长期存在，因此用猪群关闭的方法来清除PRRSV是可行的，推荐至少闭群200天以上，淘汰或者有计划地减少已感染动物之后，应该引进阴性后备猪。智利和瑞典已经完全净化了PRRSV，北美地区PRRSV净化多年且净化区域逐步扩大。我国也已开始PRRSV的净化工作，现阶段主要针对种猪场开展PRRSV净化，取得了初步成效。全国范围的PRRSV净化需要各地区甚至各养殖场统一协调与合作，前期聚焦重要场区（例如种猪场）无PRRSV，然后循序渐进逐步扩大净化区域，以至达到全国PRRSV的净化。

第四节　猪圆环病毒病

猪圆环病毒病由猪圆环病毒（Porcine Circovirus，PCV）引起，该病毒现在分为三种血清型，其中Ⅱ型和Ⅲ型致病，主要导致断奶仔猪多系统衰竭综合征等疾病及免疫抑制，现已分布于世界各主要养猪的国家和地区。

【病原特点】PCV属于圆环病毒科圆环病毒属成员，单股环状DNA病毒，是迄今发现的最小DNA病毒。该病毒粒子无囊膜，基因组是由一条单股圆环状的DNA链组成。成熟的病毒粒子为正二十面体的球形颗粒，病毒的基因组包裹其中；两个主要的开放阅读框分别编码衣壳蛋白Cap和病毒复制相关的酶Rep。Cap是PCV唯一的结构蛋白质和主要抗原，由232～234

个氨基酸残基组成，相对分子质量约为27kD。

根据致病性、抗原性和核酸序列的不同，目前发现该病毒存在PCV1、PCV2、PCV3和PCV4四个基因型。其中PCV1被认为是细胞污染物，无致病性。PCV2主要侵害免疫系统，对单核巨噬细胞具有极强的亲嗜性，导致胸腺、脾脏和淋巴结不同程度的病变，引起单核巨噬细胞和免疫活性细胞受损（T淋巴细胞、B淋巴细胞）。因此，PCV2不仅引起严重的免疫抑制，更可导致其他细菌或病毒的继发感染，造成严重的相关疾病的暴发。由单一PCV2引起的疾病统称为PCVD，主要包括断奶仔猪多系统衰竭综合征（PMWS）、皮炎与肾病综合征（PDNS）、生殖系统疾病（PRD）、猪呼吸道病综合征、肉芽肿性肠炎、先天性震颤，给包括中国在内全世界的养猪业造成了巨大的经济损失。

近年来，美国学者发现繁殖障碍母猪、猪皮炎与肾病综合征（PDNS）、猪心肌炎和多系统炎症等病变组织中存在一种新的PCV病毒，其Cap基因序列与PCV2的相似性仅24%～26%，命名为PCV3。PCV3的Rep蛋白并非自ATG起始编码，而位于互补链上的Cap蛋白大小也不同于PCV2。近年来，我国学者从临床发病猪的肺和淋巴组织样品中首次检出PCV4。

【流行病学】迄今，我国已发现并命名的PCV2有PCV2a、PCV2b、PCV2d、PCV2e四种基因型，其中流行毒株以2b、2d为主。PCVD无明显的季节性，不同日龄的猪发病率和死亡率也各不相同，经常与其他细菌或病毒混合感染或继发感染。病猪和隐性带毒猪可对周围环境造成污染，引起疾病的传播。PCV可通过水平和垂直两种途径传播，病毒在水平传播时，猪感染病毒后一周可在血清中检测到抗体阳性，水平传播是该病毒的主要传播方式；妊娠母猪可经胎盘将病毒垂直传播给胎儿，导致母猪流产、死产、产木乃伊胎或弱仔，还可导致母猪返情率升高。该病毒的易感动物只有家猪和野猪，病猪和带毒猪经鼻液、粪便等排泄物将病毒排出，经消化道和呼吸道感染各个年龄段的猪。

PCV2致病还必须有其他因素参与才能导致表现明显临床症状的PCVD，包括猪舍温度不适、通风不良、不同日龄猪混群饲养、免疫接种应激、其他病原体的混合感染等（猪繁殖与呼吸综合征病毒、流感病毒、细小病毒、链球菌或支原体）。

【临床症状】PCV感染引起疾病的临床症状表现主要有如下几种。

（1）断奶仔猪多系统衰竭综合征　最常见的是猪渐进性消瘦或生长迟缓（图7-35），这也是诊断PMWS所必需的临床依据，伴有厌食、精神沉郁、行动迟缓、皮肤苍白、被毛蓬乱（图7-36），以及以呼吸困难、咳嗽为特征的呼吸道症状，或者有严重的腹泻而致死亡。发病率一般较低而病死率很高。体表浅淋巴结肿大，肿胀的淋巴结有时可被触摸到，特别是腹股沟浅淋巴结；贫血和可视黏膜黄疸。多数PCV2是亚临床感染，一般临床症状可能与继发感染有关，或者完全是由继发感染所引起的。在通风不良、过分拥挤、空气污浊、混养以及感染其他病原等因素时，病情明显加重。

（2）皮炎与肾病综合征　一般发生于仔猪、育肥猪和

图7-35　感染猪（左）与年龄相同的健康猪（右）比较，受感染猪生长迟缓，脊柱表现明显轮廓（J. J. Zimmerman等，2019）

图7-36　被毛粗乱

成年猪，发病率通常小于1%。大于3月龄的猪死亡率可接近100%，年轻猪的死亡率接近50%。感染后耐过猪一般会在综合征开始后的7～10天内恢复，并开始增重。猪表现食欲减退、精神不振、轻度发热或不发热。最显著症状为皮炎，特别是前后肢（图7-37）及会阴部（图7-38）出现不规则的紫癜及丘疹，随着病程延长，破溃区域会被黑色结痂覆盖。

图7-37　皮肤紫癜

图7-38　会阴部紫癜

（3）生殖系统疾病　PCV2导致的母猪流产及死胎发生率较低，有报道其发生率为13%～46%。死胎或死亡的新生仔猪一般表现慢性、静脉性肝瘀血及心脏肥大、心肌变色（图7-39）。

（4）先天性震颤　震颤由轻微到严重不等，一窝猪中感染的数目也变化较大。严重颤抖的病仔猪常在出生后1周内因不能吮乳而饥饿致死。耐过1周的乳猪能存活，3周龄时可康复。颤抖是两侧性的，乳猪躺卧

图7-39　心脏肥大、心肌变色

手机扫一扫，观看"PCV2新生仔猪震颤"视频

或睡眠时颤抖停止。外部刺激如突然声响或寒冷等能引发或增强颤抖，有些猪一直不能完全康复，整个生长期和育肥期继续颤抖。

（5）混合感染　PCV2引起感染猪的免疫抑制，从而使机体更易感染其他病原，这是圆环病毒与猪的许多疾病混合感染有关的重要原因。最常见的混合感染有猪繁殖与呼吸综合征、伪狂犬病、流行性腹泻病、喘气病、猪肺疫、副猪嗜血杆菌病等，病死率也随之极大地提高。

手机扫一扫，观看"PCV2血液稀薄"视频

【剖检病变】该病主要的病理变化为患猪消瘦，贫血可致血液稀薄、血凝不良，皮肤苍白、黄疸；淋巴结异常肿胀，内脏和外周淋巴结肿大到正常体积的3～4倍，切面为均匀的白色（图7-40）。肾一般表现肿大、形变、灰白色（图7-41），被膜下皮质表面

图7-40　淋巴结肿大、切面白色

呈颗粒状、红色点状坏死，肾盂水肿。皮肤和肾脏病变通常都会出现，或者单一发生。肺水肿、间质增宽（图7-42），也有灰褐

图7-41　肾肿大、形变、灰白色

图7-42　肺水肿、间质增宽

色实变或肿胀、呈弥漫性病变，小叶多实变（图7-43）、大叶坚硬似橡皮状（图7-44）。肝脏颜色发暗，呈浅黄色到橘黄色外观、轻度肿胀（图7-45），肝小叶间结缔组织增生。脾脏轻度肿大、质地如肉（图7-46）。胰、小肠和结肠也常有肿大及坏死病变。

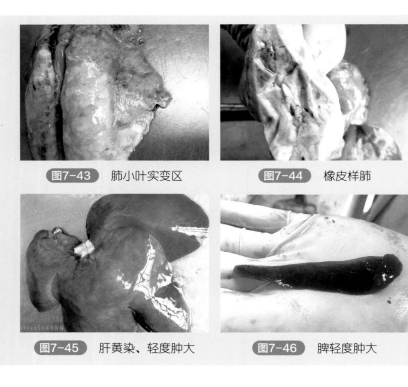

| 图7-43 | 肺小叶实变区 | 图7-44 | 橡皮样肺 |
| 图7-45 | 肝黄染、轻度肿大 | 图7-46 | 脾轻度肿大 |

【预防】为避免PCVD的出现，猪场应强化饲养管理措施，清除发病因素。同时，控制好其他疾病的继发感染或并发感染也是防控PCVD的一个重要方面。如预防猪繁殖与呼吸综合征、细小病毒病、猪瘟等。另外，提高生猪的营养水平对预防PCVD也非常重要。

疫苗免疫接种是预防PCVD的有效手段，国内外学者在PCV2疫苗研究方面开展了大量研究，取得了显著成就，目前已有多个研制成功的PCV2商品化疫苗推广应用，为有效防控PCV2的感染发挥了重要作用。当前国内研发使用的疫苗主要有灭活疫苗、杆状病毒载体灭活疫苗、基因工程亚单位疫苗、基因工程纯病毒样颗粒疫苗以及基因工程核酸疫苗等。国外公司也有利用杆状病毒表达系统研究的Cap蛋白亚单位疫苗，对猪有良好的免疫保护效果，但其价格较贵。

【治疗】猪PCV2诱发的PCVD迄今尚未有有效的治疗措施，做好疫病预防工作显得尤其重要。在PCVD发生期间，对临床表现进行严密监测，以确保用药的针对性，从而使继发感染得到有效控制，进而降低猪的病死率。通常采取的措施主要有如下几种：第一，做好定期检测，养殖场应尽量做到自繁自养，若引进种猪，则应在引进之后进行隔离饲养，时间为1个月，经过观察和检疫确认其处于健康状态后才能放入猪群进行统一饲养。第二，猪场最好实行全进全出制度，生物安全措施应全面落实。同时，尽量按照日龄段将生猪进行分开饲养，这样才能为生猪提供更加适宜的生活和生长环境。第三，猪舍、饲养人员应定期进行消毒处理，切断PCV2的传播途径；可采用火碱溶液进行消毒，浓度为3%；或用过氧乙酸溶液进行消毒，浓度为0.3%；还可以用戊二醛进行带猪消毒，浓度为20～22克/升。第四，对猪舍温度进行有效控制。针对哺乳仔猪，猪舍温度应保持在28℃，同时在仔猪断奶时，需要依据相关要求对其进行疫苗接种，这一阶段的疫苗接种工作非常重要。

控制PCVD诱发的继发感染，仔猪和母猪应该分开治疗。发病仔猪可使用长效土霉素肌内注射，也可在饲料中加入多西环素进行抗继发感染治疗；针对发病母猪则在饲料中加入阿莫西林、金霉素或者利高霉素进行饲喂投药以减少并发感染。使用上述药物进行治疗的同时应用促进肾脏排泄类药物（丙磺舒等）进行肾脏的恢复治疗，也可采用天然植物多糖等免疫增强剂并配合维生素B_1+维生素B_{12}+维生素C肌内注射，来增强机体的抵抗力；或者选用干扰素、白细胞介素、免疫球蛋白、转移因子等进行治疗，同时配合中药抗病毒制剂，可以取得较好的治疗效果。

第五节　猪伪狂犬病

　　猪伪狂犬病（Porcine Pseudorabies，PR）是由伪狂犬病毒（PRV）引起的猪的急性传染病。患病猪体温升高，仔猪表现神经症状或腹泻，妊娠母猪流产，产死胎或木乃伊胎，公猪精液品质下降和呼吸障碍等。自2011年开始，我国伪狂犬病毒发生显著变异，致病力明显增强，该病的防控面临新的挑战。

　　【病原特点】伪狂犬病毒属于疱疹病毒科，病毒粒子为圆形，双股线性DNA病毒，病毒粒子的最外层是病毒囊膜，表面有特异性糖蛋白以及长8～10纳米呈放射状排列的纤突。

　　伪狂犬病毒的抵抗力较强。在37℃下的半衰期为7小时，8℃可存活46天，而在25℃的干草、树枝、食物上可存活10～30天。病毒在pH 4～9保持稳定。5%石炭酸经2分钟可以灭活该病毒，但0.5%石炭酸处理32天后仍具有感染性。0.5%～1%的氢氧化钠迅速使其失活，对乙醚、氯仿等脂溶剂以及福尔马林和紫外线照射敏感。

　　伪狂犬病毒只有一个血清型，但不同基因型的毒株在毒力和生物学特征等方面存在差异。猪伪狂犬病毒的毒力受多种基因控制，很大一部分取决于位于伪狂犬病毒表面的糖蛋白。

　　【流行病学】伪狂犬病毒在全世界广泛分布。伪狂犬病自然发生于猪、牛、绵羊、犬和猫，多种野生动物、肉食动物也易感。貂因饲喂含伪狂犬病毒的猪次产品也可引起伪狂犬病的暴发。实验动物中家兔最为敏感，小鼠、大鼠、豚鼠等也能感染。猪是伪狂犬病毒的贮存宿主，病猪、带毒猪以及带毒鼠类为该病的重要传染源。有学者认为，其他动物感染该病与接触猪、鼠有关。

　　在猪场，伪狂犬病毒主要通过已感染猪排毒而传染给健康猪，其中重要的途径包括鼻分泌物的接触传播和空气传播。妊娠母猪感染该病毒后，能够通过胎盘垂直传播给胎儿，但母体的免疫球蛋白不能通过胎盘传递给胎儿，从而引起胎儿发病，这种垂直传播的方式对胎儿来说是致命的。另外，乳汁和精液也可以造成传播感染。母猪发病6～7天后，其乳中带毒，可持续3～5天，这期间仔猪可因哺乳而感染。

猪感染伪狂犬病毒后，其临床症状因日龄而异，不同的病毒株之间也有巨大差别。传统毒株感染的情况下成年猪一般呈隐性感染、生长停滞、增重缓慢等；怀孕母猪可导致流产，产死胎、木乃伊胎，种猪不育等；15日龄以内的仔猪发病及死亡率可达100%，断奶仔猪发病率可达40%、死亡率20%左右。自2011年开始，我国出现伪狂犬病毒重大变异，该变异毒株的致病力显著增强，可以使成年猪发病且死亡率较高，原有的基因缺失疫苗对该毒株的免疫保护效力大大降低。该毒株使得原来已经基本实现伪狂犬病毒净化的猪场又变成了gE抗体阳性，面临需要从头开始净化的困境。

【临床症状】伪狂犬病毒病的临床症状主要取决于被感染猪的日龄，与其他动物的疱疹病毒一样，幼龄猪感染伪狂犬病毒后病情最重。

新生仔猪感染伪狂犬病毒会引起大量死亡，一般新生仔猪第1天表现正常，从第2天开始发病，3～5天内是死亡高峰期，经常整窝猪死光。发病仔猪体温可达41℃以上，精神委顿，出现明显的神经症状，尤其以两后肢向腹部收缩为明显特征，还有如发抖、运动不协调、痉挛等症状，昏睡、鸣叫、呕吐、腹泻，一旦发病，1～2天内死亡。15日龄以内的仔猪发病率及死亡率均可达100%。有的仔猪则引起肺炎，表现呼吸道症状，例如呼吸困难、打喷嚏、流鼻涕、剧烈咳嗽，消瘦，最终死亡。有的仔猪则出现较严重的腹泻，生长缓慢，消瘦，极少康复。断奶仔猪主要表现为神经症状以及腹泻、呕吐（图

手机扫一扫，观看
"PRV神经症状"视频

7-47）等。

传统病毒株感染成年猪一般为隐性感染，若有症状也很轻微，主要表现为发热、精神沉郁，有些病猪呕吐、咳嗽，一般于4～8天内完全恢复。然而，自2011年以来PRV出现新变异毒株，病毒毒力明显增强，不仅对仔猪的致病力增强，而且中大猪尤其是2月龄以上的猪感染也出现明显病变且可大量死亡。

伪狂犬病的另一发病特点是种猪不育。母猪屡配不孕，但返情率高达90%。怀孕母猪在妊娠后期发生流产，产深颜色死胎或木乃伊胎，以死胎为主，初产母猪和经产母猪都可发病。公猪感染后表现为睾丸肿胀、萎缩，丧失种用能力。

【剖检病变】剖检可见鼻腔出血性或化脓性炎症，扁桃体、喉头水肿，勺状软骨和会厌部皱襞呈浆液浸润（图7-48）；喉黏膜以及扁桃体出血，并常有纤维素性坏死灶（图7-49）。肺水肿（图7-50），上呼吸道有大量泡沫性液体（图7-51）。胃底大面积出血，小肠黏膜充血、水肿，大肠有斑块状出血。淋巴结特别是

图7-47 仔猪呕吐及呕吐物

图7-48 会咽部浆液浸润及泡沫

肠系膜淋巴结和下颌淋巴结充血、肿大、出血。脑膜充血、水肿（图7-52）。病程较长者，心包液、胸腹液、脑脊髓液均明显增多。肾脏布满针尖样出血点（图7-53），肝脏表面有白色坏死点（图7-54）。

图7-49 喉头出血及扁桃体坏死灶

图7-50 肺充血水肿

图7-51 气管中大量泡沫性液体

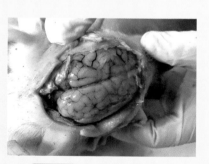

图7-52 脑膜充血、出血

【预防】疫苗免疫接种效果良好。猪伪狂犬病毒的疫苗主要有灭活疫苗、弱毒疫苗和基因缺失疫苗三种。灭活疫苗安全性

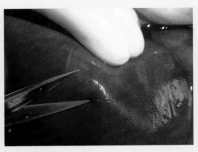

| 图7-53 | 肾表面针尖大小的出血点 | 图7-54 | 肝脏表面白色坏死点 |

能好，副作用较小，不会出现病毒的返祖现象，但存在免疫效果不够理想、免疫保护期较短，需要进行多次免疫等缺点。弱毒疫苗接种剂量少，免疫应答反应迅速，但存在毒力返强的潜在威胁。基因缺失苗通常是缺失一个或几个毒力基因，一般也缺失标记基因gE，毒力低，免疫原性强，免疫保护确实，其最大的优势是能够区分疫苗毒与野毒感染，利于清除野毒感染猪，从而达到净化伪狂犬病的目的。

制定合理的免疫程序，需要因地制宜。通常情况下，未发生过该病的猪场或区域不能轻易接种伪狂犬疫苗。一般新生仔猪鼻腔喷雾接种，70日龄时再次肌内注射免疫。母猪配种前40天和20天各免疫一次，可收到良好的免疫保护效果。种公猪宜使用灭活苗。

在选择疫苗时必须考虑疫苗毒株与猪场或地区流行毒株是否相符，若不符合则免疫保护急剧降低。

【治疗】目前无有效的药物治疗该病。猪场应该坚持免疫接种与监测相结合，争取达到净化的目的。

淘汰阳性种猪是一种比较经济、值得推广的方式。用基因缺失疫苗免疫种猪，配合使用鉴别诊断ELISA试剂盒，定期对种猪群进行监测。野毒感染阳性者作淘汰处理。

严格执行消毒措施。猪舍地面、墙壁、设施及用具等每周定期消毒1次，粪便在发酵池或沼气池处理。发生疫情时猪舍2～3天消毒1次，消毒液可用2%～3%烧碱溶液或20%的石灰水（新鲜）。粪便、污水用消毒液严格处理后才可排出。

目前中国市场上使用最多的是基因缺失标记疫苗，其中第二代基因缺失疫苗在生产中发挥主要作用。随着基因缺失苗的出现并配合鉴别诊断，使得我们最终根除伪狂犬病成为可能。近年来，规模化猪场日益重视该病的防控，严格按照免疫程序进行免疫，加强对猪的饲养管理，控制该病的发生。使用基因缺失疫苗，世界上已经有部分国家和地区控制和净化了猪伪狂犬病，对生猪生产作出了重要贡献。

猪群中PRV的净化要根据猪的健康情况来改变。免疫与监测、淘汰相结合；制定科学免疫程序，对种猪群免疫基因缺失疫苗；每年进行两次野毒感染抗体监测，淘汰野毒感染猪，直至整个猪群野毒感染为阴性；淘汰感染的全群猪，对于高度污染且不昂贵的种猪场最好全部淘汰。

第六节　猪日本脑炎

日本脑炎（JE）是由黄病毒科日本脑炎病毒（JEV）引起的一种危害严重的自然疫源性、虫媒性人兽共患病。猪是JEV重要的终末宿主与扩增宿主，感染JEV的猪群大多不会死亡，多表现为繁殖障碍。病猪出现高热、精神沉郁、食欲减退或表现神经症状，例如后肢麻痹、视力减退、摆头、乱冲乱撞等。

【病原特点】日本脑炎病毒（JEV）为单股正链RNA，具有血凝性，可凝集鸡、绵羊、鸽等动物的红细胞。JEV对外界环境的抵抗力较弱，56℃条件下可存活30分钟，100℃条件下2分钟即可灭活，酸性环境（pH < 7）和碱性环境（pH > 10）下其活性迅速降低。常用消毒剂可将其杀死，常用2%的氢氧化钠、3%的来苏尔、碘酊等。JEV可以在鸡胚成纤维细胞中增殖并能发生细胞病变；乳鼠对 JEV 极其敏感。

【流行病学】猪日本脑炎病毒可感染猪、马、牛、羊、鸡、鸭、鼠等动物以及人类。JEV 可以在蝙蝠和苍鹭的体内反复繁殖而不引起其发病，呈隐性感染经过；也可以在蚊子体内长期存在并且可以传染给其后代，导致该病毒在自然界长期存在而难以消除，蚊子不仅是传染媒介，也是病毒的终末宿主。所有感染动物都可能出现病毒血症，病毒血症期间病畜也会成为传染源，其中猪是最主要的传染源，感染猪的血液、脑脊髓液和中枢神经系统中可长期带毒。该病主要通过蚊虫叮咬经皮肤传播，也可以通过交配而水平传播。乙脑有明显的季节性，夏季至初秋是流行高峰期，在我国约有 90% 的病例发生在 7～9 月的 3 个月内，而在 12 月至次年 4 月几乎无病例发生。

【临床症状】该病的潜伏期一般为 3～4 天，常常突然发病，呈稽留热，体温可达 40～41℃，精神沉郁、食欲减退、饮欲增加、嗜睡，粪便干燥呈珠状，尿液呈深黄色。有的猪后肢轻度麻痹、步态不稳，也有的表现后肢关节肿痛而跛行。个别表现明显神经症状、视力障碍而摆头、乱冲乱撞，后肢麻痹，最后倒地不起而死亡。

妊娠母猪常突然发生流产，流产前常无明显症状，不易被察觉，流产多发生在妊娠后期，流产后症状减轻，体温、食欲恢复正常。部分母猪死胎，到预产期不产；少数母猪流产后从阴道流出红褐色乃至灰褐色黏液，胎衣不下，母猪流产后对继续繁殖无影响。流产胎儿多为死胎或木乃伊胎，或者濒于死亡，部分存活仔猪虽然体表正常，但衰弱不能站立、不会吮乳。有的出生后出现神经症状，全身痉挛、倒地不起，1～3 天死亡。有些仔猪哺乳期生长良莠不齐，同一窝仔猪有很大差别。公猪除有上述一般状况外，突出表现是在发热后发生睾丸炎，一般是一侧睾丸明显肿大，比正常睾丸大 1.0～2.0 倍（图 7-55）。患睾丸炎的猪阴囊褶皱消失、温热、有痛感，丧失制造精子的功能，如仅有一侧睾丸萎缩则尚有配种能力。

【剖检病变】流产母猪经解剖可见子宫内膜出血、充血、肿大，分泌黏稠的分泌物，黏膜下组织肿大，胎盘出现炎性浸润。流产的死胎大小不定，部分胎儿萎缩，成为木乃伊胎（图7-56）。死胎皮下出现出血性胶样浸润，头部肿胀，腹水，器官出血、变性，血液凝固不良。

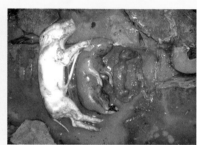

图7-55 一侧性睾丸肿大、性欲减退

图7-56 不同类型的死胎

公猪睾丸切面坏死、充血、出血、硬化，大多与阴囊粘连在一起。如果出现神经症状，在解剖时可以看到脑膜水肿、充血并出血，脑实质有软化灶。

【预防】预防猪日本脑炎应从猪群的科学免疫接种、消灭传播媒介及加强宿主动物管理三个方面开展工作。按该病流行病学的特点，消灭蚊虫是消灭日本脑炎的根本办法。由于灭蚊技术尚不完善，控制猪日本脑炎主要采用疫苗接种。猪免疫乙脑疫苗后，夏秋季分娩的后备母猪，产活仔率可提高到90%以上，公猪睾丸炎基本上得到控制。接种疫苗必须在乙脑流行季节前使用才有效，一般要求3～4月份进行乙脑疫苗接种，最迟不宜超过5月中旬。临床上主要接种头胎后备母猪。

目前猪日本脑炎疫苗主要有鼠脑纯化灭活疫苗、细胞纯化灭活疫苗和细胞纯化弱毒疫苗三类。细胞灭活疫苗产生的副作用较小、容易制造，在我国得到了广泛应用，其免疫保护率在76%～90%。弱毒疫苗用较少的病毒量就可以达到较好的免疫效果，并且造价较低，所以该疫苗具有良好的发展空间。其他类型的乙脑疫苗也取得了新的研究进展，例如重组疫苗、嵌合疫苗、DNA疫苗。

【治疗】杜绝传播媒介是预防和控制猪日本脑炎流行的重要措施。以灭蚊、防蚊为主，尤其是三带喙库蚊，该蚊是我国和东南亚国家的重要传播媒介和病毒终末宿主，应根据其生活规律和自然条件采取有效措施，才能收到事半功倍的良好效果。

对猪舍等饲养区域应定期进行喷药灭蚊，对新培育的母猪舍重点加装防蚊设备。加强对猪群的管理，重点管理好没有经过夏秋季的幼龄猪和从非疫区引进培育的母猪种源，一旦感染日本脑炎则容易产生病毒血症而成为传染源。因猪饲养期短、猪群更新快，应在乙脑流行前完成疫苗接种，并在流行期间杜绝蚊虫叮咬母猪。同时，预防注射乙脑疫苗时，也应考虑免疫猪细小病毒病疫苗。

第七节　猪细小病毒病

猪细小病毒病在世界范围内流行，主要引起初产母猪的繁殖障碍。

【病原特点】猪细小病毒（Porcine Parvovirus，PPV）属于细小病毒科、细小病毒属，单股DNA。猪细小病毒是复制自主性病毒，不像本科中依赖病毒属的病毒，复制过程需要腺病毒等辅助病毒的帮助；分离株基因序列分析显示猪细小病毒的主动进化特性。依据病毒衣壳蛋白（VP1）基因序列排序和种系发育特点，以特异的核苷酸和氨基酸变异为特征对2006年前几年时间的分离株进行分析，结果表明自然界出现了一个新的病毒群。

在不同病毒株的血清学试验中，例如病毒中和反应和血清凝集抑制试验，猪细小病毒只有一个血清型，并且所有的隔离群表现出高滴度的交叉反应。针对新出现的病毒群，Zeeuw于2007年通过血清抑制"典型"猪细小病毒的试验验证了新病毒交叉中和反应的差异。然而，新病毒是新的抗原类型还是新的基因型，仍然需要深入研究。

【流行病学】猪细小病毒在全球大部分地区呈地方流行，该病感染率很高，既可水平传播，又可通过血液感染胎儿（垂直传播）。消化道、呼吸道、胎盘感染及交配是常见的感染途径。虽然只有妊娠母猪表现出繁殖障碍的临床症状，但此病毒可迅速在易感猪体内增殖。病毒随着急性感染猪的粪便及其他分泌物排出，具有较高的稳定性，在环境中能保持数月的传染能力，当达到一定量后不易在环境中失活，成为持续性感染源，所以容易形成流行。

该病毒能在猪群环境中经衣物、靴子或者养殖设备等污染媒介传播，啮齿动物也可将病毒引入猪群。该病毒存在于自然感染的公猪精液中，猪群可以通过公猪精液来感染。

2009年Jóźwik证实，该病毒可以在免疫接种的猪体内增殖、主动排毒，因此该病毒在猪群内的循环不能仅仅依靠免疫接种达到绝对控制的目的。

【临床症状】猪细小病毒是导致初产母猪出现繁殖障碍性疾病的重要病原体之一，主要特征是引起母猪流产，产死胎、木乃伊胎（图7-57），以及新生仔猪死亡。不同分离病毒株所致流产有明显差异，有的只出现死胎，有的毒株则同时表现死胎和木乃伊胎（图7-58）。受感染的母猪本身常不表现明显的临床症状，个别母猪表现体温升高、后躯瘫痪或关节肿大，部分母猪妊娠中期产出死胎（胎儿脱水或水肿）（图7-59），胎盘出现钙化（图7-60）。感染仔猪常出现生长受阻，偶有皮炎、非化脓性心肌炎和消瘦综合征。

图7-57 初产母猪产死胎、木乃伊胎

图7-58 妊娠40天时两种毒株感染所致流产状况（Zeeuw等，2007）

图7-59 妊娠中期感染致死胎（脱水或水肿）

图7-60 胎盘钙化

【剖检病变】病变主要表现在胎儿，可见感染胎儿皮下充血、水肿、出血、体腔有浆液性渗出、脱水（木乃伊化）及坏死等病变。

【预防】猪细小病毒在猪群流行很普遍，而且在环境中有很高的稳定性，导致较难建立和维持无猪细小病毒感染的育种猪。商品猪群更实际的目标是维持种群对猪细小病毒的免疫力。以往有人在母猪第一次生产之前通过各种方式感染猪细小病毒而达到免疫的目的，例如有意使母猪接触被病毒污染的组织，但这种方法既不可靠也很危险，因为这会导致猪群中其他病原体散播。因此，养猪场更应该借助于繁殖母猪的常规接种免疫。

目前针对猪细小病毒的疫苗主要有灭活疫苗、弱毒疫苗、亚单位疫苗及基因工程疫苗四种。大多数商业化灭活疫苗是以组织培养的化学方式灭活（福尔马林、β-丙内酯、乙烯酰胺），采用油或铝胶为佐剂而制成；这些疫苗诱导的免疫应答能预防该病发生。疫苗接种后4～13个月仍可检出抗体，保护效果可以持续4个月以上。因此，以4～6个月的间隔对母猪进行免疫，是维持猪群保护性抗体的可靠程序。一般情况下，在母猪配种前2个月初次免疫，配种前1个月再加强免疫。我国于1987年首次研制成功猪细小病毒灭活疫苗，以氢氧化铝和油水乳剂为佐剂，免疫保护效果良好。当前国内使用的猪细小病毒疫苗主要是灭活疫苗；为了简化免疫程序、降低临床应激反应，有些生物制品公司开发了猪细小病毒多联苗，例如猪细小病毒-猪伪狂犬病毒疫苗、猪细小病毒-日本脑炎病毒疫苗等。

弱毒疫苗也有了较好的发展，因为接种的是致弱活病毒，此类疫苗可诱导更长久持续的免疫应答，且几乎所有情况下通过胎盘的病毒垂直传播都可被阻止。在母猪妊娠期接种弱毒疫苗，一般也不会造成母猪繁殖障碍的严重后果。20世纪80年代的疫苗毒株主要是NADL-2型，该疫苗经口鼻接种后不能通过胎盘感染胎儿，而经子宫接种则造成胎儿死亡，因此仅限于非怀孕母猪使用。20世纪90年代至今，相继又采用HT株、HT-SK-C株和N株作为疫苗毒，病毒血症控制和疫苗保护效率等都较为理想。但是，由于猪细小病毒在猪群的高感染率，弱毒疫苗存在野毒与疫苗毒基因重组和毒力返强的隐患，因此应用受到一定限制。猪细小病毒弱毒疫苗主要在国外使用，我国应用较少。

基因工程疫苗与弱毒疫苗相似，能诱导强而持久的免疫反应，实现了一针防多病的目的，但生产技术复杂、成本较高，目前仍多处于实验室研究阶段。例如，将猪细小病毒VP2基因插入猪伪狂犬病毒，构建重组伪狂犬病毒TK-/gG-/VP2+株的二价基因工程疫苗，获得了较好的免疫保护效果。

亚单位疫苗由病毒粒子的部分结构组分制成，能够提供程度不等的免疫保护。该类疫苗的免疫原亚单位大多数基于病毒的VP2蛋白，可以由多种高效表达体系进行表达，例如杆状病毒表达系统等。

【治疗】目前尚无针对该病的特效药物。除了采取免疫接种等预防措施外，猪场的清洁净化等生物安全措施同样重要。发生疫情的猪场，应及时处理感染猪的排泄物和分泌物、污染的器具及场所。由于猪细小病毒具有很强的抵抗力，猪场应选择消毒效果理想的消毒剂进行环境处理。同时，仔猪获得的母源抗体可持续20周以上，将断奶仔猪移至无污染的场所，可以培育猪细小病毒血清学阴性猪群，便于猪场的净化。

第八节　猪口蹄疫

口蹄疫是由口蹄疫病毒（Foot and Mouth Disease Virus，FMDV）引起的一种急性、热性、高度接触传染性的偶蹄动物烈性疾病，易感动物高达七十多种，主要有猪、牛、羊、骆驼等，属于OIE规定必须通报的疫病，也是目前全球养猪业的第六大传染病。

【病原特点】口蹄疫病毒属于微RNA病毒科口蹄疫病毒属，有7个血清型（O型、A型、C型、亚洲1型、南非1型、南非2型、南非3型）、65个亚型，不同血清型之间无交叉免疫性，同一血清型内的不同病毒株之间交叉免疫保护程度也有差异。口蹄疫病毒无囊膜，对酸碱均敏感，对外界环境的抵抗力较强。当pH低于6或高于9时，病毒很快失活；在干粪中病毒可存活14天，粪浆中6个月，尿水中39天，在地表则夏季存活3天、冬季28天。病毒在皮肤的存活时间可达352天，在冷冻保存的骨髓、淋巴结、脾、肺、肾、舌、肠内能存活几年，即使制成肉制品，也会在食物中存活2个月。

【流行病学】在我国，口蹄疫的流行毒株是O型、A型及亚洲1型，其中O型、A型较多见。感染口蹄疫猪场的发病率可高达100%，仔猪因抵抗力弱感染后可导致猝死，成年猪则抵抗力较强而逐渐康复。死亡率因病毒毒株不同而有差异，严重时死亡率可达100%。

根据统计数据，2006年以来猪口蹄疫主要发生于发展中国家，例如非洲、亚洲的多数地区，以及澳大利亚和新西兰等国家，该病在这些地区呈现地方流行性。该病潜伏期较短，一般为3天左右。发病初期，特别是出现临床症状之后的几天，病猪排毒量最多、毒力强，破溃的蹄部水疱皮含毒量最高。病毒随病猪的乳汁、唾液、粪便、尿液、精液及呼气等排出体外，造成饲养环境和空气污染，形成传染源。易感猪直接接触病猪、间接接触含毒排泄物，或者通过节肢动物叮咬，都可感染而患病。患病猪呼出的病毒粒子在空气中以气溶胶的方式，可以随风传播数十米到百千米，引起下风向易感猪发病，特别是在低温、高湿、阴霾的天气。迄今，目前尚未见到口蹄疫病毒垂直传播的报道。

手机扫一扫，观看
"站姿异常、行动不
便、鸣叫"视频

【临床症状】猪口蹄疫以蹄部水疱为特征，体温升高达41℃。成年猪感染后口腔黏膜、吻突形成小水疱或烂斑（图7-61），蹄冠、蹄叉、蹄踵发红形成米粒大的水疱、破裂后糜烂（图7-62），1周左右可痊愈，成年猪偶尔有死亡。若有继发感染，蹄壳可能脱落。病猪跛行、跪行、喜卧，或者因疼痛而站姿异常、鸣叫（图7-63）。病猪尤

图7-61　吻突水疱

图7-62　蹄冠水疱破裂

图7-63　站姿异常、鸣叫

其是哺乳母猪鼻盘、乳房也可见到水疱和烂斑。仔猪感染后传染快、发病率高，往往不及出现典型的水疱即因急性胃肠炎和心肌炎而突然死亡，病死率可达100%。

【剖检病变】患病猪口腔、蹄部、咽喉、气管、支气管和胃黏膜常见水疱、圆形烂斑和溃疡，溃疡上覆盖有黑棕色的痂块。水疱破溃处继发细菌感染则可出现出血性化脓性炎症。10日龄内的仔猪多呈急性感染，故病理变化不明显。患病猪心包膜有弥漫性或点状出血；心脏表面有灰白色或淡黄色斑点或条纹，俗称虎斑心（图7-64）；心肌松软似煮肉状（图7-65）。心肌细胞溶解、释放出有毒分解产物而使患病猪死亡。

根据流行病学特点，临床口、鼻和蹄部的水疱、结痂等典

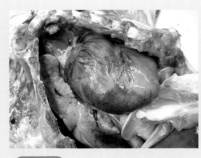

图7-64　心肌表面灰白色、淡黄色条纹

图7-65　心肌松软

型症状，以及剖检时虎斑心、心肌松软等典型病变可作出初步诊断。初步诊断无法区分猪水疱病（SVD）、水疱性口炎（VS）等具有类似症状的疫病。确诊须进行实验室检测，常用RT-PCR来进行病毒的病原学检测；用夹心ELISA血清学方法测定3ABC抗体，来辨别猪是否有口蹄疫病毒野毒感染。

【预防】猪口蹄疫预防接种主要使用灭活疫苗和合成肽疫苗。我国的口蹄疫流行毒株是O型、A型及亚洲1型，所以免疫接种使用最多的主要有O型灭活苗、O型+A型二价灭活苗、O型+A型+亚洲1型三价灭活苗、O型病毒样颗粒亚单位疫苗。根据当前该病的流行特点，O型+A型二价灭活苗较多使用、免疫保护效果确切，免疫期一般为6个月。口蹄疫病毒可以感染多种动物，例如牛、羊的口蹄疫弱毒疫苗依然可以感染猪且致病，以及毒力返强、毒株基因重组等安全性问题，因此口蹄疫弱毒疫苗在多数国家禁止使用。

【治疗】目前，没有药物可以治疗口蹄疫，按规定也不允许治疗该病。我国主要采用疫苗免疫的方式来预防口蹄疫，如果发生疫情应立即上报兽医主管部门，划定疫点、疫区和受威胁区，封锁疫区、禁止疫区内相关猪及其产品的流动。及时扑杀并无害化处理所有病猪和同群猪及其产品，严格消毒猪舍内的用具、饲料、污物、粪便等一切物品，切断传染源，未发病猪进行紧急免疫接种。疫点内最后1头病猪死亡或扑杀后连续观察至少14天，没有新发病例，疫区、受威胁区紧急免疫接种完成，疫点经终末消毒，疫情监测阴性，达到这些标准后可以解除封锁。

猪场应切实提高生物安全水平，特别是技术人员、饲养人员的生物安全意识，把每一项要求落到实处，防止场外病毒传入。根据本地区该病的流行状况、猪场的感染压力，选择合适的疫苗，制定科学合理的免疫程序，严格按照操作流程进行免疫接种。

第九节 猪流行性腹泻

猪流行性腹泻是猪场的常见病，仔猪死亡率极高，往往造成发病猪场"无猪可养"。

【病原特点】猪流行性腹泻的病原是流行性腹泻病毒（PEDV），该病毒属于冠状病毒科成员。病毒粒子通常整体呈球形，在粪便中病毒粒子呈现多种形态，直径在95～109纳米，有囊膜且有花瓣状纤突，纤突长12～24纳米，由病毒核心向四周呈放射状排列，纤突间距较大，呈皇冠状，因而得名。流行性腹泻病毒为线性单股正链RNA病毒，具有较强感染宿主细胞的能力。整个核酸基因组全长为27～33千碱基对。S蛋白是病毒粒子主要的囊膜Ⅰ型糖蛋白，在病毒侵入细胞时与细胞表面受体相互作用，可诱导机体产生中和抗体，与病毒体外复制和体内致弱相关；M蛋白是病毒囊膜中最丰富的蛋白，与病毒粒子组装有关，可激发机体产生具有中和病毒活性的保护性抗体；N蛋白与病毒复制、致病性相关，可诱导机体产生细胞免疫。

流行性腹泻病毒只有一个血清型，对外界抵抗力较弱，一般的消毒药物均可将其杀灭，对乙醚和氯仿敏感。流行性腹泻病毒在60℃30分钟条件下可失去对宿主细胞的感染能力；在阳光照射的情况下，1周可以杀死病毒，但其在50℃条件下较为稳定。病毒可在4℃ pH 5.0～9.0或37℃ pH 6.5～7.5时存活较长时间。

最初该病毒只能在肠上皮组织培养物内培养生长。由于在细胞培养液中加入犊牛血清会抑制流行性腹泻病毒与红细胞受体的结合，故该病毒的分离培养在很长一段时间内未获得成功，后来发现Vero细胞中加入胰酶有利于流行性腹泻病毒的持续增殖，其生长依赖于无血清细胞培养液中的胰蛋白酶，可以形成细胞病变，例如空泡化和合胞体。

【流行病学】猪是该病的唯一宿主，各种年龄、品种的猪均易感染发病，发病率可达100%。哺乳猪、架子猪及育肥猪的发病率高，尤以哺乳猪发病最为严重。母猪发病率不等，为15%～90%。

多年来，流行性腹泻病毒一直存在于我国猪群中，因为采用疫苗防控和较好的饲养管理措施，该病在全国未大规模暴发和流行。从2010年冬季开始，我国南部许多省份的猪场突然大规模暴发腹泻病，并向周围的省份和地区蔓延。这次腹泻病的临床症状表现为仔猪急性腹泻，并伴随脱水直至出现死亡，仔猪的死亡率高达100%，给养猪业带来了巨大的经济损失。研究证明，本次疫情的病原为变异流行性腹泻病毒，到目前该病尚未得到有效控制，猪流行性腹泻是我国冬季猪群危害最严重的疾病之一。

近年来，猪流行性腹泻在欧美和亚洲很多地区流行情况较为严重，2013年美国由于流行性腹泻病毒流行导致数百万头猪死亡，2013年日本该病毒阳性检出率高达72.5%，该病成为影响养猪业经济效益的重要因素。

该病多发生于较为寒冷的冬春季节。病猪和带毒猪是该病的主要传染源。病毒主要存在于猪的肠绒毛上皮细胞及肠系膜淋巴结中，随粪便排出后，可污染周围环境、饲料、饮水、交通工具及用具等而导致其他健康猪发病。饲养户常常发现一头猪发病后，同栏或邻栏的猪陆续发病，最终全群无一幸免。该病毒可以在健康猪身上潜伏，不表现临床症状却可以排毒传染。最新研究结果显示，该病毒通过消化道和呼吸道皆可有效感染。

【临床症状】该病潜伏期一般为5～8天，人工感染潜伏期则较短，通常在8～24小时内。临床症状主要表现为水样腹泻（图7-66）并带有恶臭气味，间或呕吐，通常在进食或吃奶后呕吐（图7-67）。病猪体温正常或稍高，精神沉郁，食欲减退或废绝。因年龄不同临床症状有所差异，年龄越小，症状越重。在发病初期，病猪体温会高达40℃，随后体温会立即下降，仔猪体温可能会低至38℃，在出现体温急剧下降后，病猪食欲下降，感到口渴，饮水量不断增加。通常1周龄内新生仔猪发生腹泻

图7-66 水样腹泻

图7-67 仔猪呕吐

后3～4天会呈现严重脱水症状而死亡（图7-68），死亡率可达50%～100%。断奶猪、母猪常精神委顿，或可出现特有的患病仔猪趴卧于母猪腹上的现象（图7-69）、厌食和持续性腹泻大约1周，并逐渐恢复正常。少数猪恢复后生长发育不良。育肥猪在同圈饲养感染后都发生腹泻，1周后可康复，死亡率低。处于康复期的病猪不停地排出PEDV，因此在3个月内不能引入未免疫的猪，否则会造成二次感染，导致病毒再次传播。成年猪症状较轻，有

图7-68 仔猪脱水、扎堆

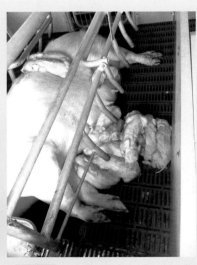

图7-69 仔猪精神委顿、特征性地趴卧于母猪腹部

的仅表现呕吐，重者水样腹泻3～4天，若无其他疾病感染，可自行康复。

【病理变化】病毒经口鼻（消化道或呼吸道）感染，侵入小肠后，可在小肠和结肠绒毛上皮细胞胞浆内通过内质网膜出芽方式进行增殖，在复制过程中损伤细胞器，继而出现细胞功能障碍，而因线粒体肿胀引起的细胞数量减少，营养物质吸收不良，从而导致肠绒毛萎缩，这是发生腹泻的主要原因。随着病程的进一步发展，肠上皮细胞损伤逐渐加重，直至上皮脱落，形成绒毛萎缩、变短，吸收面积减少等病变现象，导致吸收营养物质的能力显著下降，而另一方面由于肠黏膜上皮细胞内各种酶的活性显著降低甚至缺失，进入其中的蛋白质、糖、脂肪等大分子物质不能被彻底分解，使这些物质在肠内逐渐腐败发酵，刺激肠内神经末梢感受器，使得蠕动增强，加之ATP酶活性的降低或缺乏，肠上皮细胞内钠泵失活，又可造成渗透压升高，最终导致仔猪发生渗透性腹泻。仔猪由于肠内碱性物质大量排出，而引起酸中毒、自体中毒、脱水和贫血，发生败血性休克衰竭而死。眼观变化仅限于小肠扩张，其内充满黄色液体，肠系膜充血，肠系膜淋巴结水肿，小肠绒毛缩短。组织学变化可见空肠段上皮细胞的空泡形成和表皮脱落，肠绒毛显著萎缩。绒毛长度与肠腺隐窝深度的比值由正常的7：1降到3：1；上皮细胞脱落最早发生于腹泻后2小时。

将病死猪解剖后，发现身体严重脱水，体表皮肤干燥失去弹性，皮下脂肪消失。胃内没有食物或者存留少量食物。病死猪小肠病变最为明显，肠管严重膨胀，内部充满气体和黄绿色液体，肠壁菲薄，外观呈半透明状，肠系膜淋巴结水肿。采集病死猪的小肠绒毛进行镜检，能发现长绒毛显著萎缩、坏死、脱落。有的病死猪胃内充满未消化的白色凝乳块，并存在严重的卡他性胃肠炎，胃底黏膜充血严重（图7-70），并存在出血斑块。空肠和回肠绒毛显著萎缩变短，肠黏膜变得更加粗糙，肠道中充满气体，内容物呈现液体状。

【预防】加强饲养管理，提高猪群整体的免疫力，是预防

图7-70 胃底壁出血

猪流行性腹泻病的基础工作。日常饲喂中，避免给猪饲喂受潮、过期或发霉的饲料。冬季要给猪群做好保暖与防风工作，特别是配种妊娠猪舍、产房、小猪保育舍，温度不低于15℃，产房内温度应该保持23℃左右。猪舍室内要温暖，哺乳期的仔猪也不能饮用凉水，应饮用不低于20℃的温水。

当前养猪生产中使用的疫苗主要有弱毒苗和灭活苗。灭活苗通过后海穴免疫母猪，使其产生母源抗体，借助哺乳的被动免疫方式使仔猪获得一定的免疫保护，仔猪免疫期一般为哺乳期至断奶后7天。我国科研工作者将CV777毒株在Vero细胞上传代125代以后，获得CV777弱毒株，制备成传统的弱毒疫苗。针对2010年以来出现的新变异毒株，我国多家科研单位研制成功了几种弱毒疫苗，保护效果较好。弱毒苗以肌内注射的方式进行免疫，一般在每年9月、10月普免2次。稳定场的妊娠母猪，产前40天、20天跟胎免疫2次；受威胁场的妊娠母猪产前40天、20天、10天跟胎免疫3次，其中产前20天时可加以喷鼻免疫。仔猪于断奶后7～10天内接种弱毒疫苗，间隔14天二免。母猪流行性腹泻病毒多与传染性胃肠炎病毒（TGEV）制成二联活疫苗使用。

【治疗】该病尚无有效的治疗方法。发生该病后可采用支持疗法，例如补水和电解质，以及葡萄糖、甘氨酸、多种维生素等。发病早期使用高免血清、卵黄抗体、干扰素具有一定的治疗作用。发现猪流行性腹泻症状后要对圈舍进行全面封锁，仔猪进行扑杀和无害化处理。然后，对患猪活动区域进行彻底消毒，包括饲养人员的用品等。冬季天气寒冷，对圈舍进行一次彻底消毒，所有台面、墙面进行喷洒消毒，食槽、排水道进行重点消毒，在圈舍前设置消毒池，消毒液应该每天更换。

第八章

猪的细菌性疾病

第一节　猪大肠杆菌病

猪大肠杆菌病是由致病性大肠杆菌引起的人兽共患传染病，主要引起猪的仔猪黄痢、白痢和水肿病，临床症状主要以发生肠炎、肠毒血症、败血症等为特征。

【病原特点】大肠杆菌又称大肠埃希菌，需氧或兼性厌氧的革兰阴性短杆菌，长度2～3微米，两端钝圆，无明显荚膜，有鞭毛和菌毛。该菌能够在多种选择培养基上生长，培养24小时即可在固体培养基长成较大菌落，菌落表面平滑或较粗糙。大肠杆菌的血清分型主要由其菌体抗原（O抗原）决定，该抗原目前已有180种以上，我国存在150种左右，常见的有O6、O8、O9、O26、O45、O75、O138、O104、O157等，其中O157∶H4、O104∶H4毒力极强，能致人或多种动物血便、血尿甚至死亡。

该菌一般寄居在猪肠道内，正常情况下绝大多数不具有致病能力，当肠道菌群失调、寄生菌侵入肠外组织或器官时则表现出致病力。少数"天然"致病性大肠杆菌，正常情况下极少存在于健康猪体。常见与猪致病有关的大肠杆菌一般包括四种类型：产肠毒素型（ETEC）、产类志贺毒素型（STEC）、肠致病型（EPEC）、败血型（SEPEC）；引起的典型病症分别是仔猪黄白痢、猪水肿病、仔猪腹泻、猪败血症。

【流行病学】不同动物易感菌株的血清型有所差异，引起猪发病的常见血清型有O45、O60、O64、O138、O141、O149、O157。仔猪比成年猪更易感，猪的三种病（黄痢、白痢、水肿病）均在育肥以前发生。仔猪黄痢一般发生在 1 ～ 3 日龄，仔猪白痢常发生于 10 ～ 20 日龄，猪水肿病和腹泻主要见于断奶后仔猪。初产母猪的仔猪发病率较高，不同窝间的发病率差异较大，随着仔猪日龄增大，发病率和病死率逐渐减少。仔猪黄痢和水肿病的病死率很高，有的可达100%；白痢和断奶仔猪腹泻的病死率较低，一般为20% ～ 50%。

该病的传染源为病猪及带菌猪。病猪通过粪便排出细菌，散布于自然界，猪吮乳、舔舐或饮食时经消化道而感染。大肠杆菌在肠道内一般没有致病性，当饲养管理粗放、卫生条件差、营养缺乏、免疫抑制病毒感染等造成猪的免疫力下降，大肠杆菌即可在肠道内大量繁殖引起发病。

【临床症状】（1）仔猪黄痢　一般由母体感染，潜伏期 8 ～ 18 小时，出生后12小时即可发病，长的也仅 1 ～ 3 天。往往表现为一窝仔猪突然 1 ～ 2 头发病，全身衰竭、迅速死亡；随后全窝发病，排黄色或黄白色浆状稀粪（图8-1）、内含凝乳小片、有气泡、腥臭；口渴、不食、严重脱水、消瘦，昏迷而死，病程 1 ～ 2 天，一般来不及治疗，病死率可达100%。

（2）仔猪白痢　多发于 10 ～ 20 日龄，突然发病，排乳白色或灰白色的糨糊状粪便，腥臭，呈黏腻样（图8-2）。发病猪胃寒、拱背、脱水、消瘦，病程 2 ～ 3 天，长的 1 周左

手机扫一扫，观看"仔猪白痢"视频

图8-1 黄痢

图8-2 白痢

右，可反复发作。患病猪可自行康复，病死率低。

（3）猪水肿病 断奶后小猪易发病，发病率不高，但是病死率很高。体质健壮、生长快的小猪易发病，推测与高蛋白及营养好有关。致病菌株主要是O157：H7、O138：K81、O139：K82等血清型。人工提纯的水肿毒素（类志贺毒素、Stx）接种，可复制出该病。发病猪出现神经症状，步态不稳、抽搐、泳动、鸣叫、转圈等，便秘，呼吸初浅后深，背部拱起。特征性症状是脸部、眼睑、结膜等处水肿（图8-3）。病程一般1～2天，病死率在90%以上。

（4）断奶仔猪腹泻 常发生于断奶后5～14天，一两只仔猪断奶后突然死亡，继而猪群出现水样腹泻。直肠温度正常，脱水，极度的饮欲，耳部、腹部发绀，步态蹒跚，到处走动。

【剖检病变】（1）仔猪黄痢 尸体严重脱水、皮下水肿，小肠膨胀、充满黄色液体和气体（图8-4），肠黏膜急性卡他性炎症、肠壁变薄，肠系膜淋巴结弥漫性点状出血，胃壁坏死有黄色内容物（图8-5），肝、肾有小坏死灶，粪便呈黄色或黄白色稀粪。

（2）仔猪白痢 尸体外表苍白、消瘦，剖检可见胃内有少量凝乳块，肠黏膜有卡他性炎症，肠系膜淋巴结轻度肿胀（图8-6）；排腥臭味乳白色或灰白色糊状粪便；无其他明显肉眼可见的病理变化。

（3）猪水肿病 突出病变是组织水肿。胃壁水肿，常见于

图8-3 眼睑水肿、闭眼张嘴呼吸

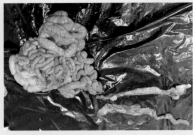

图8-4 小肠膨胀充满黄色液体

图8-5 胃壁坏死、胃内有黄色内容物

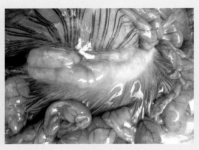

图8-6 肠系膜淋巴结轻度肿胀

贲门和大弯部；大肠肠系膜呈胶冻样浸润。淋巴结水肿、出血，心包、胸腔积液，肺水肿。有的病例无水肿变化，但内脏常见出血性变化，出血性肠炎尤为常见（图8-7）。该病应与猪的硒缺乏症相区别，后者主要是腹部皮下水肿，补硒后基本可痊愈。

（4）断奶仔猪腹泻 小肠扩张充血、出血、轻度水肿，内容物水样或黏液样（图8-8）；大肠内容物黄绿色、水样或黏液样。

临床症状和剖检病变仅作为初步诊断，确诊需通过实验室检测进行细菌的分离及鉴定。

【预防】大肠杆菌是一种条件致病菌，猪的大肠杆菌病重在预防。初生仔猪吃到初乳，从中获得足够的抗大肠杆菌母源抗

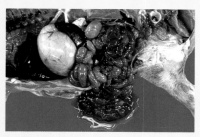

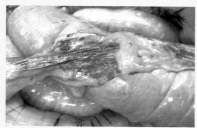

 断奶仔猪小肠明显充血、内容物含血

图8-8 小肠黏膜充血出血、内容物黏液样

体，得到被动免疫保护对预防仔猪大肠杆菌病异常重要。同时，注意母猪乳房及乳头的消毒保健，每天用0.1%的高锰酸钾溶液清洗母猪乳房，可以阻止外源性大肠杆菌的感染。猪场宜坚持自繁自养，严格生物安全措施，降低致病性大肠杆菌感染的机会。

饲料配方应适合不同日龄段的猪，断奶期间不要突然改变饲料，否则容易引起肠道菌群失调而诱发相关的大肠杆菌病。饲料中适当添加维生素、矿物质和微量元素，特别注意补铁、硒、锌，可以提高抗应激能力。

疫苗免疫接种主要有三种方法：采用本地流行优势血清型的大肠杆菌制备灭活苗接种妊娠母猪，可以使初生仔猪获得较好的被动免疫保护；另外，使用非致病性大肠杆菌对病原性大肠杆菌的菌群调整疗法来预防仔猪黄痢，在国内部分地区推行，效果较好；再者，采用K88、K99、987P大肠杆菌三价灭活疫苗或者三价基因工程苗预防仔猪大肠杆菌病也取得了较好的成效，迄今已有四价甚至五价疫苗相继推出。母猪一般在产前30天、15天各免疫一次，可以使哺乳仔猪获得较高的被动免疫保护率。

【治疗】大肠杆菌病的病程往往很短，发病猪常来不及治疗。为此，给药时间要早，以控制早期感染和预防大群感染。如果窝内发现一头疑似病猪，则应立即对全窝仔猪作预防性药物治疗，这样可以减少损失。选择药物治疗时一般选用广谱抗

第八章 猪的细菌性疾病

生素，如头孢类药、阿莫西林、氨苄西林、强力霉素、氟苯尼考、恩诺沙星、马保沙星等。例如，恩诺沙星2.5毫克/千克体重，连用3～5天。

同时，必须重视大肠杆菌菌株出现耐药性问题，猪发病后盲目用药、轮番轰炸式用药、饲料添加抗生素等甚至促成了多重耐药、超级细菌的产生。因此，应该避免以上错误做法，选用抗生素治疗该病时最好以药敏试验结果作指导，有针对性用药；或者根据当地大肠杆菌菌株的流行状况，有选择地筛选抗生素进行治疗。另外，注意交替用药可以在一定程度上减缓耐药性的产生。

第二节　猪肺疫

猪肺疫又称猪巴氏杆菌病，是由多杀性巴氏杆菌引起的急性、败血性传染病，也称猪出血性败血症，俗称"锁喉风"，主要特征是败血症、咽喉炎、纤维素性胸膜肺炎。

【病原特点】多杀性巴氏杆菌为两端钝圆、中央微凸的短杆菌，单个存在，无鞭毛、无芽孢，产毒株有明显的荚膜。革兰阴性，用美蓝或瑞氏染色呈明显的两极浓染，两个细菌似瓜子碰头样形态，陈旧培养或多次继代培养的细菌则两极着色不明显。该菌在血清或血液琼脂培养基上生长良好、不溶血，普通营养琼脂上生长不旺盛，在普通肉汤中呈均匀混浊生长。根据菌体和荚膜抗原的差异，可以把该菌分为12个血清型和5个血清群（A型、B型、D型、E型、F型）。我国分离的菌株主要是5：A型、6：B型，其次是8：A型、2：D型。其中A型菌株广泛存在、D型菌株较少，两者多散发和慢性经过；B型菌株呈最急性和急性经过，致病力强。我国猪出血性败血症的主要病原菌为B型多杀性巴氏杆菌。

【流行特点】正常带菌猪和病猪是传染源。该菌为条件性致病菌，在健康猪的上呼吸道，特别是扁桃体中常有巴氏杆菌存在，当气候剧变、潮湿拥挤、通风不良、饲料突变、转场应激等不良因素或者免疫抑制病导致猪抵抗力降低时，常引起内源性感染而发病。该菌经消化道、呼吸道传播，通过病猪的排泄物、分泌物传染给健康猪，还可以通过吸血昆虫或者受损伤的皮肤和黏膜进行传播。该病一年四季均可发生，无明显季节性，但在春秋两季气候多变时发生较多。该病一般为散发性，有时呈地方性流行。

【临床症状】潜伏期1～14天，分为最急性型、急性型和慢性型。

（1）最急性型　一般发生在疫情初期，猪出现无症状的突然死亡，有的猪可能病程稍长。体温能够达到42℃，食欲废绝，耳根、颈部、腹侧、四肢皮肤发生出血性红斑（图8-9），咽喉部肿胀、坚硬、发热，呼吸极度困难、呈犬坐式。随后口鼻流出白色泡沫，数小时至1天内死亡。发病迅速、病程短、死亡率高，又称"锁喉风"。

（2）急性型　猪肺疫的主要病型，猪体温一般能达到40～41℃，咳嗽、呼吸困难，严重时呈犬坐状，有的可出现痉挛性干咳，鼻流铁锈色脓性鼻液（图8-10），黏膜发绀。初期便

图8-9　耳根、颈部、腹部、四肢皮肤发生出血性红斑

图8-10　鼻流铁锈色脓性鼻液

秘、后期腹泻，病猪消瘦极快。病程一般为2～6天，耐过猪转为慢性经过。

（3）慢性型　多见于流行后期或由急性型耐过，主要表现为慢性肺炎或慢性胃肠炎。患病猪持续咳嗽、呼吸困难，有时出现关节肿胀，持续性腹泻，衰竭而死亡，病程为半个月左右。

【剖检病变】（1）最急性型　病猪全身黏膜、浆膜和皮下组织出现大量出血点，咽喉部及其周围皮下组织有出血性、浆液性炎性浸润，喉头黏膜呈现高度的充血和水肿，致使严重的呼吸困难，故发生急性窒息死亡，所以病程短、死亡急。咽喉部及周围皮肤切开后，有大量胶冻状的黄色水肿液。肺部充血、水肿；脾有出血但不肿大；心内外膜有出血斑点（图8-11）。

（2）急性型　主要是胸膜肺炎，表现为浆液性纤维素性胸膜炎和纤维素性坏死性肺炎（图8-12）。肺有出血点、水肿、气肿（图8-13）；有不同程度的肝变区而呈现暗红色，病程长的在肝变区内形成干酪样坏死灶，切面呈现大理石样。严重的猪肺脏与胸膜粘连（图8-14）。胸腔积液、心包积液，气管、支气管内有多量泡沫状黏液（图8-15），肺实变（图8-16），黏膜有炎症。

（3）慢性型　肺部的肝变区扩大，有黄色或灰色坏死灶，由结缔组织包裹，内有干酪样物质，有的形成空洞。胸膜增厚、胸膜纤维素沉积与肺脏粘连。病猪不会出现全身性败血症病变。

图8-11　心内膜出血点

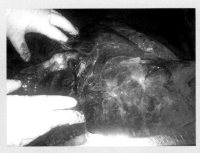

图8-12　纤维素性坏死性肺炎

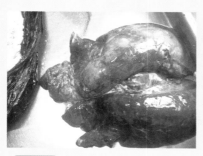
图8-13　肺部出血、水肿、气肿

图8-14　肺脏与胸膜粘连

图8-15　气管有多量泡沫状黏液

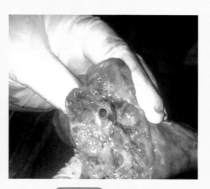
图8-16　肺实变

　　根据流行病学、临床症状和病变特点可作出初步诊断。确诊需要进行实验室染色镜检，细菌分离、生化鉴定或PCR鉴定。

　　【预防】猪多杀性巴氏杆菌是条件性致病菌，加强饲养管理、改善猪场环境，对降低该病的易感性有重要的现实意义。注意猪场消毒，制定完善的消毒制度、清灭环境中的致病菌；加强饲料营养管理，控制舍内猪只数量，适量增加运动，增强生猪抗病体质。过冷、过热、通风不良、潮湿等是极大的应激因素，也是条件性致病菌发病的重要诱因。

预防猪肺疫可用猪肺疫氢氧化铝灭活苗、猪肺疫冻干弱毒苗以及猪丹毒 - 猪肺疫氢氧化铝二联灭活苗、猪瘟 - 猪丹毒 - 猪肺疫三联灭活苗。例如使用猪肺疫氢氧化铝灭活苗皮下注射免疫断奶仔猪，14天后可对本血清型菌株产生坚强免疫力；还可以口服猪肺疫弱毒冻干苗，通过饲料或饮水方式免疫，免疫期均不低于6个月。多杀性巴氏杆菌自然感染后耐过的猪，可以对不同血清型菌株产生良好的免疫力。然而，人工分离培养的细菌制备疫苗，不同血清型之间交叉免疫保护极弱，所以应选用与当地流行菌株血清型相同的疫苗进行免疫接种。

【治疗】发生该病时应严格按规定处理病死猪，一般是加入生石灰深埋；及时对圈舍、用具、环境等进行彻底消毒。同时，对病猪进行隔离饲养，阻断其与健康猪的一切联系。同群假定健康的猪，可注射高免血清作紧急预防，效果良好；如果没有高免血清，也可用弱毒疫苗作紧急免疫预防接种，但该方法对潜伏期患病猪易引起发病，应做好抢救准备。假定健康猪也可以用多西环素、恩诺沙星、头孢菌素、青霉素等抗生素或者磺胺类药物等进行紧急预防，把疾病消灭于潜伏期。对出现临床症状的发病猪，采用上述抗生素或者磺胺类药进行针对性治疗，如果将抗生素与高免血清联用，则效果更佳。由于细菌容易发生耐药性变异，最好根据药敏试验结果确定优选抗生素，或者多种抗生素联合用药也可收到较好的治疗效果。

第三节 猪传染性胸膜肺炎

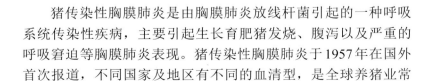

猪传染性胸膜肺炎是由胸膜肺炎放线杆菌引起的一种呼吸系统传染性疾病，主要引起生长育肥猪发烧、腹泻以及严重的呼吸窘迫等胸膜肺炎表现。猪传染性胸膜肺炎于1957年在国外首次报道，不同国家及地区有不同的血清型，是全球养猪业常

发的五大疫病之一。我国于1987年首次确诊猪传染性胸膜肺炎临床病例，特别是近十年来该病流行呈上升趋势，已成为我国猪呼吸系统的主要疾病，由于高发病率和致死率，给集约化养猪业造成了巨大危害，严重阻碍了养猪业的健康可持续发展。

【病原特点】胸膜肺炎放线杆菌属于巴氏杆菌科、放线杆菌属、革兰阴性小球杆菌，无芽孢，有荚膜、菌毛和鞭毛，具有运动性。新鲜病料涂片染色呈两极着色，人工培养24～96小时可见到丝状菌体。本菌兼性厌氧，在10% CO_2 条件下可长成黏液状菌落。初次分离时需将病料接种于含50%的小牛血液琼脂培养基，在 CO_2 条件下培养24小时，若用葡萄球菌与病料交叉画线，在葡萄球菌生长线周围可见呈β溶血的小菌落（图8-17），俗称"卫星现象"。

根据荚膜多糖和脂多糖的抗原性差异，胸膜肺炎放线杆菌目前分为18个血清型，各血清型之间的交叉保护性不强且毒力有明显差异，给传染性胸膜肺炎的防治带来了极大的困难。根据烟酰胺腺嘌呤二核苷酸（NAD）依赖性又可将

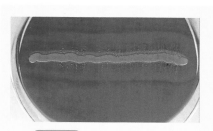

图8-17　"卫星"式菌落

该菌分为两个生物型。生物Ⅰ型为NAD依赖菌株，包括血清型1～12型、15型、17型；生物Ⅱ型的生长不依赖NAD，但需要其他特定嘌呤或嘌呤前产物以辅助生长，包括血清型13型、14型、17型。生物Ⅱ型胸膜肺炎放线杆菌的毒力一般低于Ⅰ型，其中血清型1型、5型、9型、11型毒力最强，而3型、6型毒力较低。

我国的流行菌株以血清7型为主，其次为血清1型、2型、3型和5型。胸膜肺炎放线杆菌的主要毒力因子包括荚膜多糖、脂多糖、外膜蛋白、转铁结合蛋白、蛋白酶、黏附素和Apx毒素等。Apx毒素中的Apx Ⅰ、Apx Ⅱ、Apx Ⅲ和Apx Ⅳ在胸膜肺

炎放线杆菌感染致病过程中起重要作用，其中Apx Ⅰ、Apx Ⅱ、Apx Ⅲ能诱导机体的保护性免疫应答。

【流行病学】各年龄的猪对本菌均易感，但由于母源抗体等因素的作用，该病最常发生于生长育肥猪及育成猪。体重30～60千克的猪多发，发病率和死亡率可高达100%。胸膜肺炎放线杆菌主要寄生于猪的呼吸道，在肺部、血液及鼻液中均可见大量菌体存在。该病有明显的季节性，多发生于4～5月份和9～11月份。根据血清学和病原学调查，目前该病在我国规模化猪场的感染率高达53%以上。

病猪和带菌猪是该病的主要传染源，无症状有病理变化或无症状无病理变化的隐性带菌猪较常见。存活下来的康复猪的体重增长受到严重影响并且可以作为病原携带者传播该菌，这是胸膜肺炎放线杆菌病原传播的主要方式。胸膜肺炎放线杆菌主要定殖于呼吸道中，可从发病猪的肺脏、扁桃体、淋巴结以及鼻腔分泌物中检测到病原菌。

该病的主要传播途径是通过短距离空气传播、猪与猪之间直接接触、排泄物接触等，其中猪与猪之间的直接接触是传染性胸膜肺炎的主要传播方式。当胸膜肺炎放线杆菌以空气为媒介传播时，一般在1米以内的易感猪群才能感染，猪场与猪场之间的传播，主要是由带菌猪的流动而引起。

卫生条件差、通风不良、气候突变、饲养密度大、长途运输、维生素E缺乏、过堂风等均能促进该病发生，使发病率和死亡率升高。一般情况下，大群比小群更易发生该病，老疫区的发病率和病死率相对较低，再次突然暴发一般是由于饲养管理不善或新血清型菌株侵入所致。

【临床症状】自然感染潜伏期为1～2天，人工感染的潜伏期为1～7天，根据其感染后发病的快慢，分为以下三种类型。

（1）最急性型　发病突然、病程短、死亡快，一般有一头或几头猪突然病重，体温升高至41.5℃，食欲废绝，有短期的腹泻和呕吐。病死猪的耳部、腹部、四肢皮肤发绀，口、鼻流出带血的红色泡沫（图8-18）。初生猪则为败血症致死，偶有突然倒地死亡的猪。该型发病迅速、致病力强，猪在出现临床症状后24～36小时内死亡，病死率可高达100%。

手机扫一扫，观看"传胸喘鸣"视频

（2）急性型　发病较急，一般多头猪发病，体温升高至40～41.5℃，精神沉郁，食欲减退或废绝，呼吸极度困难，常站立或犬坐，张口伸舌、呈"喘"状。鼻盘和耳尖、四肢皮肤发绀。因饲养管理、应激条件差异，特别是免疫抑制病存在与否，所以猪的发病病程可能长短不一。如不及时治疗，常于发病1～2天内窒息死亡，若病初临床症状比较缓和，能耐过4天以上者，临床症状将逐步减轻，常能自行康复或转为慢性。

图8-18　□、鼻流出带血的红色泡沫

（3）亚急性型和慢性型　发生在急性症状消失之后，临床症状较轻，一般表现为体温升高、食欲减退、精神沉郁、不愿走动、喜卧地，呈间歇性咳嗽，消瘦，生长缓慢。

【剖检病变】以纤维素性出血性和坏死性胸膜肺炎为主要特征，可以导致所有年龄段的猪发生感染。解剖病变主要表现在肺脏，纤维素性肺炎表现为一层粗糙纱布样的纤维素性包膜覆盖于肺脏表面；出血性肺炎表现为肺脏充血肿大，一般不会同时出现纤维素性肺炎。纤维素性肺炎一般要在发病24小时后才会出现，肺脏肿大实变，呈紫红色，肝样变（图8-19），肺脏组织内有结缔组织硬块。心包内有大量积液（图8-20），肺脏表面纤维素性渗出导致胸腔粘连（图8-21），表现为解剖时难以将肺脏从胸腔中取出。肺脏由先前的暗红色变得亮而硬（图8-22），随着病程发展，后期病灶颜色会逐渐变暗且范围逐渐缩小，最后形成慢性期的暗黄色水肿气肿增生性结节（多发生于膈叶处）（图8-23）。肝脏瘀血、呈暗红色（图8-24）。气管内有黏性分泌物，呈泡沫状血色，部分病例还出现严重的支气管堵塞（图8-25）。同时在猪的耳、鼻、眼、后躯等处皮肤出现紫绀症状，肠黏膜变薄（图8-26）。

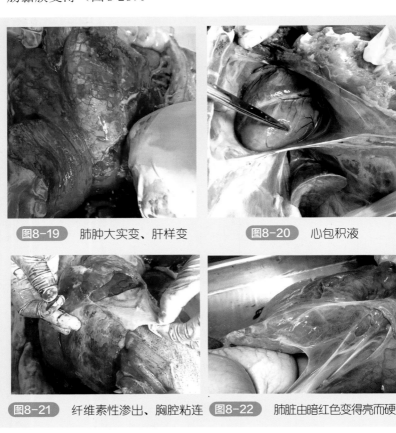

图8-19　肺肿大实变、肝样变　　　　图8-20　心包积液

图8-21　纤维素性渗出、胸腔粘连　　图8-22　肺脏由暗红色变得亮而硬

【预防】胸膜肺炎放线杆菌为条件性致病菌，因此饲养过程中应加强管理，减少应激。适当的饲养密度和良好的通风条件，可有效降低圈舍空气中的病菌浓度，保证氧气的充足供应，是控制和预防该病的一项重要措施。注意圈舍清洁干燥，重点是

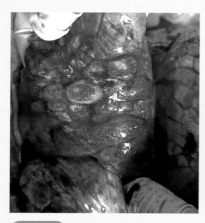

图8-23　肺脏水肿、气肿、增生性结节

图8-24　肝脏瘀血、呈暗红色

图8-25　气管内血色的泡沫状黏液

图8-26　肠黏膜变薄

及时消毒、清理粪便、污水等污物，降低因污物发酵和腐败产生的有害气体对猪呼吸系统的损害，净化空气，创造一个良好的环境。采用全进全出的饲养方法。根据季节气候的变化，控制好小环境的温度和湿度。保证投放全价优质饲料，保证饮水清洁，必要时对猪群的饮水进行控制、消毒。

猪场应严格控制无关人员的进出，工作人员互不串舍。进入生产区，必须更换衣物、胶靴，并用消毒水洗手后经消毒池方可进入。衣物、用具等应及时用紫外线消毒。用于环境消毒的药物应选择广谱消毒剂。对出现临床症状的病猪必须进行隔离观察、治疗或淘汰。死猪一律经严格消毒后，运到指定地点深埋或焚烧。严格对圈舍进行清扫和消毒，空圈必须在1个月以后方能进猪。

无该病猪场应坚持自繁自养，防止引入带菌猪。若确需引种则至少隔离检疫3个月或半年，经血清学检查为阴性，确认健康后方可进入生产区混群饲养。

免疫接种疫苗可以预防该病，但不同血清型之间的交叉保护力差，因此选择符合本场菌株血清型的疫苗就显得尤为重要。理想情况是从发病猪场分离菌株，鉴定其血清型，有针对性地进行紧急免疫接种或者定期免疫预防。如果短时间内不能确定本场菌株的血清型，为了达到紧急免疫的目的，可以根据我国近年来流行菌株的主要血清型种类（7型及1型、2型、3型、5型），选用多价疫苗，当前我国的多价疫苗主要有两种，分别是1+2+7型、1+3+7型。亚单位疫苗也是当前较常用的疫苗，亚单位疫苗通常以病原菌的各种毒力因子、外膜蛋白或转铁结合蛋白等为主要成分，保护效果不尽相同。为了获得更好的交叉保护性和免疫效力，近年来很多学者开始研制基因缺失弱毒疫苗和基因重组亚单位疫苗，目前这些疫苗还停留在实验室阶段。应用现有的灭活疫苗，可以参考以下免疫程序，种公猪每年免疫2次，经产母猪产后1个月免疫1次，仔猪1月龄首免，留作种用的后备公、母猪配种前1个月加强免疫1次。

【治疗】发病的猪场，尽早治疗是提高疗效的最重要条件。分离细菌并依据药敏试验结果确定选用具体的治疗药物，一般效果确切。盲目地、轮番轰炸式用药，则往往治疗效果欠佳，且容易加速细菌耐药性变异。不能进行药敏试验的猪场，根据近年来的细菌耐药性变化以及多个分离菌株的药敏试验结果，可选用喹诺酮类、磺胺类药物进行治疗，连续用药5～10天，效果较好。应用抗生素进行治疗，虽能挽回部分损失和降低死亡率，但经过抗生素治疗的猪容易成为带菌猪而成为其他猪的传染源。

第四节　副猪嗜血杆菌病

副猪嗜血杆菌病能够引起猪发生呼吸道症状，并伴随特征明显的多发性浆膜炎、多发性关节炎或脑膜炎以及细菌性肺炎，也称格拉泽氏病。

【病原特点】该病由副猪嗜血杆菌引起，革兰阴性的短小杆菌，不形成芽孢，多形性，属于巴氏杆菌科。该细菌在环境中普遍存在，健康的猪体内也有存在。本菌体外生长条件苛刻，需氧或兼性厌氧，绝大多数体外培养的病原菌无荚膜，而从猪体内分离的则有荚膜，在体外培养几代后荚膜消失。该菌生长时严格需要NAD（烟酰胺腺嘌呤二核苷酸）或V因子，在加入NAD的TSA培养基中培养24～48小时，可见针尖大的无色透明菌落，继续培养则变为灰白色。该菌在鲜血琼脂平板的金黄色葡萄球菌周围，可形成"卫星"现象。

副猪嗜血杆菌干燥状态下容易死亡，不耐热，在60℃经5～20分钟可灭活，常规消毒剂可杀灭。该菌对常用抗阴性菌的抗生素敏感。在生长繁殖过程中和死亡崩解后会释放出内毒素，该毒素在败血症中表现尤为突出。

【流行病学】1910年，德国科学家Glasser在患有纤维素性胸膜炎、脑膜炎的猪体内发现这种短杆菌，Scher和Ehrlic在1922年首次分离到了该菌，这种菌生长需要V因子。近年来，副猪嗜血杆菌病在世界范围内成为引起保育猪死亡的一个重要因素，发病率和死亡率呈现逐年上升的趋势。在我国，副猪嗜血杆菌病也呈现相同的趋势。副猪嗜血杆菌至少有15种血清型，血清4型和5型在我国最为流行，其次是13型、14型和12型，血清1型也是一个流行菌株。该菌寄生在鼻腔等上呼吸道内，属于条件性致病菌，可由多种因素诱导发病，与猪体抵抗力、环境卫生、饲养密度有极大关系，特别是免疫抑制性病毒感染是主要的诱因。患病猪或带菌猪主要通过空气、直接接触感染其他健康猪，其他传播途径（如消化道等）亦可感染。一年四季均可发病，但以深秋、冬季和早春等较低气温时多发，环境差的养殖场更容易发病。该菌只感染猪，主要引起断奶前后和保育阶段的幼猪和青年猪发病，通常见于5～8周龄，发病率一般在10%～15%，严重时死亡率可达50%。该病多和猪繁殖与呼吸综合征、圆环病毒病及伪狂犬病等继发感染或混合感染，发病后病情迅速恶化，常难以治疗。因此，在不同的畜群混养或引入种猪时，存在该菌是严重威胁。另外，有报道指出该菌可能是引起纤维素性化脓性支气管肺炎的原发因素。

【临床症状】该病的临床症状取决于炎症部位，包括发热、呼吸困难、关节肿胀、跛行、皮肤及黏膜发绀、站立困难甚至瘫痪、僵猪或死亡。死亡时体表发紫，腹部膨胀。急性型病猪体温升高（可达41℃左右）、精神沉郁、身体颤抖、呼吸困难、皮肤发绀、全身瘀血，常于病后2～3天死亡。多数病例呈亚急性型或慢性型，多见于保育猪。病猪精神沉郁，食欲下降或厌食；发热，咳嗽，呼吸困难，呈腹式呼吸；心跳加快，体表发红或苍白，耳梢发紫，眼睑皮下水肿；部分病猪鼻腔内有脓液流出，行动迟缓或不愿站立、跛行；关节肿大（图8-27），或有共济失调、临死前侧卧或四肢呈划水样；有时无明显症状而死亡，严重时母猪出现流产。

【剖检病变】胸膜炎、腹膜炎明显（包括胸膜心包炎和肺炎），关节炎次之，脑膜炎相对少一些，通常以混合发生多见。以浆液性、纤维素性渗出（严重的豆腐渣样）为炎症特征。肺间质增宽、水肿，尤其是心脏形成"绒毛心"（图8-28），胸腹部膨胀，有大量黄色的胸水和腹水，伴随大量纤维素性渗出（图8-29）。肝脏被渗出包裹，甚至整个胸腔和腹腔的内脏粘连或形成包膜而紧紧裹住（图8-30）。关节腔内蓄积较多的清亮或淡黄色黏液（图8-31）。腹股沟淋巴结呈大理石状（图8-32）、颌下淋巴结出血严重（图8-33）、肠系膜淋巴组织变化不明显，肝脏边缘出血严重，脾脏有出血、边缘隆起米粒大的血泡、有梗死（图8-34），肾乳头出血严重（图8-35）。

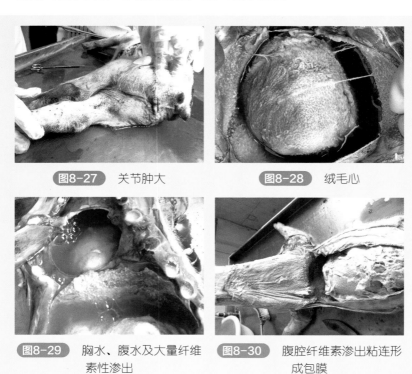

图8-27 关节肿大

图8-28 绒毛心

图8-29 胸水、腹水及大量纤维素性渗出

图8-30 腹腔纤维素渗出粘连形成包膜

根据流行病学、临床症状和剖检病变即可初步诊断，确诊需进行细菌分离鉴定和血清学检查。细菌分离时从胸膜、心包膜、腹膜、脾脏、肝脏、关节液或脑等部位采样，血清学诊断主要采用琼脂扩散试验、间接血凝试验或通过聚合酶链式反应

图8-31　关节腔滑液增多

图8-32　腹股沟淋巴结肿大

图8-33　颌下淋巴结出血

图8-34　脾脏出血、纤维素包膜包裹

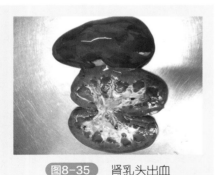

图8-35　肾乳头出血

（PCR）等。该病极易与链球菌相混淆，两种疾病引起病变的主要区别是是否有纤维素性渗出，诊断时可依此作出初步判断。

【预防】该病的预防需要注意以下几个方面：首先是严格消毒，彻底清理猪舍卫生，用2%的氢氧化钠水溶液喷洒猪圈地面和墙壁，2小时后用清水冲净，再用"双优碘"（聚维酮碘、增强剂）喷雾消毒，连续喷雾消毒3～5天。另外，鉴于该菌是常驻猪体内的条件性致病菌，故更应该加强饲养管理，避免免疫抑制性病毒感染（尤其是PRRSV、PCV2等），减少应激，加强营养特别是确保充足的微量元素，也可以适量添加微生态制剂以调节呼吸道及胃肠道的微生态平衡，降低条件致病菌向致病菌的转变机会。

使用疫苗是预防该病较为有效的方法。免疫接种时须根据当地流行菌株的血清型来选择疫苗，不同血清型之间的交叉免疫保护效果较差，商品化疫苗不能为所有血清型提供充足的交叉保护。目前，血清4型、5型灭活疫苗可以减少由4型、5型、13型和14型副猪嗜血杆菌感染引起的临床症状和死亡率，但不能预防我国流行的12型菌株感染，因此，仍需研制完全适合4型、5型和12型副猪嗜血杆菌三价疫苗。

母猪免疫副猪嗜血杆菌多价灭活苗能有效保护仔猪避免早期感染发病。免疫程序可供参考，后备母猪产前40天一免，产前20天二免；经产母猪产前30天免疫一次。受该病威胁严重的猪场仔猪也需免疫，根据本场惯常发病日龄推断免疫时间，仔猪免疫一般安排在7～30日龄，最好一免后15天加强免疫，二免距惯常发病时间一般要有10天的间隔。

【治疗】发生该病时可以使用抗生素进行治疗，为防止细菌耐药性，应进行药敏试验，选用高敏抗生素。大多数血清型的副猪嗜血杆菌对青霉素、头孢菌素、氟苯尼考、磺胺嘧啶、强力霉素及喹诺酮类等药物敏感，但对红霉素、林可霉素、氨基苷类药物具有抗药性。

第五节　猪链球菌病

链球菌病主要是由β型链球菌引起的多种人兽共患病的总称。猪链球菌病的临床症状为急性败血症、脑膜脑炎、关节炎、心内膜炎及淋巴结脓肿。该病存在于世界各地，其中链球菌2型是临床分离率最高的血清型，我国于1991年首次报道该病，现多偶发或呈局部地方性流行。

【病原特点】猪链球菌为革兰阳性菌，菌体呈圆形。该菌兼性厌氧，在普通营养琼脂上生长不良，在加有血液或血清的培养基中生长良好；血液培养基中呈β溶血的称为溶血性链球菌，致病力强。该菌在固体培养基上呈短链、液体培养基中呈长链。按细菌荚膜的抗原性不同，分为33个血清型，其中1型、2型、7型、9型是猪的致病菌，与猪链球菌病最相关的是猪链球菌2型，该型也是临床分离率最高的血清型。同时，该菌也可致人发病，我国已出现两次猪链球菌2型致人死亡病例。

该菌抵抗力不强，常用消毒剂2%石炭酸、1%来苏尔均在3～5分钟内杀死细菌，煮沸可致该菌立即死亡，阳光直射2小时可杀死该菌。0～4℃环境可存活150天，冷冻6个月保持特性不变。

【流行病学】猪不分年龄、品种、性别对猪链球菌均易感，该病一年四季均可发生，通常在7～10月份、潮湿闷热的夏秋季节易出现大面积暴发和流行。传染源主要是患病猪、病死猪或者健康带菌猪；仔猪感染多由患病母猪传染而来。未经消毒或无害化处理的病死猪、内脏、分泌物、排泄物、食物残渣、猪舍及饮水器具等是传染该病的主要原因；鼠、蚊、苍蝇等也可携带该菌造成猪链球菌病的发生和流行。该菌主要通过猪的呼吸道、受损的皮肤及黏膜感染。

【临床症状】猪链球菌病的临床症状和肉眼可见病理变化与特定的菌株血清型无关。临床上主要分为超急性型、急性败血症型、脑膜炎型、关节炎型、心内膜炎型。

超急性病例发病急、病程短，病猪未表现任何症状即突然死亡；或者突然减食停食，呼吸急促，体温升高到41～42℃，多在6～24小时内死亡。

急性败血症型常见于流行初期，体温升高到40～41℃、呈稽留热，呼吸困难、结膜发绀、鼻中流出粉红色泡沫样液体，耳部、四肢、颈部、腹部皮肤可见紫红色的瘀血块或者出血斑，死亡率极高。

手机扫一扫，观看"脑膜炎型猪链球菌病"视频

脑膜炎型常发生于哺乳仔猪和断奶仔猪，病初体温升高至$40.5 \sim 42.5℃$，厌食，便秘，有浆液性和黏性鼻液，出现神经症状，表现为运动失调、转圈磨牙、侧卧于地、四肢划动。

关节炎型病猪的关节肿胀（图8-36），高度跛行，严重的导致关节软骨坏死而不能站立，病程$2 \sim 3$周，耐过者成为僵猪。

心内膜炎型病猪主要表现为呼吸困难或突然死亡。

【剖检病变】最急性型或急性感染死亡的病猪通常无明显的肉眼可见病变。脑膜炎型病猪的脑室中存在积水、嗜中性粒细胞浸润。心肌损伤型病猪表现为纤维蛋白性化脓性心包炎、出血性心肌炎，导致心肌与心包膜粘连、难以剥离，又称为"铠心"（图8-37）。关节炎病例中可见关节表面出现纤维蛋白性浆膜炎，呈黄白色奶酪样结节，关节滑液量增加，其中有黏稠、混浊的炎性渗出物（图8-38），关节周围皮下组织水肿、关节变形。

败血症型病猪的全身脏器往往出现充血、出血现象。皮肤

图8-36　仔猪后肢关节肿胀

图8-37　心肌与心包粘连呈"铠心"

图8-38 关节脓性渗出物

发绀（图8-39），表面有大量紫红色斑块，黏膜和浆膜下广泛性出血并有大量纤维素性渗出物（图8-40），喉头气管充血以及内含大量泡沫状内容物。肾脏表面有广泛性出血点（图8-41）。肺脏充血肿胀，纤维素出血性、间质纤维素性渗出的实质性病变（图8-42）。

【预防】链球菌是猪场内的常在菌，甚至少数猪可以健康带菌，因此搞好饲养、环境卫生和日常消毒，提高饲养管理水平是预防猪链球菌病的基础。饲养管理的好坏，直接影响猪场内

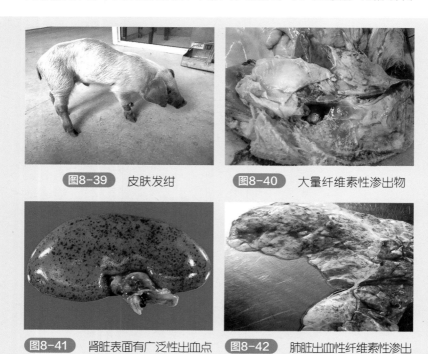

图8-39 皮肤发绀

图8-40 大量纤维素性渗出物

图8-41 肾脏表面有广泛性出血点

图8-42 肺脏出血性纤维素性渗出

疾病发生的频率以及严重程度。定期对栏舍进行消毒并干燥，不让猪处于潮湿阴冷的环境，改善猪群密度、减少猪之间的撕咬频率，维持均衡的营养水平，提高猪群免疫力，这些事项都可以极大地减小链球菌病的发生概率。

外来猪应经过检疫并在隔离舍饲养观察至少两周时间，以免从外界环境中带入链球菌，也可避免正常猪体携带的条件致病性链球菌因运输或环境改变等应激因素而引起发病。平时加强链球菌病原监测，及时淘汰阳性带菌母猪。

该病流行地区或者频发链球菌病例的猪场可使用疫苗进行免疫预防。我国当前经常使用的疫苗有猪链球菌2型氢氧化铝灭活苗、猪链球菌三价灭活苗（2型、7型、马链球菌兽疫亚种）以及ST-171弱毒冻干苗，均可收到良好的保护效果。不同类型的疫苗要注意免疫途径，例如灭活苗必须肌内注射，而弱毒苗则多用皮下注射或肌内注射。

【治疗】发现猪链球菌病临床症状后，宜迅速从发病猪口鼻分泌物或内脏组织分离细菌，做药敏试验筛选高敏药物进行针对性治疗。近年来常用的高敏药物有多西环素、青霉素、阿莫西林、头孢曲松、克林霉素等，而猪链球菌对氟苯尼考、恩诺沙星、氨苄西林等呈现一定程度的耐药性。

第六节　猪气喘病

猪气喘病即猪支原体肺炎，又称猪地方流行性肺炎，俗称猪气喘病或喘气病，是由猪肺炎支原体引起的一种慢性呼吸道传染病；主要症状为咳嗽、气喘，剖检表现为肺部融合性支气管肺炎、肉样或虾肉样病变。该病广泛分布于世界各地，我国于1973年分离到病原，呈地方性流行。猪群一旦感染则较难清除，对养猪业造成严重危害。

【病原特点】猪肺炎支原体革兰染色为阴性。人工培养要求

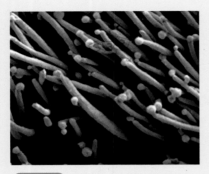

图8-43 支原体黏附于呼吸道纤毛的上皮细胞

较高，在含猪血清、酵母浸液和水解乳蛋白的培养基上生长良好；固体培养基上菌落极小、低倍显微镜下呈煎荷包蛋状；也可在鸡胚中生长。该支原体黏附在呼吸道纤毛的上皮细胞（图8-43），导致纤毛萎缩、脱落及功能损伤，感染肺部发展为支气管肺炎，影响肺的正常功能。该菌抵抗力不强，在圈舍及用具上2～3天失活，病料制备悬液在20℃ 36小时就失去致病性。

【流行病学】该菌自然条件下仅感染猪，不同品种和年龄的猪均可感染，哺乳仔猪及幼龄猪最易感，其次为妊娠母猪和哺乳母猪。

病猪和带菌猪为传染源，有时为内源性，可以通过呼吸道传播，肺炎支原体主要寄宿在猪气管和支气管中，通过病猪的咳嗽和鼻分泌物排到空气中形成气溶胶，在一定范围内传播病原；也可以通过直接接触传播，直接接触病猪的鼻分泌物，使病原菌进入健康猪的呼吸道，一旦母猪感染可通过母猪的唾液、鼻间接触、分泌物传染给仔猪。

该病无明显季节性变化，一年四季都可发生，在气候骤变、阴冷潮湿、猪群拥挤、饲养管理和卫生条件不良时常促使该病的发生和流行，当猪场发生胸膜肺炎、传染性鼻炎、肺疫、副伤寒、伪狂犬病等时容易诱发该病。

【临床症状】潜伏期一般为3～5天，最长可达1个月，在临床上按病程经过不同，猪气喘病可分为急性型、慢性型、隐性型。

急性型多发于仔猪和怀孕母猪及哺乳母猪，病初精神不振、头下垂，站立一隅或趴伏在地，呼吸次数骤增。病猪呼吸困难，

手机扫一扫，观看
"痉挛性干咳" 视频

手机扫一扫，观看
"连续性咳嗽" 视频

严重者张口喘气发生哮鸣声，似拉风箱，有明显腹式呼吸，咳嗽次数少而低沉，有时也会发生痉挛性阵咳，体温一般正常。

慢性型或者急性转变为慢性者，主要症状为长期干咳，清晨赶猪、喂猪或剧烈运动时，咳嗽最明显，咳嗽时站立不动、拱背、颈伸直、头下垂、用力咳嗽多次，严重时呈连续性、阵发性、痉挛性咳嗽，减食或完全不食、生长发育停滞，病程长，可延续 2 ~ 3 个月。病程及预后受饲养管理和卫生条件的好坏影响很大。条件好则病程较短，症状较轻、病死率低；条件差则并发症多、病死率升高。

隐性型在常发的猪场较为常见，猪在较好的饲养管理条件下感染后不表现症状，但用 X 线检查或剖检时可发现肺炎病变，如加强饲养管理可使肺炎病变逐步吸收消退。反之，饲养管理恶劣而出现急性或慢性症状，甚至引起死亡。

【剖检病变】主要见于肺、肺门淋巴结和纵隔淋巴结。急性型病例的猪肺部出现不同程度的水肿和气肿，心叶、尖叶、中间叶、膈叶前沿最多见，心叶最为严重、尖叶和副叶次之，有肉样变、虾肉样变（胰样变），其实质为融合性支气管肺炎和间质性肺炎，呈现对称性肉样变（图8-44），病变部位与正常部位界限明显；病程长者，病变部位呈暗红色实变或深紫红色、灰白色及灰黄色实变（图8-45），界限明显，肺门及纵隔淋巴结肿大、质硬、灰白色，有时边缘轻度充血、切面外翻湿润。有继发感染时引起胸膜纤维素性粘连，肺部有化脓灶及坏死性病变。

【预防】建立健康猪群，猪场尽量做到自繁自养、全进全出，以养防结合为准则。严格引种管理，降低引进病猪的风险。提高饲养管理水平进而提高猪的免疫水平，合理规范饲养管理制度。保持猪群均衡、合理的营养水平，对猪舍加强消毒工作，

图8-44 肺脏小叶出现虾肉样变

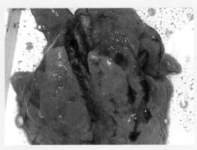

图8-45 肺脏心叶、尖叶、副叶出现灰白色及灰黄色实变

确保猪舍干燥、通风、清洁，注意避免应激。

我国已成功研制多种猪肺炎支原体弱毒活疫苗、灭活苗，可供选择使用。通常情况下，猪支原体肺炎弱毒活疫苗常采用喷鼻或胸腔注射的免疫方式，灭活苗则采用颈部肌内注射进行免疫接种。特别要注意的是在接种疫苗前后不能使用抗支原体药物，以免杀灭疫苗中的免疫原。

【治疗】猪肺炎支原体对泰妙菌素（支原净）、替米考星、泰万菌素、克林霉素、卡那霉素、土霉素等敏感，而对青霉素、链霉素、磺胺类等药物无效。发病猪群采用上述敏感药物拌料连喂7～10天，起到预防或治疗作用。症状严重的猪也可用氟苯尼考肌内注射，连用5天，效果较好。

第七节　仔猪副伤寒

仔猪副伤寒，又称为猪沙门菌病，是由多种血清型的沙门菌引起的一种高热传染病。沙门菌有2400多种血清型，我国已发现约200种。临床上仔猪副伤寒几乎全部是由猪霍乱沙门菌孔成道夫变种（*S. choleraesuis* variety kunzendorf）和鼠伤寒沙门菌（*S. typhimurium*）引起，它们分别导致5月龄内断奶仔猪的败血症和小肠结肠炎。

【病原特点】沙门菌属于肠杆菌科，革兰染色阴性，需氧或兼性厌氧，在普通培养基上生长良好。该菌常存在健康带菌现象，细菌可潜藏于消化道、淋巴组织和胆囊内，机体抵抗力降低时细菌活化而发生内源性感染，特别常见于鼠伤寒沙门菌。

世界范围内，猪霍乱沙门菌孔成道夫变种一直是引致仔猪副伤寒的最常见血清型。在部分地区（如北美地区），则以鼠伤寒沙门菌最为常见。值得注意的是，由于广泛使用抗菌药物，沙门菌的耐药性日趋严重。经鉴定有多重耐药性的猪霍乱沙门菌或鼠伤寒沙门菌与水中原虫互作后毒力显著增强。美国和欧洲有报道称，生化特性非典型的鼠伤寒沙门菌能够依赖粪池中残留的抗生素作为唯一的碳源而存活，可见该菌对残留的抗生素几乎产生了依赖性。近年来多种细菌相继出现明显的耐药性，甚至发现了"无药可用"的超级细菌。因此，抗生素的使用和细菌的耐药性问题应该引起人们足够的重视。

【流行病学】沙门菌存在于猪的肠道内，持续或间断地从粪便中排出大量沙门菌的隐性长期带菌猪普遍存在。感染一种或多种沙门菌病持续排菌的现象也较多见，但除了猪霍乱沙门菌和鼠伤寒沙门菌外，其他血清型很少引起原发性临床疾病。同时，混群、运输、并发其他疾病、抗生素治疗及饲料缺乏等多种应激因素可能使带菌猪的排菌加剧。

大多数仔猪副伤寒暴发于断奶仔猪，而未断奶仔猪和成年猪的感染率很高但发病较少见，近四十年来这一规律仍然没有显著变化。宿主适应性猪霍乱沙门菌几乎只能从病猪中分离，它是仔猪副伤寒的主要致病菌；而鼠伤寒沙门菌也是世界性分布，但无宿主特异性，在美国是当前最常分离到的血清型。

关于猪沙门菌的最主要传染源在学术界尚未得出一致结论，原因是沙门菌属的多样性及其复杂的生物学特性。现在已知猪霍乱沙门菌的主要传染源是感染猪的排菌和污染的环境，并且垂直传播与水平传播共存。

粪口传播是沙门菌强毒株最可能的传播方式。猪群沙门菌的感染率高于发病率。有研究表明，25%的猪群从未感染过沙门菌，24%的猪群持续感染，而50%的猪群大部分时间感染。2006年调查发现，美国52.6%的猪群呈沙门菌阳性，高于2000年的32.8%和1995年的38.2%。我国学者对部分地区猪群的感染状况相继做过调查，沙门菌阳性猪场的比例在各个地区差别较大，例如上海市宝山区饲养环境较好的猪场中霍乱沙门菌血清阳性率较低（10%），脏乱差且饲养密度大的猪场阳性率则较高，可达75%左右。

　　【临床症状】断奶仔猪体温升高至41～42℃，哆嗦、怕冷、扎堆（图8-46）；有呕吐、腹泻等表现，粪便呈黄绿色、有恶臭；腹下皮肤以及四肢末端发红或呈蓝紫色（图8-47），耳朵皮肤出现缺血性坏死，表现为深紫黑色（图8-48）。

　　（1）猪霍乱沙门菌病　急性型也称为败血症型，体温突然升高至41～42℃，不食，后期可有腹泻，呼吸困难，病死率高，多数病程2～4天。亚急性和慢性型多见，与肠型猪瘟的临床症状类似，体温升高，初期便秘、后期腹泻，粪便呈淡黄色或灰绿色。

　　（2）鼠伤寒沙门菌病　导致小肠结肠炎，肠壁肿胀、增厚，有粘连的黄褐色纤维素性坏死性渗出物（图8-49），开始时为水样黄色腹泻、持续3～7天，腹泻常复发2～3次。

图8-46　体温升高、扎堆

图8-47　精神沉郁、昏睡、四肢发绀

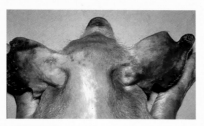

图8-48 　耳朵皮肤缺血性坏死、表现为深紫黑色

图8-49 　肠壁肿胀、增厚，有粘连的黄褐色纤维素性坏死性渗出物

【剖检病变】肝脏肿大呈深铜色（图8-50），有时可见灰黄色坏死点。胃黏膜出血（图8-51），可见急性卡他性炎症，结肠黏膜麦麸状溃疡坏死（图8-52）。死于腹泻的猪，主要病变是局灶性或弥漫性坏死性小肠炎、结肠炎或盲肠炎。患慢性溃疡性结肠炎的猪肠黏膜有弥漫性或融合性溃疡灶，中心为干酪样坏死物。

图8-50 　肝脏肿大呈深铜色

【预防】猪感染沙门菌并不一定会发病，只有长时间感染细

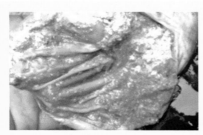

图8-51 　胃黏膜出血

图8-52 　结肠纽扣状溃疡，覆盖黄色纤维素性坏死性渗出物

菌后严重应激的猪才会发病。控制该病发生的关键是尽量减少猪接触病菌的机会，隔离带菌猪和污染的饲料及环境这些重要的传染源，并且严防应激的发生。

预防仔猪副伤寒，使用弱毒疫苗是有效的，这主要依赖于该疫苗能激发细胞免疫应答。相比来说，沙门菌的灭活疫苗对强毒力细菌的攻击几乎没有保护作用。英国曾经使用猪霍乱沙门菌弱毒疫苗消灭了仔猪副伤寒，北美洲也引进该弱毒疫苗，对系统性控制沙门菌病起到了重要作用。

我国使用的弱毒苗主要是 20 世纪 60 年代选育的一株毒力弱而稳定、免疫原性良好的猪霍乱沙门菌弱毒株（C500）。该弱毒疫苗于 1965 年开始试用，1976 年列入兽医生物制品规程。为避免疫苗的残余毒力导致猪体温升高、发抖、呕吐、减食等症状，经过试验，表明口服该弱毒疫苗在不提高剂量的情况下具有同样的免疫效果，并且毒力稳定、安全，对仔猪有坚强免疫力。因此，C500 株的口服剂型疫苗于 1978 年经农业部批准在全国推广使用，使我国仔猪副伤寒得到有效控制，生产中免疫效果确实，取得了相当可观的经济效益和社会效益。该疫苗对仔猪副伤寒的效力试验获得全保护，普遍认为其效力与菌数呈平行关系，可免于效检，该疫苗优于国外同类产品。目前，全国仔猪副伤寒弱毒疫苗使用的 C500 株，年产量在 1.5 亿头份左右，包括口服和注射两种剂型。

近 40 年来，科学家们相继尝试用其他方法研制新的仔猪副伤寒疫苗。筛选的猪霍乱沙门菌 aro 缺失株、用转座方法获得的猪霍乱沙门菌突变株、从猪的纯化中性粒细胞中传代获得的猪霍乱沙门菌 38PMNa-5X 和 SC-54 以及 SC-54 变种制成猪霍乱沙门菌弱毒疫苗、构建猪水肿病与仔猪副伤寒二价基因工程疫苗，这些新的产品均对免疫猪产生了不同程度的免疫保护。

我国科学家针对该疫苗的生产应用中存在冻干存活率低、较高温度下（如 37℃）保护功能较差的问题，对 20 世纪 60～70 年代沿用至今的落后冻干工艺进行改进，按照保护剂与菌体相容性的特性设计耐热保护剂，改善冻干抗原的品质以及产品保存温度，提高了我国猪霍乱沙门菌C500弱毒疫苗的应用效果。

【治疗】发生副伤寒的猪，应该尽快进行药敏试验，选用高敏的有效抗生素来治疗。常用的药物有恩诺沙星、氨苄西林、多西环素、土霉素、氟苯尼考等，连用3～5天，剂量减半后继续用药4～7天。

第八节　猪丹毒

猪丹毒也叫钻石皮肤病或红热病，是一种在世界范围内发生且对养猪业有重要影响的疾病。猪丹毒病由猪丹毒丝菌引起，临床上主要表现为急性败血型、亚急性疹块型以及慢性多发性关节炎型或心内膜炎型。猪丹毒病一年四季均可发生，但以潮湿、炎热多雨的季节多发。

【病原特点】猪丹毒病原是革兰阳性的猪丹毒丝菌，是一种人兽共患传染病。

猪丹毒丝菌有26个血清型，我国流行菌株的血清型主要是1a型，从急性败血性猪丹毒病例中分离的菌株约90%属于该血清型。潜伏期长短与病菌毒力强弱和猪的抵抗力有关，人工感染的一般为3～5天，最短的只有24小时，最长的可达7天。

该病的临床症状包括急性败血症、亚急性皮肤疹块和慢性心内膜炎或关节炎，广泛流行于世界各地，给养猪业带来了严重的经济损失。

【流行病学】猪丹毒一年四季均可发生，炎热多雨季节（5～9月份）多发，近年来冬春季节也见暴发流行。猪丹毒的流行速度快，传播途径广泛，主要通过消化道感染，带病猪和带菌猪是主要传染源；一些被丹毒丝菌污染过的土壤、水源、饲料、用具以及猪舍环境等都可以散播猪丹毒；蚊、蝇、虱、蜂等可吸血昆虫是猪丹毒杆菌的传播媒介。不同年龄、品种的猪都可感染

第八章　猪的细菌性疾病

269

发病，其中3月龄以上的架子猪发病率、死亡率最高。

20世纪80年代，猪丹毒与猪瘟、猪肺疫并称为我国养猪业的三大传染病。进入90年代，随着疫苗的普遍使用及猪场管理水平的提高，病例显著减少。但自2010年后，国内多家实验室研究结果显示，该病在我国出现新的流行趋势。

【临床症状】猪丹毒根据临床症状分为急性型、亚急性型和慢性型。

图8-53　哺乳仔猪皮肤疹块

（1）急性败血症型　该型最常见。猪突然死亡，无明显症状。猪体温升高至42℃，喜卧、寒战、绝食，伴有腹泻、呕吐，甚至粪便干等症状，继而在胸部、腹部、四肢内侧和耳部皮肤出现大小不等的红斑或黑紫色疹块（图8-53），疹块部位稍凸起、发红，触诊指压暂时褪色（图8-54）。

（2）亚急性疹块型　病情较轻，死亡率低，败血症症状轻微。主要病变为背部皮肤有界限明显的疹块，俗称"打火印"（图8-55）；开始呈淡红色（图8-56），后期呈紫红色（图8-57），数量由一个至几十个不等。个别猪表皮坏死、增厚、结痂（图8-58），似"盔甲"状（图8-59）。

（3）慢性关节炎和心内膜炎型　主要表现为关节炎和心内膜炎。四肢关节肿胀、僵硬、跗关节多见变形跛行、行走困难。心内膜炎则消瘦、贫血、厌动，追赶时常因心脏停搏而突然死亡，肩部和背部也会出现皮肤坏死。

【剖检病变】急性败血症型病猪的剖检病变主要表现为败血症特征，肾瘀血肿大，俗称"大红肾"；脾肿大，呈典型的败血脾；胃、小肠黏膜肿胀、出血性卡他性炎症；全身淋巴结充血、出血、肿胀；心内膜有小出血点。亚急性疹块型的剖检病变表现

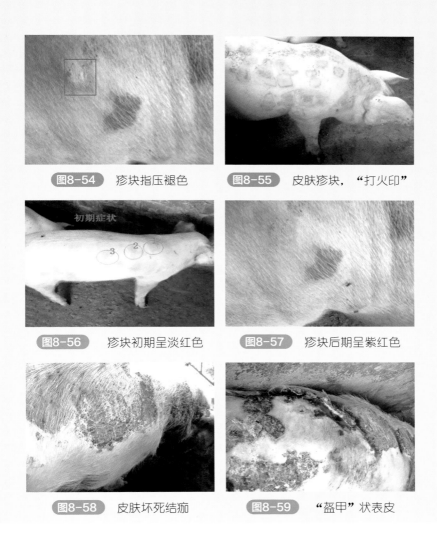

| 图8-54 | 疹块指压褪色 | 图8-55 | 皮肤疹块，"打火印" |

初期症状

| 图8-56 | 疹块初期呈淡红色 | 图8-57 | 疹块后期呈紫红色 |

| 图8-58 | 皮肤坏死结痂 | 图8-59 | "盔甲"状表皮 |

为疹块充血斑内因水肿浸润而呈苍白色；内脏病变较轻缓。慢性关节炎和心内膜炎型病猪的剖检病变主要表现为关节炎，腕关节和跗关节的关节腔肿大，有浆液性、纤维素性渗出物蓄积；心内膜炎则在心脏脉瓣处出现菜花样疣状赘生物，心包积液。

【诊断】目前，检测猪丹毒丝菌的方法有常规的细菌分离培养与鉴定技术，以及聚合酶链式反应（PCR）、环介导等温扩增技术（LAMP）、荧光定量PCR（qPCR）等现代分子生物学技术。

镜检时无菌采取新鲜病死猪的肺脏、脾脏或者肾脏等组织进行涂片，革兰染色、镜检，观察到细长、单个或者成对存在、丝状排列的G⁺小杆菌，无荚膜、芽孢，少数有弯曲的纤细菌丝，可作初步诊断。常规细菌分离鉴定要做生化试验或者16s rRNA测定，耗时较长；PCR与qPCR敏感度高，并且qPCR能定量分析感染菌量，但对仪器设备及人员技术水平要求高；LAMP灵敏度较高，对设备要求低，使用方便灵活。在养猪生产中采用哪种检测方法，需要根据具体情况选择使用。

【预防】加强饲养管理，保证猪舍内的清洁干燥，要保持自然通风，防止圈舍阴暗潮湿。注意冬季保暖和夏季降温，避免各种应激因素引发猪丹毒。猪场要定期灭蚊、蝇、虱、蜂等吸血昆虫，切断猪丹毒丝菌的传播途径。

免疫接种是预防和控制猪丹毒的重要措施，当前我国使用的疫苗有猪丹毒弱毒疫苗（GC42、G4T10）、灭活疫苗（C43-5）以及猪瘟-猪丹毒-猪肺疫三联活疫苗等。

仔猪一般在60～75日龄时接种灭活苗，免疫保护期为半年，之后春秋季各免疫一次；或者选用弱毒疫苗，免疫保护期可达9个月；若用猪瘟-丹毒-肺疫三联弱毒疫苗，免疫保护期也可达9个月。

【治疗】治疗猪丹毒的首选药物为青霉素类或者头孢类抗生素。败血症型病猪首先用水剂青霉素静脉注射，同时肌内注射常规剂量的青霉素，每天2次，效果较好。有条件的猪场可以分离菌株，通过药敏试验筛选高敏药物，治疗效果更确切。

第九节　猪附红细胞体病

猪附红细胞体病是由附红细胞体引起的，以溶血性贫血、黄疸、发热为主要特征的人兽共患病，可致猪严重疾病甚至死亡。该病在猪群中普遍存在，临床表现为发烧、皮肤出现发绀及出血点、黄疸和瘀斑等症状。附红细胞体也能导致母猪出现繁殖障碍，不发情或屡配不孕、早产或流产。

【病原特点】附红细胞体属于支原体科，国际通称为嗜血支原体（*Haemoplasmas*），国内仍习惯称为附红细胞体，该菌主要寄生于红细胞表面、造成溶血性黄疸和贫血。该菌表现为多形性，在生长的不同阶段，表现为球形、卵圆形、分支状。该嗜血支原体与经典的支原体在病原学、致病性等方面存在显著差异，例如，该菌尚不能在体外人工培养。

【流行病学】世界范围内广泛报道，该病隐性感染率高。巴西、德国猪附红细胞体的感染率分别为18.2%、13.9%。附红细胞体具有相对的宿主特异性，猪附红细胞体只感染猪。各个品种及年龄的猪均易感染。病猪和隐性感染猪是主要传染源，病愈猪长期带毒，也成为传染源。

猪附红细胞体可通过接触、血液、交配或蚊虫叮咬等多种途径传播。污染的用具、注射器械等可造成机械传播；交配或人工授精可通过污染的精液传播；该病可垂直传播。该病多发于夏、秋季等雨水多、温度高的季节。

【临床症状】患病仔猪临床表现体质变差，急性溶血性贫血，肠道及呼吸道感染增加，育肥猪日增重下降，母猪生产性能下降等。

患病猪体温升高、精神萎靡、食欲废绝、四肢抽搐，便秘或腹泻。耳下、颈下、胸前、腹下、四肢内侧皮肤呈紫红色，毛孔有渗血点（图8-60）；耳郭、四肢末端坏死；眼结膜炎、有血样脓性眼屎、眼圈青紫，睫毛根部呈棕色（图8-61）。

【剖检病变】剖检眼观可见胸腔积液、肺脏黄染出血（图8-62），肝脏肿大黄染（图8-63），胃黏膜深层溃疡灶、接近穿孔（图8-64），四肢皮下水肿（图8-65），血液稀薄不易凝固。

【诊断】猪附红细胞体无法在体外培养，使该病的诊断方法受到了限制。

通过直接显微镜观察的方法检查样本，可以发现样本中的红细胞已失去正常的球形立体形态，边缘不整齐、大多呈现齿轮状。附红细胞体病的发生主要是因为猪附红细胞体在红细胞表面寄生，而使红细胞呈星芒状或不规则的多形态。

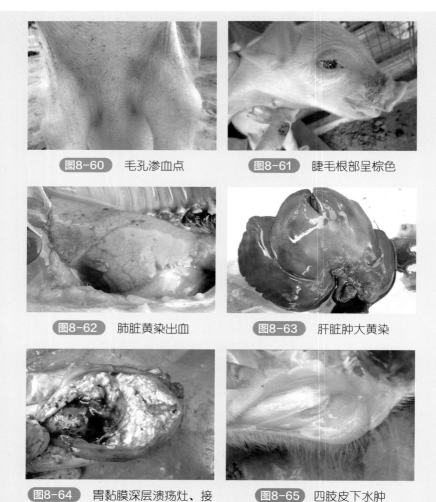

图8-60　毛孔渗血点

图8-61　睫毛根部呈棕色

图8-62　肺脏黄染出血

图8-63　肝脏肿大黄染

图8-64　胃黏膜深层溃疡灶、接近穿孔

图8-65　四肢皮下水肿

分子生物学方法可用于该病原的检测，例如聚合酶链式反应（PCR）敏感度高，特别适用于附红细胞体病的早期诊断。血清学检测也是常用的诊断方法，其中酶联免疫吸附试验（ELISA）可以检测病猪血液中附红细胞体的抗体滴度，以此判断其是否感染或感染强度；该方法灵敏度高、特异性良好。由于该病多数情况下为隐性感染，发病率较低，所以检测该病时应该注意与猪瘟、猪繁殖与呼吸综合征、猪伪狂犬病等相区分，以甄别致病的病原。

【预防】加强饲养管理和提高生物安全水平是预防该病的关键。定期做好卫生和猪舍内外环境消毒，及时清理猪粪等污物，保持猪舍内良好的温度、湿度和通风，减少应激因素的影响。蚊子口腔为刺吸式口器，依靠吸食血液为生，当蚊子接触到感染病猪并吸吮其血液后再去叮咬健康猪而引起传播。因此在蚊虫较多的夏秋季节，一定要注意消灭蚊虫。迄今，猪附红细胞体无法在体外培养，所以尚未有预防该病的疫苗开发成功。

【治疗】猪附红细胞体病又称为嗜血支原体病，治疗该病一般选择红霉素、罗红霉素或阿奇霉素等大环内酯类抗生素。因为支原体无细胞壁，故青霉素或头孢菌素类抗生素对该病无效。

第十节　猪增生性肠炎

猪增生性肠炎（PPE）的病原是专性细胞内寄生的胞内劳森菌，引起猪小肠黏膜上皮细胞腺瘤样增生，也称坏死性肠炎、猪回肠炎、猪增生性出血性肠炎。该病主要导致病猪腹泻、生长发育迟缓。病猪生长迟缓，病死率高，同时淘汰率大幅升高，使养猪业经济损失巨大。

【病原特点】猪增生性肠炎的病原体为胞内劳森菌，呈弯曲形、逗点状、S形或直杆菌，革兰染色阴性，抗酸染色阳性呈红色。细菌寄生在肠黏膜上皮细胞，在胞质内复制，导致上皮细胞局部增生。该菌严格细胞内寄生，含8%氧气的环境为最佳存活条件。可在鼠、猪或人的肠细胞系上生长，但迄今未在非细胞环境中培养成功，也不能在鸡胚中生长。细菌培养物对季铵盐类和含碘消毒剂敏感。

【流行病学】自1931年首次报道以来，猪增生性肠炎分布于世界各主要养猪国。1999年林绍荣首次在我国报道该病。猪增生性肠炎呈全球性散发或流行性，没有严格的季节性。主要传染源是患病猪，携带细菌的动物或物品都能成为传播媒介。该病主要通过消化道传播（经口感染），对易感猪通过口服接种胞内劳森菌或者含菌的病变黏膜可以复制出PPE。该细菌主要侵害猪，仓鼠、雪貂、狐狸、大鼠、马鹿、兔等也可感染。各种年龄的猪均可感染，但多发生于断奶仔猪，育肥猪也可偶见病例。生长育肥猪死亡率一般为10%，有时可达40%～50%。

该病自然感染潜伏期为2～3周，感染后7天可从粪便中检出病菌，粪便排菌时间可达10周。Keller于2004年研究显示，欧洲各国有88%～100%的猪场受到胞内劳森菌感染，各年龄段猪血清的阳性率为34%～67%。该病常可并发或继发猪痢疾、沙门菌病、结肠螺旋体病等疾病，从而加剧病情。

【临床症状】该病的全身性病变主要为贫血、消瘦，局部病变集中在回肠，有时发展到盲肠和结肠。最明显的特征就是患猪生长迟缓，体重较正常猪要轻得多。病初食欲不振，多不发热，一般轻度腹泻，排出混有黏液的软便，少数急性病例出现沥青样黑色粪便。长时间不间断的腹泻，导致病猪渐进性消瘦、贫血、腹部膨大，消化不良、生长发育受阻，常因生长率下降而被淘汰。当病情逐渐发展到增生性出血性肠炎时则出现严重腹泻，排出带有较多小血块的粪便，此时病猪严重贫血、可视黏膜苍白，多在8～24小时内死亡。

该病急性型较少，多见慢性型和亚临床型，常常在屠宰时才发现猪患病。

（1）急性型　发病年龄多为4～12周龄，严重腹泻，出现沥青样黑色粪便（图8-66），后期转化为黄色稀粪（图8-67）或血样粪便并发生突然死亡。

图8-66　沥青样黑色粪便

图8-67　黄色稀粪

（2）慢性型　多发生于6～12周龄的生长猪，10%～15%的猪出现临诊症状，主要表现为精神沉郁，食欲减退。出现间歇性下痢，粪便变软、变稀而呈糊状或水样，颜色较深，有时混有血液或坏死的组织碎片，猪生长发育迟缓、消瘦，被毛粗乱、拱背弯腰、站立不稳。病程长者可出现皮肤苍白。如无继发感染，病死率不超过10%，可能发展为僵猪而被淘汰。

（3）亚临床型　感染猪没有明显的临床症状，但生长速度和饲料利用率明显下降。

【剖检病变】病变部位最常见于临近回盲瓣的回肠末端50厘米处，眼观变化明显，典型特征是肠黏膜增厚、肠系膜水肿、淋巴结肿大、颜色变浅、切面多汁。回肠腔内充血或出血并充满黏液和胆汁（图8-68），有时可见凝血块（图8-69）。

【诊断】根据流行病学、临床症状、病理变化可作出初步诊断。实验室确诊猪增生性肠炎最常用的方法一般是PCR，该方法灵敏度高、特异性好，但对操作人员的技术水平及仪器设备要求较高。环介导等温扩增（LAMP）是近年来发展的一种简单、便捷、设备要求简单的DNA扩增检测方法。LAMP应用于该菌的检测，时间大大缩短，要求设备简单且技术要求较低即可实现。

 图8-68 回肠腔内充血或出血 　图8-69 正常猪小肠（左），患PPE猪回肠腔内凝血块（右）

传统的细菌学检查是取病变黏膜做抹片，用改良的Ziehl-Neelsen法染色，或做切片镀银染色，观察肠腺细胞内是否有胞内寄生菌存在。

【预防】预防该病主要采取综合防制措施，包括饲养管理、生物安全及抗生素治疗等。提供温度适宜、干净卫生的饲养环境，减少外界环境不良因素造成的应激反应。采用全进全出制饲养，有效彻底的消毒是保证猪群健康的常用方法。严格消毒，加强灭鼠，搞好粪便管理，尤其是哺乳期减少仔猪与母猪粪便的接触，以防仔猪感染母猪粪便排出的细菌。

商品化疫苗已推广使用，目前已在欧洲、北美洲和亚洲推广。据报道，3周龄、7周龄和9周龄分别饮水免疫该疫苗的仔猪，其日增重明显高于未接种的猪。

【治疗】使用抗生素仍然是控制该病的有效方法，最常用的抗生素类药物有青霉素、红霉素、泰乐菌素、克林霉素、泰妙菌素或硫酸黏杆菌素等。急性回肠炎在饲料中添加克林霉素110克/吨，连续用药14天。针对严重的慢性回肠炎，则可向每吨饲料添加泰妙菌素预混剂150克，连用14天。有研究表明，泰妙菌素能有效抑制胞内劳森菌感染并控制猪增生性肠炎、有效抑制回肠出现增生性肠炎的典型组织病变，进而提高饲料报酬。

第九章
猪的普通病

第一节　硒和维生素E缺乏症

　　硒和维生素E缺乏症是由于硒或维生素E缺乏或两者都缺乏所引起的营养缺乏性疾病，以白肌病、营养性肝病、渗出性素质、繁殖力下降等为主要特征。维生素E和硒是猪生长发育过程中所必需的维生素和微量元素，猪缺乏维生素E和硒后死亡率可达80%，在临床上有相当一部分病猪是未来得及确诊就死亡，给养猪业造成了严重的经济损失。

　　【病因】该病主要是由于饲料中缺乏微量元素硒和维生素E所致。我国很多地区的土壤中都缺乏微量元素硒，因此这些地区的农作物中含硒量少。硒在体内的基本作用是作为谷胱甘肽过氧化物酶的组成成分，破坏已经生成的过氧化物从而起到保护细胞膜的作用。维生素E主要存在于青饲料中，但是仔猪往往很少采食青饲料，因此仔猪更容易缺乏维生素E。无论是硒缺乏还是维生素E缺乏或饲料中的不饱和脂肪酸过多，都会加剧脂类的过氧化作用，引起有机过氧基及脂类过氧化物在体内蓄积，导致细胞膜及亚细胞膜结构损伤、功能紊乱，引起机体发病。另外，饲养管理不当、惊吓、长途运输、突然更换饲料或过早断奶等应激因素也会促使该病发生。

【症状与病变】该病的受损系统不同，表现的临床症状也会有所差异，主要表现为肌营养不良（白肌病）、营养性肝病（肝营养不良）、桑葚心等几种类型。

（1）肌营养不良（白肌病） 以骨骼肌、心肌纤维等变性坏死为主要特征。一般多发于20日龄左右的仔猪，成年猪少发。急性发病的猪大多生长迅速、发育良好，体温无明显变化、食欲减退、精神沉郁、呼吸急促、喜卧，常突然死亡。病程稍长者，后肢强硬，拱背，走动时步态摇晃、肌肉震颤、步幅短呈痛苦状，多表现为前肢跪下或犬坐姿势。部分仔猪出现转圈运动或头向侧转。心跳加快，心律不齐，最后因呼吸困难、心力衰竭而死亡。剖检见骨骼肌色淡，有灰白色或黄白色条纹，膈肌呈放射状条纹，以腰背部、腿部肌肉的变化最为明显，表现双侧对称性。心脏变形，体积增大。心肌变薄，心内膜下可见心肌呈灰白色或黄白色条纹和斑块，尤以左心肌变性最为明显，心内膜隆起或下陷，心内、外膜出血，心包积液。肝脏肿大，切面有槟榔样花纹，通常称为"槟榔肝"或"花肝"。肾脏肿大充血，肾实质有出血点和灰色斑灶。

（2）营养性肝病（肝营养不良） 多见于3～4周龄的小猪。急性病猪多为发育良好，生长迅速的仔猪，常在没有先兆症状的情况下突然死亡。慢性病例一般为3～7天甚至更长时间，臀部及腹部皮下水肿，不食、呕吐、腹泻与便秘交替，运动障碍，呼吸困难，心跳加快，部分病猪表现黄疸，个别病猪在耳部、头部、背部出现坏疽。病程较长者，多有腹胀、黄疸和发育不良。急性型肝脏肿大，质脆易碎。肝表面出现广泛变性、出血和坏死。肝表面颜色不一，通常为"槟榔肝"或"花肝"。慢性型肝表面凹凸不平，出现肝硬化，肝表面有大小不等的球状结节。

（3）桑葚心　病猪常无先兆症状突然死亡。有的病猪精神沉郁，黏膜发绀，喜卧，强迫运动常因急性心力衰竭而立即死亡。心肌出血和心肌局部缺血，导致心肌色泽苍白，心包和胸膜腔内存在大量积液。体温无明显变化，心跳加快、心律失常，粪便一般正常。有的病猪两腿间的皮肤可出现形态大小不一的紫红色斑点，甚至全身出现斑点。剖检表现尸体营养良好，体腔内充满大量液体和纤维蛋白团块。肝脏肿大呈斑驳状，切面呈槟榔样红黄相间条纹。心外膜及心内膜常呈线状出血，沿肌纤维方向扩散，出血和坏死可延伸至心肌（图9-1、图9-2）。肺水肿，肺间质增宽、呈胶冻状。

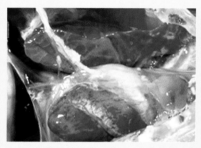 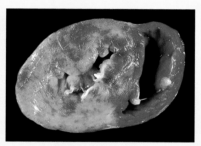

图9-1 桑葚心，心外膜出血、心包和胸腔积液　　**图9-2** 出血和坏死延伸至心肌

【防治】由于该病主要是饲粮中微量元素硒和维生素E比例不足或缺少引起的，因此防治该病的发生应基于提高饲粮中硒和维生素E的含量为原则，尽量避免使用缺硒地区种植的饲料，或者避免使用单一的玉米饲料。哺乳母猪饲料中可添加一定量的亚硒酸钠以预防哺乳仔猪发病，缺硒地区的仔猪出生后第二天肌内注射0.1%的亚硒酸钠注射液，具有一定的预防作用。对发病仔猪可用0.1%的亚硝酸钠注射液，每头仔猪肌内注射3毫升，20天后重复1次；同时每头仔猪肌内注射维生素E注射液100～200毫克。

第二节 维生素A缺乏症

维生素A缺乏症是由于缺乏维生素A引起的疾病。维生素A可维持视觉、上皮组织和神经系统的正常功能，保护黏膜的完整性，还会促进食欲和消化功能，提高机体抵抗力。因此，缺乏维生素A表现气管黏膜上皮损伤变性、视觉障碍以及生长发育不良等。

【病因】长时间饲喂维生素A或维生素A原（即胡萝卜素）不足的饲料，会导致猪发病。例如，猪长时间采食棉籽饼、谷粉、米糠等含维生素A原较少的饲料，加上没有供给足够富含维生素A原的青绿饲料，就会造成维生素A缺乏。另外，长时间饲喂储存时间过长或发生腐败变质的饲料，也能够引起猪发病。猪的胆汁能够促进机体溶解和吸收脂溶性维生素，还能够促进维生素A原向维生素A转化，但如果猪患有慢性消化不良和肝胆疾病，就会减少胆汁的生成并出现排泄障碍，从而影响机体对维生素A的吸收，导致维生素A缺乏。

【症状与病变】病猪被毛蓬乱、失去光泽，皮肤角化、变得粗糙（图9-3），皮屑明显增加，出现脂溢性皮炎（图9-4）。同时伴有眼睛干燥，导致视力下降，甚至充血、红肿、角膜角化呈云雾状，严重时角膜还会出现溃疡，导致彻底失明。消化器官及呼吸器官黏膜常有不同程度的炎症，从而引起消化不良、咳嗽以及腹泻等，导致生长发育迟缓。如果病猪症状严重，行走时步态摇晃，共济失调，然后出现盲目运动，最终由于后肢麻痹而导致瘫痪。部分病猪还会表现出严重不安、脊柱前凸、行走僵直、持续痉挛。病猪会出现夜盲症，视力降低，少数病例可出现干眼症和角膜软化症。妊娠母猪患病后会导致流产、早产和产出死胎，或者产出体质衰弱、畸形、失明以及全身性水肿的仔猪，这种仔猪非常容易感染疾病或死亡。

【防治】加强饲料管理，改善饲料的加工方式，避免饲料酸

图9-3 皮肤角质化、结痂

图9-4 脂溢性皮炎

败、发酵以及产热，且饲料储存时间不宜过久，避免其中所含维生素A的活性下降。确保供给营养全面的日粮，确保每千克体重含有30～75国际单位以上的维生素A以及胡萝卜素。病猪治疗时可选择内服鱼肝油，仔猪用量为0.5～2毫升，成年猪用量为10～30毫升；也可选择内服浓缩鱼肝油，按体重使用0.4～1毫升/千克；也可以使用口服维生素AD滴剂，成年猪用量为2～4毫升，仔猪用量为0.5～1毫升；还可以选择肌内注射维生素A或者维生素AD注射液，仔猪用量为0.5～1毫升，母猪用量为2～5毫升。此外，在饮水或者饲料中可添加适量的黄芪多糖和电解多维等，以增强机体抵抗力，减少或防止发生应激。

第三节　佝偻病

佝偻病是由于饲料中钙、磷和维生素D缺乏或钙、磷代谢障碍而引起幼龄仔猪骨钙化不全的一种营养不良代谢性疾病。该病多见于幼龄仔猪，临床症状是消化紊乱、异食癖、跛行及骨骼变形。

【病因】维生素D可分为几种类型，其中最重要的是维生素D_2和维生素D_3。维生素D_2也叫做麦角钙化醇或骨化醇，维生素D_3也称为胆钙化醇。猪通过采食饲料或照射阳光来获取所需的维生素D。因此饲料中含有的维生素D不足或光照较少时，就容易导致发病。

一般来说，缺乏磷或维生素D含量不足时，会导致机体对钙和磷的比例要求更加严格，而钙、磷以及维生素D在生理上紧密相关，只要其中一个含量不足或所占比例严重不合理就会导致骨组织中沉积的磷酸钙减少，从而引起疾病。

猪摄取营养不足，尤其是缺乏蛋白质时，会影响骨骼的有机质生成。如果长时间饲喂缺钙饲料，会引起继发性甲状旁腺功能亢进而加速骨质吸收，从而引起发病。单一饲喂谷类食物，由于其中含有丰富的植酸，常与小肠中的钙、磷相结合从而生成不可溶的植酸钙，抑制钙、磷吸收，也会引起疾病。

【症状与病变】发病初期，病猪食欲减退、消化不良，然后出现异食癖。基本不会表现出明显的症状，喜欢卧地，拒绝走动，甚至跛行。随着病情的发展，跛行加重，行走困难。站立时，以腕关节伏地来负重或运动，强行驱赶走动时步态摇晃。症状严重时无法站立，以跪卧姿势采食。病程稍长的病猪，关节肿胀、变形，前额突出，鼻骨隆起，长骨弯曲，前后肢均呈"X"形。X射线检查显示骨密度降低，长骨末端外观类似"虫蚀状"或"羊毛状"，且病变骨的末端扁而凹，但正常骨会凸起呈等平状。

【防治】该病重在预防。首先要加强饲养管理，合理搭配饲料，严禁长期饲喂单一饲料，多给予富含钙、磷和维生素D的饲料及青绿饲料；保证充足的光照和户外运动，保持猪舍的温暖、清洁；消除影响钙、磷吸收的因素。怀孕母猪后期和哺乳母猪应适当添加辅料，如鱼粉、蚌壳粉或鱼肝油等。仔猪应定时照射紫外线灯，促进维生素D的合成，有利于机体内钙、磷的吸收和利用。灯与地面的距离应当控制在1.2～1.5米，每次持续5～10分钟。病猪肌内注射0.1%的亚硒酸钠0.1毫升/千克，3天后再注射一次，同时肌内注射维丁胶性钙注射液（含钙0.5毫克/毫升、维生素D_2 0.125毫克/毫升）0.2毫升/千克，每天一次；也可以选择肌内注射维生素D_2，每天一次，每次1～2毫升，并内服鱼肝油30毫升。

第四节　维生素B₆缺乏症

维生素B_6缺乏症是由于维生素B_6不足或缺乏所引起的一种营养代谢障碍性疾病，可引起仔猪贫血。

【病因】维生素B_6是氨基酸转氨酶和脱羧酶辅酶的组成成分，对含硫氨基酸及色氨酸代谢至关重要，有助于氨基酸进入细胞。主要来源于谷物、酵母、豆类、种子外皮、禾本科植物。若饲料中缺乏维生素B_6，可引起猪血红蛋白缺少性贫血。

【症状及病变】病猪生长发育迟缓，蛋白质沉积率降低，步态迟缓，兴奋过度，运动失调。主要表现为颈前、膝关节等部位色素沉积，周期性癫痫样惊厥，在癫痫样抽搐之前，猪常表现激动和神经紧张，小红细胞性低色素性贫血，出现多染性红细胞和有核红细胞以及骨髓增生，肝脂肪浸润。

【防治】在配制日粮时，应配合富含B族维生素的糠麸及青绿饲料；或在饲料中添加复合维生素等预混剂，且添加量应为需要量的几倍，以防止B族维生素在储存过程中被破坏。病猪可肌内注射维生素B_6或复合维生素B注射液2～6毫升，也可以选择在日粮中添加维生素B_6，猪的添加量为1毫克/千克。

第五节　泛酸缺乏症

泛酸是一种广泛分布于动植物体内的维生素B_5复合物，是辅酶A的组成部分，对于机体内的糖、脂肪、蛋白质代谢起着至关重要的作用。另外，泛酸与机体皮肤和黏膜的生理功能、被毛的光泽程度以及抗病力有着密切的关系。饲料中泛酸的含量直接影响猪的生长发育及其经济效益。

【病因】泛酸广泛分布于自然界和动植物组织中，日粮中的泛酸在小肠中吸收。该病主要是由于日粮中的泛酸含量减少，如泔水中的大部分泛酸在人类食物的烹饪加工过程中被破坏，因此长期饲喂泔水的猪易发生泛酸缺乏症；或发生慢性肠炎，影响小肠对泛酸的吸收。

【症状及病变】猪缺乏泛酸时，表现为生长发育迟缓，胃肠功能紊乱，胃炎、肠炎，甚至发生溃疡。出现低血糖症、低氯血症，血液尿素氮升高。皮肤的角化上皮结痂、慢慢脱落，脚趾及蹄底发生溃烂进而裂开，称为"裂蹄症"。两个主趾分开，蹄底及蹄踵磨破后出血并感染，最终发炎坏死。蹄部剧烈的疼痛使得病猪不敢用蹄踩踏地面，从而使猪后腿有踏步动作或呈正步走，高抬腿，有小鹅步样的运动障碍，称为"鹅步症"。常伴有眼、鼻周围痂状皮炎，被毛呈灰色，严重者可发生皮肤溃疡、神经变性并发生惊厥。皮肤的角化上皮脱落，脚趾及蹄底发生溃裂并波及蹄真皮。

【防治】在饲料中添加鱼粉、骨肉粉、酵母粉、米糠、豆饼等饲料，保证饲料营养全面，同时注意饲料的保存，以免饲料中的营养流失。对于泛酸缺乏的猪，在饲料中添加泛酸钙20 ～ 40毫克/千克，连用10 ～ 15天。

第六节　黄曲霉毒素中毒

黄曲霉毒素在温暖的环境中更容易产生，猪黄曲霉毒素中毒高发于炎热多雨的夏季，猪食用发霉的饲料导致黄曲霉毒素中毒，通常呈现群体发病的特征，会导致其肝脏、肾脏严重受损，并伴随全身症状和神经症状的发生，严重时还会造成猪的死亡，给养猪业带来巨大的损失。

【病因】黄曲霉毒素主要侵害动物的肝脏，被污染的饲料进入肠道被血液吸收后，对肝脏部位的损伤最大。肝脏中的氧化酶对黄曲霉毒素进行催化，严重影响肝细胞中DNA和RNA的合成，同时还能影响蛋白质和脂肪的代谢，最重要的是破坏线粒体代谢和溶酶体的结构和功能。肝脏一旦受到影响，胆汁合成就会出现问题，将会影响猪饲料中的物质分解，影响体内糖原的吸收和转化，一旦猪剧烈运动之后血糖供应不及时，就会出现低血糖的症状。此外，还可引起血液中的胆红素升高，使猪出现黄疸。

【症状及病变】发病初期病猪表现食欲不振、精神萎靡、饮水量增加，随着病程发展，病猪被毛蓬乱，机体消瘦，粪便中带有血块，耳部、腹部以及前后肢的皮肤会出现出血性紫癜。有的病猪会出现神经性症状，突然兴奋不安、狂躁或突然尖叫，一段时间后病猪的声音嘶哑、全身无力，患病母猪会出现流产。猪黄曲霉毒素中毒的病程不定，如果是急性黄曲霉毒素中毒，会在发病后一周内死亡，如果是慢性猪黄曲霉毒素中毒则在2周左右死亡。

急性病例的主要病变是贫血和出血，胸腔和腹腔中大量出血，肩胛骨下方及大腿前的皮下肌肉存在明显的出血点；肝脏明显肿大、内有弥漫性出血斑，且邻近浆膜层存在针尖状或瘀斑状的出血点，胆囊肿大；肾脏呈土黄色、肿胀；心脏内、外膜经常有出血斑点。亚急性和慢性病例则是肝脏变性、坏死，肝脏表面存在白色点状坏死灶，严重者出现肝淋巴瘤（图9-5），肝细胞有黄色脂肪变性，肝胆管明显增生，触感变硬；肾脏苍白肿胀；胸腔和腹腔积液，结肠浆膜出现胶冻样浸润，且全身周围淋巴结有严重水肿和充血。

【诊断】（1）饲料毒性鉴定法　首先取霉变饲料50克，与适量乙醚混合后在室温下浸泡72小时，过滤后在40℃左右的水浴中蒸发乙醚，获得油状物质。然后取2滴油状物质滴入试管内，并加入5毫升8%的氢氧化钠溶液，充分震荡后沿管壁加入2毫升乙醚，再次震荡，这时可以发现管壁的接触面上出现褐色环，可以判断饲料中含有黄曲霉毒素。

（2）黄曲霉菌分离培养法　利用该法鉴定猪黄曲霉毒素中毒时，首先将可能发生霉变的饲料进行消毒，然后接种于琼脂平板上，28℃培养1周，可发现平皿上出现呈四周放射状的棕褐色霉菌。再将这

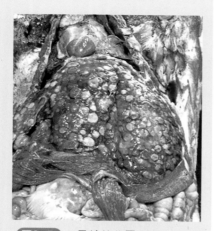

图9-5　4月龄黄曲霉毒素中毒猪的肝淋巴瘤

些典型菌落转移到琼脂斜面上培养，并将其放置在滴有一滴乳酸酚棉蓝染色液的载玻片上，然后放在低倍镜下观察，可以明显观察到有放射沟的病原菌，分生孢子相对疏松。

（3）动物试验法　该方法是验证饲料中是否含有黄曲霉毒素最直接的方式。首先将饲料浸泡在乙醇溶液中，之后分别给3只小鸭子灌服，给药2天后小鸭子会出现明显的发病情况，将病死鸭剖检后可发现其肝脏坏死。

【防治】预防该病的重点是防止给猪饲喂霉变饲料。为此要根据实际天气情况收割谷物饲料原料，尽快晒干，避免潮湿发霉。妥善保管饲料，确保储藏室干燥、通风，特别是多雨时节或多雨潮湿地区，要适当减少饲料囤积量，避免饲料发生霉变。另外，饲料要定期进行检查，如发现发霉应立即丢弃，避免霉菌扩散。

对于发病猪要立即停止饲喂霉变饲料，改为饲喂高蛋白饲料和富含碳水化合物的青绿饲料。同时，确保每天提供足够的清洁饮水，并在其中加入电解多维，具有保肝利胆、加快解毒排毒的作用，有效改善机体免疫系统功能，增强体质，提高食欲。目前，猪黄曲霉毒素中毒尚无特效药，诊疗人员治疗该病仍以清热解毒、保肝排毒为原则，可用清热利湿解毒汤治疗。具体药方：栀子15克、郁金15克、金银花15克、茵陈15克、防风12克、大黄12克、当归12克、甘草15克，研磨成粉末之后加入100克左右的白糖和500毫升的热绿豆汤冲调，然后将其拌入饲料中或混入饮水中给病猪喂服，每天1剂，连用3剂后病猪的症状会得到明显改善。

第七节　赤霉菌素中毒

猪赤霉菌素中毒是由于猪采食了含有赤霉菌的小麦、玉米籽实等饲料所致。临床多表现为猪外生殖器肿胀、精神沉郁、腹泻、腹痛，导致猪体重迅速下降，生长发育停滞，对养猪业造成一定危害。

【病因】赤霉菌主要寄生在玉米、麦类以及禾本科植物上，形成孢子后形如镰刀，也被称为镰刀菌。赤霉菌素就是小麦、玉米等谷物污染处于无性阶段的分生孢子期的赤霉菌产生的一种代谢产物。猪赤霉菌素中毒是由于给猪饲喂了被镰刀菌及其产生的主要毒素（F-2、T-2或呕吐毒素）污染的饲料所致，通常发生于多雨季节。F-2毒素又称玉米赤霉烯酮，是一种雌性发情毒素，能导致猪的生殖器官病变；另外的单端孢霉烯（T-2）和呕吐毒素（DON），可导致猪呕吐、拒食、流产以及内脏器官的出血性损害。

【症状及病变】病猪有不同程度的阴户红肿、乳房肿胀，精神不振、食欲减退、严重者不食，便秘。未去势的小母猪出现类似发情的症状，已去势的小母猪阴门也表现相同的症状，但阴道内没有黏液，拒绝爬跨。小公猪主要表现为包皮水肿。怀孕母猪抵抗力弱，流产、早产，病猪外阴部表现明显肿胀、潮红、紧张，向后方突出，甚至阴户张开。由于外阴部肿胀，有的猪会发生阴道脱垂，阴道黏膜长期暴露受到外部的摩擦、损伤而发生感染。后备猪、种公猪抵抗力较强，发病率比较低。中毒程度较重的猪临床表现拒食、呕吐，消化不良或腹泻，并伴有胃、肠及实质脏器的出血性变化。

【诊断】根据临床症状，未去势的小母猪或已去势的小母猪群同时或相继发生外阴肿胀、潮红，结合检查玉米或麸皮饲料中发现有粉红色霉菌丛，可初步确定为赤霉菌素中毒。将饲料送至具有资质的食品质量检测中心进行赤霉菌素测定（薄层层析法），方可确诊为赤霉菌素中毒。

【防治】饲料仓库要求保持清洁、干燥，饲料下要铺设垫子，其上方和周围要留有一定空隙，保持空气流通良好。另外，要采取各种措施防止饲料霉变，如缺氧防霉，即在多雨季节可将饲料存放在密封的塑料袋中，从而能够防止霉菌繁殖；醋酸防霉，即取1份醋酸钠和2份醋酸，混合均匀后再添加1%的山梨醇，然后搅拌均匀，待其干燥后添加1%于饲料中，该方法能够确保饲料储存90天以上也不会发生霉变；丙酸钙（钠）防霉，即每100千克饲料添加50克丙酸钠或者100克丙酸钙，搅拌均匀后储存在塑料袋、水泥池或者木桶中，能够持续至少2个月以防发霉；克霉净防霉，即在每吨全价饲料中添加0.5千克克霉净，可保持2个月不发生霉变、结块。

如果饲料发生轻度霉变，完全脱毒后可继续用于饲喂，但要注意禁止饲喂种猪。

（1）物理脱毒法　将霉变饲料放置在日光下曝晒或在高压汞灯紫外线照射下进行脱毒。

（2）化学脱毒法　将霉变饲料使用碱性溶液（如碳酸氢钠、氢氧化钠、氢氧化钙、氨等）进行脱毒。

（3）使用脱毒制剂　即在霉变饲料中添加脱毒制剂进行脱毒，一般选择使用酶制剂和吸附剂作为脱霉剂。霉菌毒素吸附剂可以吸附饲料中的霉菌毒素，避免机体消化道吸收毒素，目前广泛应用于畜禽生产，也是比较有效的一种处理措施。酶制剂能够促进霉菌毒素分解，毒素作用减弱。例如，霉变饲料可浸泡在2倍量的清水中，经过24小时再更换等量清水继续浸泡，连续进行3～4次就可使大多数毒素被水浸出，之后将其取出充分晒干后即可用于饲喂。如果使用10%的石灰水浸泡效果会更好。

对于外阴肿胀严重或发生直肠、阴道脱的病猪，用0.1%的高锰酸钾水或2%～4%的明矾水清洗脱出的直肠或阴道，涂抹抗生素软膏后还纳整复，缝合固定。同时停止饲喂精料，只喂食青绿饲料，待症状好转后再逐渐增加精料。饮水中添加口服补液盐和电解多维，调整电解质平衡，防止酸中毒。

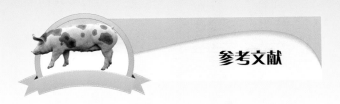

参考文献

[1] GB/T 17824.1—2008，规模猪场建设[S].

[2] Jeffery J，Zimmerman. Disease of Swine[M]. 11th ed. Weinheim：Wiley Blackwell，2019.

[3] 蔡相毅. 浅谈规模猪场环境安全控制[J]. 中国畜禽种业，2019，15（12）：101.

[4] 陈溥言. 兽医传染病学（第六版）[M]. 北京：中国农业出版社，2015.

[5] 陈申秒，牛成明，何福庆，等. 猪流行性腹泻病毒研究进展及疫苗应用前景[J]. 中国畜牧兽医，2014，41（03）：223-229.

[6] 成进，徐定法，黄炯，等. 肠毒性大肠杆菌K99抗原和F41抗原的纯化及特性分析[J]. 中国兽医杂志，2013，4：30-31.

[7] 邓宇，李宝栋，娜日娜. 规模化养猪场的科学规划与设计[J]. 浙江畜牧兽医，2016，41（05）：25-26.

[8] 姜学良，孙考仲，姜学武，等. 如何构建规模化猪场生物安全防控体系建设[J]. 吉林畜牧兽医，2020，41（12）：118-119.

[9] 李布勇，张玉美. 猪副嗜血杆菌病的诊断与防制[J]. 中国兽医杂志，2007，43（10）：69-70.

[10] 李思远，陶田谷晟，秦建辉，等. 黄曲霉毒素中毒对猪肝肾功能及免疫指标的影响[J]. 黑龙江畜牧兽医，2015，（05）：133-135.

[11] 林建民. 如何做好仔猪贫血疾病的防治[J]. 福建畜牧兽医，2010，32（5）：39-40.

[12] 刘德武，陈君梅，吴珍芳，等. 我国的养猪生产模式及现代养猪生产工艺技术[J]. 猪业科学，2011，28（12）：28-33.

[13] 刘威，单爱婷，袁芳艳，等. 规模化种猪场口蹄疫病免疫净化及效果评估[J]. 中国兽医学报，2021，41（12）：2299-2303.

[14] 陆承平. 兽医微生物学（第五版）[M]. 北京：中国农业出版社，2013.

[15] 马成立. 猪硒和维生素E缺乏症的病因及防治措施[J]. 中国畜禽种业，2021，17（07）：49-50.

[16] 宁宜宝，吴文福. 我国猪瘟流行新特点与疫苗免疫研究[J]. 中国兽药杂志，2011，45（8）：33-37.

[17] 乔松林，解伟涛，郭振华. 猪场生物安全系统要点[J]. 猪业科学，2020，37

（12）：34-37.

[18] 施海燕，陆培琰. 规模化猪场的环境控制措施[J]. 畜牧兽医科学，2017，11：22-23.

[19] 孙圣福，陈静，马慧玲，等. 不同日龄猪伪狂犬抗体跟踪监测与分析[J]. 中国畜牧兽医，2011，38（4）：232-234.

[20] 唐新莲. 科学养猪实用技术（第二版）[M]. 上海：上海科学技术出版社，2018.

[21] 唐秀萍，毛达超，魏甜甜. 我国不同生猪养殖模式研究[J]. 中国畜牧业：2021，7：70-71.

[22] 王春墩. 猪病诊断与防治原色图谱[M]. 北京：金盾出版社，2005.

[23] 王天宇，李志伟，杨婷，等. 猪流行性腹泻病毒S蛋白纳米抗体的筛选与鉴定[J]. 畜牧兽医学报，2021，52（09）：2589-2598.

[24] 王志俊，穆秀梅，王红宝，等. 猪链球菌病的发病特点及防控措施[J]. 山西农业科学，2015，43（12）：1684-1686.

[25] 魏荣贵，云鹏，潘卫凤. 猪的饲养管理及疫病防控实用技术[M]. 北京：中国农业科学技术出版社，2016.

[26] 吴海生. 猪瘟与猪链球菌病混合感染的诊断与防治[J]. 湖北畜牧兽医，2015，1：37-38.

[27] 吴家强，颜世敢，刘本国，等. 猪赤霉菌素中毒的诊治[J]. 山东畜牧兽医，2004，4：14.

[28] 谢实勇. 生猪养殖环境控制与饲养管理手册[M]. 北京：中国农业科学技术出版社，2020.

[29] 徐万兵. 生猪养殖中生物安全体系完善措施[J]. 畜牧兽医科学，2020，15：145-146.

[30] 杨惠永，钟日开，罗土玉，等. 规模化猪场养猪设备应用概况[J]. 猪业科学，2017，34（4）：100-101.

[31] 杨菊萍. 猪气喘病的防治对策[J]. 中国动物保健，2016，2：43-44.

[32] 余海波. 规模化养猪场的养猪设备与科学应用[J]. 浙江畜牧兽医，2015，4：23-24.

[33] 张克忠，张学芳，王孝义，等. 规模化猪场的场址选择[J]. 畜牧兽医杂志，2019，38（06）：63-64.

[34] 周改玲，乔宏兴，支春翔，等. 养猪与猪病防控关键技术. 郑州：河南科学技术出版社，2017.

[35] 朱丹，邱进杰. 规模化生猪养殖场生产经营全程关键技术. 北京：中国农业大学出版社，2010.

[36] 朱凤民. 猪赤霉菌素中毒的临床症状、病理变化和防治措施[J]. 现代畜牧科技，2017，5：117.

[37] 朱宽佑，肖锦红，刘聪. 养猪实用新技术大全. 北京：中国农业大学出版社，2012.